高等职业教育"十二五"规划教材
制冷与空调/制冷与冷藏专业

小型制冷装置

主　编　林　钢
副主编　马　骞　郝瑞宏
参　编　刘　明　王启祥
主　审　冯小平

机械工业出版社

本书是高职高专制冷与空调、制冷与冷藏专业的专业课教材,内容包括家用电冰箱、商用电冰箱、房间空调器和家用中央空调等小型制冷装置的选购、拆解、安装、操作、维修。本书是基于工作过程编写的理实一体化教材,书中内容力争突出针对性、实用性。全书共设有8个项目(25个典型工作任务),每个项目后均附有复习思考题。

　　本书可作为高职高专制冷与空调、制冷与冷藏专业(或相近专业)的专业课教材,也可作为相关行业岗位培训教材,以及"中、高级制冷设备维修工"职业技能鉴定的参考用书。

　　本书配有电子课件,凡使用本书作为教材的教师可登录机械工业出版社教材服务网 www.cmpedu.com 注册后下载。咨询邮箱: cmpgaozhi@ sina. com。咨询电话: 010-88379375。

图书在版编目 (CIP) 数据

小型制冷装置/林钢主编. —北京: 机械工业出版社, 2012.1
(2020.1 重印)
高等职业教育"十二五"规划教材. 制冷与空调/制冷与冷藏专业
ISBN 978-7-111-36961-5

Ⅰ.①小⋯　Ⅱ.①林⋯　Ⅲ.①制冷装置—高等职业教育—教材
Ⅳ.①TB657

中国版本图书馆 CIP 数据核字 (2012) 第 000681 号

机械工业出版社 (北京市百万庄大街 22 号　邮政编码 100037)
策划编辑: 刘良超　责任编辑: 刘良超　张双国　版式设计: 常天培
责任校对: 肖　琳　封面设计: 马精明　责任印制: 郜　敏
北京中兴印刷有限公司印刷
2020 年 1 月第 1 版第 7 次印刷
184mm×260mm·13 印张·318 千字
11601—13500 册
标准书号: ISBN 978-7-111-36961-5
定价: 37.00 元

前　言

　　全面推进素质教育，深化教育教学改革，提高教育教学质量和办学效益，是职业教育面临的紧迫任务。为了更好地培养技术应用型高等职业技术人才，适应社会对高职高专学生专业知识、职业能力和综合素质的要求，我们编写了本书。

　　本书遵循"课证融通、学训合一、理实一体"的教学理念，将课堂教学与课堂实训有机结合，全面服务"教、学、做"一体化教学。编者从"任务与职业能力"分析出发，变书本知识的传授为职业能力和综合素质的培养，以工作过程为导向，以情境教学为基础，用学习性工作任务来组织教学；重点瞄准小型制冷装置产业链下游的工作岗位和岗位群，有针对性地选择教学内容，通过强化实训实操，提高学生解决实际问题的能力。全书分为商品篇和维修篇两部分，商品篇包括小型制冷装置选购、小型制冷装置拆解、小型制冷装置安装、小型制冷装置操作四个项目；维修篇包括家用电冰箱维修、商用电冰箱维修、房间空调器维修、家用中央空调维修四个项目。每个项目又由若干个典型工作任务组成。通过完成典型工作任务，可以使学生了解并掌握家用电冰箱、商用电冰箱、房间空调器（包括以多联机为主的家用小型中央空调）等小型制冷装置的结构、原理、使用、安装和维修的基本知识和实际技能。

　　本书教学内容建议 64 学时，学时分配方案见下表（仅供参考）：

项　目	学　时　数	项　目	学　时　数
小型制冷装置选购	8	家用电冰箱维修	10
小型制冷装置拆解	12	商用电冰箱维修	6
小型制冷装置安装	8	房间空调器维修	8
小型制冷装置操作	4	家用中央空调维修	8

　　本书由无锡商业职业技术学院林钢任主编，江苏经贸职业技术学院马骞、山西财贸职业技术学院郝瑞宏任副主编，参加编写的还有广东交通职业技术学院王启祥、山东华宇职业技术学院刘明。江南大学冯小平教授任本书主审。本书在编写过程中得到了主、参编所在单位领导的大力支持和帮助，在此表示衷心的感谢。

　　由于小型制冷装置的不断发展，尤其是控制技术日新月异，加之编者水平有限，书中难免有不足之处，恳请广大读者批评指正。

　　本书配有电子课件，凡使用本书作为教材的教师可登录机械工业出版社教材服务网www. cmpedu. com 注册后下载。咨询邮箱：cmpgaozhi@ sina. com。咨询电话：010-88379375。

编　者

目 录

商 品 篇

维 修 篇

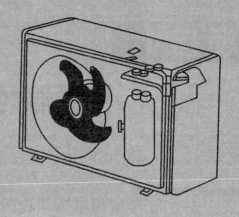

商 品 篇

项目1

小型制冷装置选购

典型工作任务1　家用电冰箱选购

一、学习目标

家用电冰箱是一个供家庭使用的有适当容积和装置的绝热箱体，用消耗电能的手段来制冷。它包括冷藏箱、冷藏冷冻箱、冷冻箱。由于低温环境可以抑制食品组织中的酵母作用，阻碍微生物的繁衍，能在较长时间内储存食品而不损坏其原有的色、香、味与营养价值，这使电冰箱自问世以后得到了广泛的应用。随着生产的发展、人民生活水平的提高以及生活节奏的加快，家用电冰箱已成为人们日常生活中一种十分重要的家用电器，其普及率日渐提高。通过本任务相关知识的学习，应达到如下学习目标：

1）能了解家用电冰箱的用途。

2）能理解家用电冰箱的分类方法。

3）能读懂家用电冰箱的型号。

4）会正确选购家用电冰箱。

二、工作任务

在熟悉家用电冰箱作用、种类、规格型号、国家标准和相关制冷知识的基础上，学会正确选购家用电冰箱。具体来说，工作任务如下：

1）解读家用电冰箱的规格型号。

2）正确选购家用电冰箱。

三、相关知识

（一）电冰箱的分类

电冰箱的类型很多，分类方法也不少，常见的分类方法有：按用途分类、按冷却方式分类、按箱门分类、按容积分类、按储藏温度分类、按气候带分类。

1. 按用途分类

电冰箱按用途的不同可以分成冷藏箱、冷藏冷冻箱和冷冻箱三类。

所谓冷藏，是指储存食物时，食物的汁液不冻结，食物的储存温度在 0～10℃ 之间；所谓冷冻，是指储存食物时，食物的汁液冻结，储存温度在 0℃ 以下。除专门的冷藏箱、冷冻箱（冰柜）外，普通单门电冰箱以冷藏为主，所以属于冷藏箱；双门电冰箱既有冷藏功能又有冷冻功能，所以是冷藏冷冻箱。

2. 按冷却方式分类

电冰箱按冷却方式的不同可分为直冷式电冰箱和间冷式电冰箱两类。

直冷式电冰箱利用箱内空气上下自然流动进行直接冷却。单门直冷式电冰箱的蒸发器装在箱内上部。双门直冷式电冰箱的冷冻室和冷藏室各有一个蒸发器。该类电冰箱的特点是结构简单、省电、价格较低、维修方便，但是箱内温度不够均匀、有霜。

间冷式电冰箱又称为无霜式电冰箱，也称为风冷式电冰箱。其翅片式蒸发器布置在冷冻室和冷藏室外（如夹层中间或背后），利用风机使箱内空气强制流过蒸发器而冷却。该类电冰箱的特点是箱内温度均匀，冷冻、冷藏室温度分别可调，无霜，但冷冻速度慢，耗电量大，价格较高。

目前有些电冰箱采用了间、直冷混合式结构，这种电冰箱兼有直冷式电冰箱和间冷式电冰箱的特点。

3. 按箱门分类

电冰箱按箱门形式的不同可分为单门、双门、三门等。

单门电冰箱有一个箱门。单门电冰箱内的冷冻室和冷藏室共用一个蒸发器，容积一般在200L以下。它结构简单、售价低、维修方便，但冷冻室容积小，储藏温度高，主要用于冷藏食物。

双门电冰箱有上、下两个门，上面一般是冷冻室，下面一般是冷藏室。双门电冰箱冷冻室容积大，功能全，使用方便，即可冷藏食物也可冷冻食物。也有的双门电冰箱的门制成左右并列式，容积比上下开门的略大。

三门电冰箱设有急冻室（制冰室）、冷冻室和冷藏室，或冷冻室、冷藏室和蔬菜室（冷却室），可得到三种不同的低温。

4. 按容积分类

电冰箱的容积有毛容积和有效容积之分。毛容积是指冰箱门关闭后，内壁所包围的容积。毛容积包括不能供储藏物品的各结构部件所占的容积（如门内胆凸出部分及托架等）。有效容积是指关上箱门后，箱内可供储藏物品的实际容积。有效容积等于毛容积减去各部件所占的容积和不能用于储存食品的空间后所得的容积。目前在我国全部采用有效容积表示电冰箱的容积，国外厂家也多数使用有效容积的概念。

我国电冰箱容积的单位以升（L）表示，美国、意大利等国以立方英尺表示电冰箱的容积（$1in^3 = 28.32L$）。

5. 按储藏温度分类

衡量电冰箱的冷冻能力，常以其冷冻室所能达到的温度等级来表示，并以星形作为标记符号，通常称作星级。

（1）一星级　冷冻室温度不高于 -6℃，冷冻食品保存时间约为一周。

（2）二星级　冷冻室温度不高于 -12℃，冷冻食品保存时间约为一个月。

（3）三星级　冷冻室温度不高于 -18℃，冷冻食品保存时间约为三个月。

6. 按气候带分类

电冰箱按适用的环境气候分类，可分成以下四种类型。

（1）亚温带型　代号 SN，使用环境温度为 10～32℃。我国的东北、内蒙古北部、新疆等地适用亚温带型电冰箱。

（2）温带型　代号 N，使用环境温度为 16～32℃。我国华北、内蒙古南部地区适用此型。

（3）亚热带型　代号为 ST，使用环境温度为 18～38℃。我国的华中等地适用此型。

（4）热带型　代号为 T，使用环境温度为 18～43℃。我国的广东、海南等地适用此型。

（二）电冰箱的规格和型号

1. 电冰箱的规格

根据我国国家标准 GB/T 8059.1—1995 的规定：家用电冰箱的规格以有效容积表示。有效容积是指电冰箱关上箱门后，电冰箱内壁所包括的可储藏食品用的空间容积。但下列两部分物件所占空间不计入有效容积内：①蒸发器、冷却用管路、冷气循环通道、导向板、蒸发器门、调温装置、照明灯和罩以及搁架的架托等；②门内侧突出部分及临近箱门侧壁间不供实用的间隔部分。有效容积的计算方法是以实物为基础，结合图样或模具进行测算而得到的。考虑到制造误差，又顾及用户利益，标准规定了有效容积测算值不应小于铭牌标定容量的 97%。

2. 型号

电冰箱的型号由表示产品名称、类型、有效容积等基本的参数字母和数字组合而成。按照我国国家标准 GB/T 8059.1—1995 的规定，家用电冰箱的型号及其含义如下：

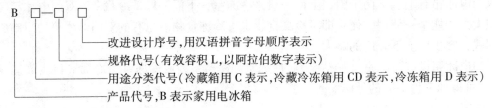

例 1-1　BC—150A

表示第一次改进设计 150L 冷藏箱。

典型工作任务 2　商用电冰箱选购

一、学习目标

商用电冰箱是商业用小型制冷装置的总称。它与家用电冰箱相比较具有容积大、形式多、功能多的特点，其压缩机多采用开启式与半封闭活塞式，也有采用全封闭活塞式或其他类型压缩机（如旋转式，涡旋式等）。商用电冰箱是为了适应商业的不同需要而研制的，种类繁多。本书主要针对的商用电冰箱是冷藏柜、陈列柜以及小型冷库。通过本任务相关知识的学习，应达到如下学习目标：

1）能了解商用电冰箱的类型。

2）能理解商用电冰箱的用途。

3）会正确选购商用电冰箱。

二、工作任务

在熟悉商用电冰箱作用、种类、规格、型号的基础上，学会正确选购商用电冰箱。具体来说，工作任务如下：

1）分析商用电冰箱的种类。

2）正确选购商用电冰箱。

三、相关知识

（一）冷藏柜

冷藏柜的产品种类繁多，用途广泛，它又称为厨房冰箱。冷藏柜主要用于商店、食堂、宾馆等场所的食品冷藏，也可用于医药部门药品的冷藏。它可以制成立式或卧式。卧式冷藏柜可兼做柜台使用，温度可在 -15 ~5℃范围内灵活调节。如果采用双级压缩或复叠式制冷系统，箱内温度可更低，可达 -80℃，用于特殊物品的储藏，但商业中用得较少，在此不作介绍。

商用冷藏柜容积有 0.25m³、0.6m³、1m³、1.5m³、2.5m³、3.0m³ 等多种，特殊情况可采用拼装方式将冷藏柜做得更大，最大可做到 10m³ 以上。一般商用冷藏柜内温度有 -5 ~5℃，-10 ~5℃，-15 ~5℃三种，使用中可根据需要灵活调节。

冷藏柜有立式前开门和卧式顶开门两种，以前者为多，其箱门可分为三门、四门、六门等多门形式。冷藏柜具有结构简单、操作存取方便、占地面积小等特点。为了便于存放食品，冷藏柜的高度不超过2m，深度不大于0.8m。图 1-1 所示为几种常见冷藏柜的外形结构图。另外，柜内承载食品，鱼、肉类较多，要求结构要坚固，一般以角钢做箱体框架，外壳敷以薄钢板，表面喷涂处理，也可采用耐腐蚀的不锈钢板做箱体和箱门的表面，内胆大多以不锈钢板制作，外壳与内胆的夹层注有聚氨酯等绝热保温层。各个箱门的四周镶嵌有弹性密封胶条，依靠门把手的锁扣机构使箱门与箱体密封。

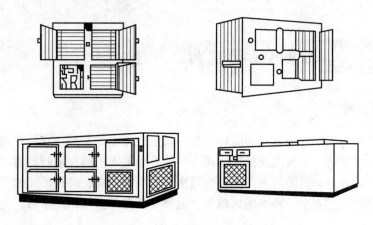

图 1-1　几种常见的冷藏柜

（二）陈列柜

陈列柜用于短期存放并展示冷藏、冷冻食品，通常用于食品店或超市零售。陈列柜的形式主要有岛式、壁式与带冷凝机组式等，在使用上各有特点。因为食品种类不同、冷藏温度不同，因此，陈列柜的温度水平也不同。为适应不同冷藏食品的温度要求，陈列柜分为低温和中温两大类。陈列柜所需冷源可直接附设于柜上，也可将制冷机组单独设置，仅将节流后的制冷剂低压液体引入陈列柜内的蒸发器中。前者常用于移动场合（如赛场），后者常用于零售固定场合（如超市）。

陈列柜一般容量不大，对于大型超市需要大容量陈列柜时，可将若干小陈列柜模块组合在一起构成一个大的陈列柜。

（三）小型冷库

小型冷库有土建式与拼装式两种，有高温库与低温库之分。高温库的温度一般控制在0℃左右，温度变化保持在0.5～5℃，用于冷藏禽蛋、水果与蔬菜等食品；低温库的温度一般控制在 -18℃左右，温度变化保持在 -1～1℃，用于长期储藏冻结后的食品，如肉类食品。

小型冷库因体积小、便于管理等特点，受到很多人的青睐，使用范围也越来越广。小型冷库的核心是制冷机组。制冷机与冷凝器等设备组合在一起称为制冷机组。常用小型制冷机组一般选用先进的氟机制冷设备。氟机制冷设备具有体积小、噪声小、安全可靠、自动化程度高、适用范围广的特点。制冷机组有水冷机组和风冷机组之分。小型冷库以风冷机组为首选形式，风冷机组具有简单、紧凑、易安装、操作方便、附属设备少等优点，这种制冷设备也是较为常见的。目前装配式冷库多选择聚氨酯库体，冷库库板以聚氨酯硬质泡沫塑料（PU）为夹心，以涂塑钢板等金属材料为面层，将冷库库板材料优越的保温隔热性能和良好的机械强度结合在一起，具有保温隔热年限长，维护简单，费用低以及高强质轻等特点。冷库库板厚度一般有150mm和100mm两种。土建冷库工程大多数用PU聚氨酯喷泡做保温库板。冷库制冷设备配置是否合理很重要，这是因为匹配合理、性能可靠的制冷机组，既能满足产品所要求的冷库制冷量和冷库储藏工艺要求，又节省能源，且故障率低。合理设置匹配冷库工程制冷设备，在初建冷库时可能会增加投资，但从长远来看可节省不少成本。

典型工作任务3　房间空调器选购

一、学习目标

房间空调器是房间空气调节器的简称，是一种电气类空调器具。它具有调节空气的温度和湿度，以及空气滤清、空气流通换气通风等功能，可使人们能在清新舒适的环境中生活和工作。近年来，随着空调器的发展和人民生活水平的不断提高，各种形式的空调器已大量进入家庭，且功能越来越齐全，种类越来越多。通过本任务相关知识的学习，应达到如下学习目标：

1）能了解房间空调器的用途。
2）能理解房间空调器的分类方法。
3）能读懂房间空调器的型号。
4）会正确选购房间空调器。

二、工作任务

在熟悉房间空调器作用、种类、规格型号、国家标准和相关空调知识的基础上，学会正确选购房间空调器。具体来说，工作任务如下：

1）解读房间空调器的规格型号。

2）正确选购房间空调器。

三、相关知识

（一）空调器的分类

目前，国内市场上出售的空调器种类繁多，分类方法也较多，常用的分类方法有以下几种。

1. 按功能分类

（1）冷风型空调器 冷风型空调器又称为单冷型空调器，这种空调器只能制冷，不能制热，用于夏季室内降温，兼有除湿功能，可为房间提供适宜的温度、湿度。它结构简单、可靠性高、价格便宜，是空调器中的基本型。但由于冷风型空调器功能单一，因此利用率不高。

（2）冷热两用型空调器 这类空调器在夏季可吹冷风，冬季可吹热风，吹冷风时为制冷工况，吹热风时为制热工况。冷热两用型空调器的种类有三种，即热泵型、电热型和热泵辅助电热型。

1）热泵型空调器。热泵型空调器是在制冷系统中通过两个换热器（即蒸发器和冷凝器）的功能转换来实现冷热两用的。在冷风型空调器中装上电磁四通换向阀，那么在制热时，就可以使制冷剂的流向改变，原来在室内侧的蒸发器变为冷凝器，来自压缩机的高温高压气体在此冷凝放热，于是就对室内供给热风；而室外侧的冷凝器变为蒸发器，制冷剂在此蒸发并吸收外界热量。这种空调器结构紧凑、制热效率高、方便省电。但由于冬季制热时，蒸发器位于室外，因此环境温度将直接影响制冷剂的蒸发，当环境温度低于5℃时，热泵型空调器的制热效果将明显变差。

2）电热型空调器。在制热工况下，空调器靠电加热器对空气加热，加热的元件主要有管状电加热器和螺旋形电热器两种。这种空调器运行安全可靠、使用寿命长、经济实惠、可以在寒冷环境下使用。

3）热泵辅助电热型空调器。这是一种在制热工况下利用热泵和电加热器共同制热的空调器，它制热功率大，同时又比较省电，但结构比较复杂、价格稍贵。这种空调器在制热时增加了一个辅助电加热器，以提高热泵空调器的制热量。

以上三种冷热两用型空调器在夏季制冷时均兼有除湿功能。如果采用微电脑控制器（微处理器）进行控制，则还具有单独的除湿功能，可以在潮湿天气时当除湿机用。

表1-1是各种空调器对环境温度的要求。

2. 按空调器的结构形式分类

（1）整体式空调器 这类空调器的所有组成部分在使用时不可分离，如窗式空调器就属于整体式。窗式空调器有标准型（卧式）和钢窗型（竖式）两种类型，它是一种小型房间空气调节器，采用全封闭蒸气压缩式制冷系统，具有体积小、质量小、结构简单、成本低、安装维修方便等特点，可安装在窗台或钢窗上，适用于家庭房间使用。

表 1-1　空调器工作的环境温度　　　　　　　　（单位：℃）

空调器类型	代号	气 候 类 型		
		T_1（最高环境温度 43℃）	T_2（最高环境温度 35℃）	T_3（最高环境温度 52℃）
冷风型	L	18 ~ 43	10 ~ 35	21 ~ 52
热泵型（含热泵辅助电热）	R	−7 ~ 43	−7 ~ 35	−7 ~ 52
电热型	D	~ 43	~ 35	~ 52

注：不带除霜装置的热泵型空调器的最低工作温度为5℃。

（2）分体式空调器　分体式空调器是市场销售的主流，它是将整体式空调器分为两部分，分别装在室内和室外，其中装在室内的称为室内机组，装在室外的称为室外机组，两机组间由制冷管路（配管）、电源线和信号线相连接。分体式空调器的特点是噪声低、功能多、美观大方和自动化水平高。近年来微电脑控制技术应用于分体式空调器中，使空调器可以实现遥控、定时、自动运转、睡眠控制、故障显示等功能，使分体式空调器变得操作更便捷、运转更理想、节能更明显、使用更舒适、维修更方便。由于分体式空调器的品种繁多，可适应不同的建筑物和生活条件的需要，因而又具有灵活、安装方便、占用空间小的优点，所以被广泛采用。

分体式空调器根据室内机组安装方式的不同，可分为挂壁式、落地式（柜式）、吊顶式、嵌入式等种类，其外形分别如图 1-2 ~ 图 1-5 所示。这些空调器的基本结构均大同小异。

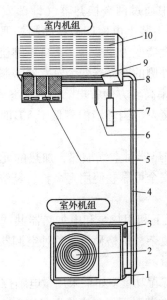

图 1-2　分体挂壁式空调器
1—接地螺栓　2—排气口　3—吸气口（背面、侧面）　4—排水软管/配管与连接电线　5—空气过滤网（左右 2 片）
6—电源插头　7—远程控制器　8—状态监控灯
9—冷气口　10—温室传感器

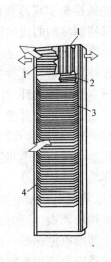

图 1-3　柜式空调器
1—百叶　2—控制板　3—空气过滤网
4—回风格栅

另外，近几年生产出了一拖二或一拖多分体空调器。这种新型分体式空调器是由一台室外机组与两台或多台室内机组相匹配的空调系统。它的出现对家庭来说节省了室外机组台数

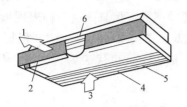

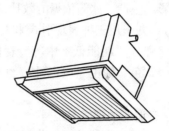

图 1-4　吊顶式空调器　　　　　　　图 1-5　嵌入式空调器

1—送风　2—送风口　3—回风　4—回风口

5—空气过滤网　6—导风护板

和室外安装空间，同时对节能也有好处。目前出现的多机分体式家用中央空调系统，就是建立在一拖多分体空调器基础上的。

3. 按空调器的能效等级分类

空调器制冷或制热量同空调器输入功率（用电量）的比值称为能效比。能效比的比值越高，空调器就越省电。简单地说，能效比就是一台空调器消耗一千瓦的电能产生多少千瓦的制冷/热量。能效比分为两种，分别是制冷能效比（EER）和制热能效比（COP）。一般情况下，就我国绝大多数地域的空调使用习惯而言，空调器制热只是冬季取暖的一种辅助手段，其主要功能仍然是夏季制冷，所以一般所称的空调能效比通常指的是制冷能效比（EER）。

例如，一台定速空调的制冷量是 4800W，制冷功率是 1860W，制冷能效比（EER）就是 $4800/1860 \approx 2.6$。

用能效比来衡量空调器是否节能的指标称为能源效率等级。空调器能源效率等级（简称能效等级）是表示空调器产品能源效率高低差别的一种分级方法，由空调器能效比的大小确定，分成 1、2、3、4、5 五个等级（1 级表示能源效率最高，5 级则是最低等级）。在我国，能效等级在 3 级以下的高能耗空调器将被限制销售。表 1-2 是空调器不同能效等级与能效比的对照表。同样制冷量的两个空调器，能效比每提高 0.1，可以省电 3% ~ 4%。一台1.5 匹的空调器，1 级能效每小时用电量不超过 $1kW \cdot h$，5 级能效每小时用电量有可能达到$1.35kW \cdot h$。

表 1-2　各种空调器的能效比

类　　型	额定制冷量（CC）/W	能　效　等　级		
		3	2	1
整体式		2.90	3.10	3.30
分体式	$CC \leqslant 4500$	3.20	3.40	3.60
	$4500 < CC \leqslant 7100$	3.10	3.30	3.50
	$7100 < CC \leqslant 14000$	3.00	3.20	3.40

《房间空气调节器能源效率标识实施规则》规定：空调和冰箱两大类家电产品必须贴上能效标识才能上市销售。能效标识由企业根据统一要求自行印制。标识分为背景信息栏、能源效率等级展示栏及产品相关指标展示栏。标识背景为蓝色，另有青色、洋红色、黄色、黑

色四种色彩。空调、冰箱依据能效比的大小分成 1、2、3、4、5 五个等级（1 级表示能源效率最高级），并采用三种表现形式来直观地表达能源效率等级信息。这三种表现形式的内容包括：文字部分"耗能低、中等、耗能高"，数字部分"1、2、3、4、5"，色标部分"红色、橙色、黄色、绿色"（其中，红色代表禁止，橙色、黄色代表警告，绿色代表环保、节能）。

（二）空调器的规格与型号

空调器的规格指的是空调器额定制冷量的大小。所谓额定制冷量指的是空调器铭牌上标注的制冷量。我国国家标准规定的单位是瓦（W），空调器实际制冷量不应低于额定制冷量的 95%。

空调器型号指的是空调器的型式代号。根据国家标准 GB/T 7725—2004 的规定，空调器的型号及其含义如下：

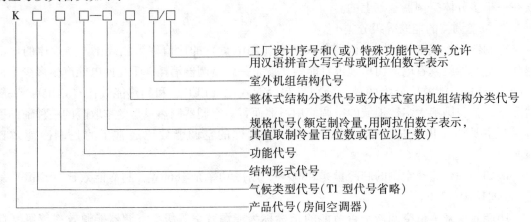

其中，表示结构形式的代号为：C 表示整体式，F 表示分体式。整体式空调器分为窗式（其代号省略），C—穿墙式、Y—移动式；分体式分为室内机组和室外机组。室内机组的结构形式代号为：D—吊顶式、G—挂壁式、L—落地式（柜式）、T—天井式、Q—嵌入式；室外机组的结构代号为 W。

表示功能的代号为：冷风型代号省略；R—热泵型（含热泵辅助电热型）；D—电热型。

表示气候类型的代号为：T_1—最高环境温度为 43℃；T_2—最高环境温度为 35℃；T_3—最高环境温度为 52℃。

例 1-2 KT3C—35A，表示 T_3 气候类型、整体（窗式）冷风型空调器，额定制冷量为3500W，第一次改进设计。

例 1-3 KC—22C，表示 T_1 气候类型、整体穿墙式冷风型空调器，额定制冷量为 2200W。

例 1-4 KFR—28GW，表示 T_1 气候类型、分体热泵型挂壁式空调器（包括室内外机组），额定制冷量为 2800W。

例 1-5 KFR—45L/BP，表示 T_1 气候类型、分体热泵型落地式变频空调器室内机组，额定制冷量为 4500W。

例 1-6 KFR—45W/BP，表示 T_1 气候类型、分体热泵型变频空调器室外机组，额定制冷量为 4500W。

（三）空调器制冷量的选择

选购空调器时，主要任务是选定制冷量。空调器向室内送出低温空气，使室内所有物体及人得到冷却，被冷却物体在此热交换过程中被夺走的热量称为制冷负荷。空调器的制冷量应稍大于房间内的制冷负荷。若过大则浪费电力，若过小则室内温度达不到要求。房间内的实际制冷负荷的计算相当繁琐，对于家庭选购空调器可按下述经验数据估算：

当要求室温在 25～27℃、相对湿度在 50%～70%时，可按每平方米室内面积配置117～174W的制冷量考虑。例如一间 20m² 的房间，应选择 2340～3480W 制冷量的空调器。表 1-3 是不同房间面积所配用的制冷、制热量的经验选择表。

选择制冷量时还应考虑下面几点：

1）一般来说，无论是国产产品还是进口产品，空调器的实际制冷量要低于铭牌上或说明书中标明的制冷量，允许低5%以内。例如，铭牌上3000W的空调器，实际制冷量有时仅为2850W 左右。

2）选购空调器时，应考虑房间的朝向、楼层、人口多少等因素。很显然，西晒的房间、顶层的房间、人多的房间，应适当加大空调器的制冷量。

3）空调器的说明书上一般都标明了温度调节范围，但选购者应注意，所标明的低温一般不能达到。例如，标明的温度调节范围为 18～28℃，其低温 18℃一般不能达到。

表 1-3　不同房间面积所配用的制冷、制热量的经验选择表

房间面积/m²	制冷量/W	制热量/W
8	1400	1860
9	1600	2100
10	1800	2330
12	2000	2800
15	2500	3500
17	3000	4000
20	3500	4650
25	4500	6050
30	5000	7000
32	5600	7500
36	6300	8400
40	7000	9300
46	8000	11000

典型工作任务4　家用中央空调选型

一、学习目标

随着社会的进步和科技的发展，人们对生活质量的要求不断提高。近年来，居民住房条件不断改善，住房结构日趋合理化和完美化，大户型、复式住宅以及别墅迅速增加，家用中央空调已成为人们追求的时尚产品，并有逐渐升温的趋势，越来越多的家用中央空调走进了寻常百姓家。通过本任务相关知识的学习，应达到如下学习目标：

1）能了解小型家用中央空调的概念、类型。

2）能理解小型家用中央空调的特点。

3）能合理选择产品类型。

二、工作任务

在熟悉家用中央空调作用、种类和相关知识的基础上，学会合理选择家用中央空调。具体来说，工作任务如下：

1）分析家用中央空调的种类特点。

2）合理选择家用中央空调类型。

三、相关知识

家用中央空调既不是大型中央空调的简单缩小，也不是普通房间空调的简单扩大，严格地讲应称其为中小型中央空调。家用中央空调的概念起源于美国，其制冷原理和构造类似于普通空调，但又结合了中央空调的众多卓越功能，采用一个主机与多个末端分离的安装方式，是针对 $80 \sim 800\text{m}^2$ 的大户型或多居室住宅而设计的空调机组。

根据载热/冷介质的不同，家用中央空调系统一般可分为风冷热泵式、多机分体式和风管式三种类型。

（一）风冷热泵式家用中央空调

风冷热泵式家用中央空调是家用中央空调的主流机型，这种系统以水或者乙二醇水溶液为载热/冷介质，主机为风冷冷水机组或热泵机组，末端装置为风机盘管，通过水管将主机产生的冷/热水输送到风机盘管，在末端装置中冷/热水与室内空气进行热交换，产生出冷/热风，以平衡房间的空调负荷。它是一种集中产生冷/热量、分散处理各房间负荷的空调系统，如图 1-6 所示。

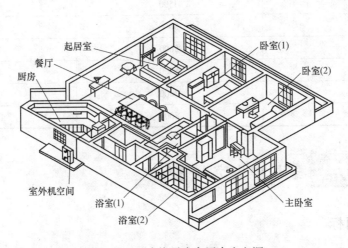

图 1-6　风冷热泵式家用中央空调

风机盘管可以调节其风机转速或通过水管上的阀门调节流过盘管的水量，从而调节送入室内的冷/热量，因此该系统可以对每个空调房间进行单独调节，满足各个房间不同的空调需求，同时也具有明显的节能效果。此外，冷/热水机组的输配系统所占空间小，不受住宅层高的限制，安装便捷，无须机房，省去了冷却塔，可安装于屋顶、阳台或室外方便之处，只需连通冷/热水管路，水泵即可进行系统冷/热水循环；机组运转噪声低，对环境影响小，与同等能力的其他类型空调机相比，运转更加平稳，从而拓宽了其适用范围。

风冷热泵式家用中央空调是目前应用最多的家用中央空调系统，但此种系统一般难以引进新风，因此对于通常密闭的空调房间而言，其舒适性稍差。

（二）多机分体式家用中央空调

多机分体式家用中央空调又称多联式家用中央空调，这种系统以制冷剂为载热/冷介质，主机为冷凝器、压缩机和其他制冷附件组成的室外机。末端装置是由直接蒸发式蒸发器和风机组成的室内机。一台室外机通过管路能够向若干个室内机输送制冷剂液体。以膨胀阀为核心的分配器装在制冷管路上，它能够根据各个室内机负荷的大小控制供液量。这种系统的工作原理如图 1-7 所示。它是建立在一拖二分体式空调器基础上的，包括普通一拖多和变频控制一拖多两类。变频控制一拖多是最先进的多机分体式家用中央空调系统，包括日本大金公司的 VRV，中国美的的 MDV、海尔的 MRV 等，目前还没有统一的名称，日本和中国的厂家均注册有自己的商标。

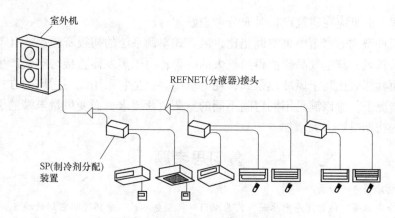

图 1-7　多机分体式家用中央空调

多机分体式空调系统通过控制压缩机的制冷剂循环量和进入室内各换热器的制冷剂流量，可以适时地满足室内冷、热负荷要求。它具有节能、舒适、运转平稳等诸多优点，而且各房间可独立调节，能满足不同房间不同空调负荷的需求。但该系统控制复杂，对管材材质、制造工艺、现场焊接等方面要求非常高，初期投资比较大。

（三）风管式家用中央空调

这种系统以空气为载热/冷介质，主机为小型空气-空气热泵，即风冷单元式空调机组，末端装置为安装在各个房间的风口（散流器），如图 1-8 所示。机组集中产生的冷/热量将室内的回风或回风和新风的混和风进行冷却/加热处理，处理好的冷/热空气通过风管送到各个空调场合，平衡房间的冷/热负荷。送风量的大小通过装在风管或风口上的风阀进行调节。由于风管敷设保温层后比较粗，直径在 $\phi240mm$ 左右，风管难以拐弯和穿梁打洞，因此房间

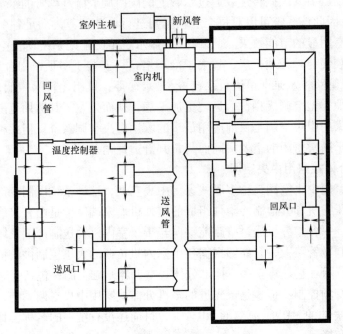

图 1-8　风管式家用中央空调

层高需高一些，而且应在建筑设计时充分考虑好才行。

　　与上述两种型式的家用中央空调相比，风管式空调系统的初投资较小，且不易产生凝结水，便于引入新风，其空气品质能得到较大的改善；由于蒸发器直接与空气产生热交换和不用水泵，因而其能效比高于风冷热泵式，耗电量小。但是它采用统一送风的方式，在没有变风量末端的情况下，难以满足不同房间不同的空调负荷要求，而变风量末端的引入将会使整个空调系统的初期投资大大增加。

复习思考题

1. 如何对电冰箱进行分类？
2. 何为直冷电冰箱？何为间冷电冰箱？何为双门双控型电冰箱？分别说明它们的特点。
3. 简单说说冷藏柜的用途。
4. 按功能分类，房间空调器可以分成哪些种类？
5. 试说明 KT3FR—45LW/BP 空调器型号的含义。
6. 家用中央空调器有哪些种类？分别说出它们的特点。
7. 简单说出小型冷库的种类与用途。

项目2

小型制冷装置拆解

典型工作任务 1 家用电冰箱拆解

一、学习目标

冰箱由箱体、制冷系统和控制系统组成。其中，箱体由外壳、内胆、隔热材料和箱门构成，其功能是围护隔热，使箱内、外空气隔绝，以保持箱内的低温；制冷系统是一个封闭的循环系统，运转时不断吸收箱内的热量，并将其转移、传递给箱外的空气或水，以实现制冷；控制系统用于控制箱内温度，保证安全运转及自动除霜等。通过本任务相关知识的学习，应达到如下学习目标：

1）会拆解家用电冰箱零部件。

2）能理解直冷电冰箱的结构组成与工作原理。

3）能理解间冷电冰箱的结构组成与工作原理。

二、工作任务

在熟悉管路、冰箱的箱体结构、制冷系统组成、直冷电冰箱制冷系统和无霜间冷电冰箱制冷系统基本构成的基础上，学会零部件的更换。具体来说，工作任务如下：

1）拆解家用电冰箱零部件。

2）拆解直冷电冰箱制冷系统零部件。

3）拆解间冷电冰箱制冷系统零部件。

三、相关知识

无论是单门电冰箱还是双门或多门电冰箱，无论是直冷式电冰箱还是间冷式电冰箱，虽然它们的外形各有不同，但其主要结构大体相同，主要由箱体、制冷系统、电气控制系统和附件组成，如图 2-1 所示。这里重点介绍电冰箱的箱体结构和制冷系统，电气控制系统将在项目 5 的典型工作任务 1 中进行介绍。

（一）电冰箱的箱体结构

电冰箱的箱体主要由外壳、内箱、箱门、绝热层等组成。电冰箱的箱体结构直接影响电冰箱的耗电量、外观、寿命以及使用性能，其箱体结构如图 2-2 所示。外壳与内胆之间均匀充满硬质聚氨酯泡沫塑料（PUF）作为绝热层，该材料绝热良好、质量小、粘结性强、不吸水。

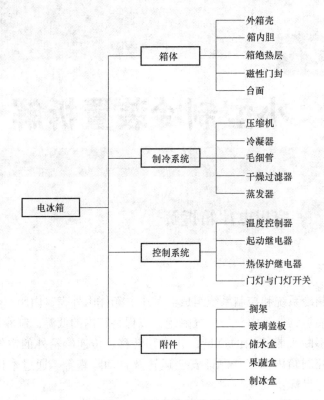

图 2-1 电冰箱的结构组成

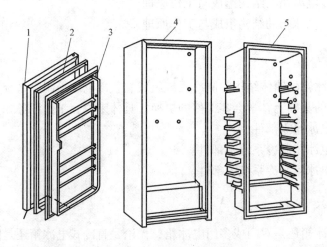

图 2-2 电冰箱的箱体结构
1—门面板 2—磁性门封条 3—门内胆 4—箱体外壳 5—箱体内胆

1. 外箱

电冰箱外箱一般有两种结构形式，一种是拼装式，即由左右侧板、后板、斜板等拼装成一个完整的箱体；其优点是不需要大型辊轧设备，箱体规格变化容易，适应于多规格、多系列的产品特点，但对每块侧板要求高，强度不如整体式好；另一种是整体式，即将顶板与左右侧板按要求辊轧成一个倒U字形，再与后板、斜板点焊成箱体，或将底板与左右侧板弯折成U字形，再与后板、斜板点焊成一体，前者要求辊轧线长度较长，而后者要求辊轧宽度较宽。

拼装式结构的电冰箱多为欧洲厂家生产，而整体式结构的电冰箱多为美国和日本厂家生产。我国引进的电冰箱生产设备多为欧洲厂家的，因此电冰箱的结构也多为拼装式结构。

外箱与门面板一般采用0.6～1mm厚冷轧钢板经裁切、冲压、焊接成形、外表面磷化、涂漆或喷塑处理。近年来，国外已开发出了各种彩板（包括在门面板上压膜各种大小不同的彩色图画），既改变和丰富了产品的外观，又免除了繁杂的涂复等工序，保护了环境。

2. 内箱

电冰箱内箱与门内胆一般采用丙烯腈-丁二烯-苯乙烯（ABS）板或改性聚苯乙烯（PS）板，加热至60℃干燥后采用凸模真空成型或凹模真空成型。

塑料内胆由于可一次真空吸塑成型，生产效率高、成本低，而且光泽好、耐酸碱、无毒无味、质量小，因而在家用电冰箱中得到广泛应用。其不足之处是硬度和强度较低，且划伤、耐热性较差，使用温度不允许超过70℃。因此，箱内若有电热器件，则必须加装防热和过热保护装置。

目前在电冰箱中采用ABS内箱较多，但ABS加工较困难、有气味、成本高。有一种新型冰箱内箱材料HIPS得到了广泛应用，HIPS加工容易、耐CFC-11腐蚀，且性质坚韧。

3. 箱门

电冰箱的箱门一般由门面板、门内胆、门衬板和磁性门封条等组成。为了使外观更加美观，一般在门周边加有门框。近年来，随着工艺水平的不断提高，出现了一种不需要门衬板及固定螺钉的整体式箱门结构，这种方法可减薄门内胆的厚度。由于门内胆与门面板间均匀充满绝热泡沫塑料，既提高了冰箱隔热性能、节省电能，又可加强门内胆强度，防止门搁架储物过重而导致门内胆变形，同时也降低了产品成本。但该框架结构门体依靠绝热泡沫定型，故要求发泡材料稳定性好，工艺要求也相对提高。

电冰箱的门与门框之间采用磁性门封作为密封装置。磁性门封由塑料门封条和磁性胶条两部分组成。塑料门封条采用乙烯基塑料挤塑成型，具有良好的弹性和耐老化性。磁性胶条是在橡胶塑料的基料中渗入硬质磁粉挤塑成型。将磁性胶条穿入塑料门封条中，根据门的尺寸将四角切口热粘合制成各种形式的单气室、多气室及带多层屏蔽翅片等结构，并安装在箱门内壁的四周，利用磁性胶条的磁性将门吸附在门框上，从而防止箱内、外的热量交换，其结构如图2-3所示。双门电冰箱的冷冻室与冷藏室温度相差甚远，因此冷冻室与冷藏室的磁性门封形式有明显区别，不能互换使用。冷冻室磁性门封有两个空气腔，冷藏室磁性门封只有一个空气腔。

对门封的严密性要求是：关门后，门封条周边均能夹持住0.08mm×50mm×200mm的纸片。对磁性胶条的要求是：其磁感应强度应为0.05～0.07T（特斯拉），当门与

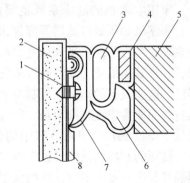

图2-3 冷冻室磁性门封的结构
1—紧固螺钉 2—绝热层 3、6—气室
4—磁性胶条 5—箱体 7—翻边
8—内胆

箱体接近时可自动吸合严密。正常开门拉力为 10～70N。

4. 绝热层

在电冰箱箱体外壳和箱内胆之间、门壳和门内胆之间，都充满了隔热材料作为绝热层。隔热材料的质量对电冰箱的制冷性能和耗电量影响很大，因此选用合适的绝热材料甚为重要。电冰箱发展至今，其绝热材料经历了木屑、硅藻土、超细玻璃棉、聚苯乙烯硬泡沫，直至现在的硬质聚氨酯泡沫塑料，其热导率越来越低，绝热性能越来越好，使电冰箱隔热层可以越来越薄。目前，日本已研制成功热导率为 0.01W/(m·K) 的真空绝热方法，现已将其用于电冰箱生产中。

聚氨酯泡沫塑料（Polyurethane Foam，简称 PUF）是一种热导率很低的硬质泡沫塑料。其特点是质量小（每立方米 30kg 左右）、绝热性能好 [0.016～0.023W/(m·K)]、有良好的粘接性和耐压性，25mm 厚的聚氨酯泡沫层相当于 45mm 厚的矿物棉或 860mm 厚砖的绝热性能。

发泡工艺可分为一次发泡法和二次发泡法两种。前者指常压下当发泡原料混合后充注到箱体内便进行化学反应，产生 CO_2 和热量，使低沸点的发泡剂汽化而发泡。大多数电冰箱采用一次发泡法。后者则指采用 A 和 B 两组分作为发泡剂，当料从混合头喷出到常压时，B 先汽化，使料成泡沫状，此为第一次发泡；到达表面的原料又开始化学反应，使 A 汽化，进行第二次发泡。

按发泡剂压力的高低不同，发泡工艺可分为高压发泡和低压发泡。低压发泡是早期的工艺，低压发泡剂注射压力低，注入速度慢，每次注射后都需要用压缩空气清洗喷头，否则易阻塞。高压发泡是通过高压发泡剂，将两种原液在高压下通过发泡注射孔迅速注入到箱体。注射完时，发泡料已被全部推出枪外，不必清洗枪头。而且两种料在高压下撞击混合，混合非常均匀，使发出的泡沫质地良好。

对箱体的保温要求是：箱外周围空气温度、湿度较高时，系统稳定后，箱体外表面的温度应高于空气的露点温度，即箱体表面不应产生凝露现象。

（二）电冰箱的制冷系统及工作原理

家用电冰箱的制冷系统主要由蒸发器、冷凝器、毛细管、压缩机和干燥过滤器等部件组成，如图 2-4 所示。其工作原理：制冷压缩机吸入从蒸发器出来的气态低压低温制冷剂，并将其压缩成为高温高压的气态制冷剂，被输送至冷凝器后，这些气态的高温高压制冷剂将大量的热量传递给箱外的空气而成为温度稍高于箱外空气的高压液体制冷剂，然后经过干燥过滤器，把制冷剂中的微量水分和杂质干燥过滤掉，高压的制冷剂液体经过毛细管的节流而变成低压低温的湿蒸气，进入蒸发器后，这些低压低温的湿蒸气在一定的压力下蒸发沸腾，吸取蒸发器周围空间的热量而变成低温低压的气体，然后又再次被吸入压缩机，继续下一个循环。这样，制冷剂在这个密闭的系统中反复循环，使电冰箱箱内温度降低，达到制冷的目的。

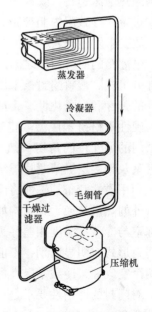

蒸发器

冷凝器

毛细管

干燥过滤器

压缩机

图 2-4 压缩式电冰箱制冷系统的结构

1. 制冷系统零部件

（1）制冷压缩机　压缩机是小型制冷装置的核心部件，小型制冷装置一般使用容积式压缩机。所谓容积式压缩机是指依靠压缩腔的内部容积缩小来提高气体或蒸气压力的压缩机。容积式压缩机的工作原理是依靠工作腔容积的变化来压缩气体或蒸气，因而它具有容积可周期变化的工作腔。容积式压缩机按照原理的不同可分为往复活塞式、旋转式、涡旋式三大类。其中，往复活塞式分为连杆活塞式、曲柄滑管式、电磁振动活塞式，连杆活塞式又分为曲柄连杆活塞式、曲轴连杆活塞式；旋转式则分为转子刮板式和离心刮板式。

根据蒸发温度范围的不同，压缩机分为低蒸发温度压缩机、中蒸发温度压缩机和高蒸发温度压缩机。

根据形式的不同，压缩机分为开启式压缩机、半封闭式压缩机和全封闭式压缩机。

家用电冰箱压缩机采用全封闭式压缩机，包括往复式压缩机和旋转式压缩机两大类。前者为立式，后者为卧式，在外观上很容易区分，其结构如图2-5所示。

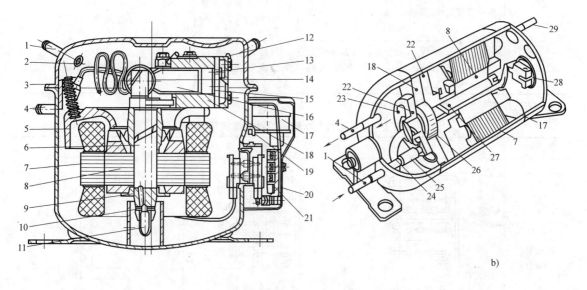

图 2-5　家用电冰箱压缩机的结构

a）往复式压缩机　b）旋转式压缩机

1—回气管　2—排气避振管　3—消振弹簧　4—排气管　5—机体　6—曲轴　7—电动机定子　8—电动机转子
9—转子固定套　10—脱气孔　11—吸油嘴　12—气缸盖　13—排气阀片　14—滑块　15—进气阀片
16—丁字形活塞件　17—起动线圈　18—气缸　19—热电流保护继电器　20—电动机引柱
21—接线板　22—轴承　23—排气罩　24—供油弹簧　25—过滤器　26—旋转活塞
27—轴　28—插座　29—加注管

（2）蒸发器　常见的电冰箱蒸发器类型主要有：铝合金复合板式、蛇形盘管式、光管盘管式、单脊翅片管式（用于冷藏室）和翅片盘管式（用于间冷冰箱）等。其结构和特点见表2-1。

（3）冷凝器　冷凝器的主要结构形式有：百叶窗式、钢丝盘管式和壁板盘管式（内藏式）三种。其结构和特点见表2-2。

表 2-1　常见的电冰箱蒸发器的结构和特点

结构形式	铝合金复合板式	管板式	光管盘管式	单脊翅片管式
结构简图	出口铜接头　进口铜接头	出口　进口		
结构说明	铝—锌—铝复合板，印刷管路复合板吹胀成型，总厚度为 1.5～2mm	$\phi 8 \sim \phi 12mm$ 的铝管或铜管压扁，与薄铝板粘接或钎焊在一起	盘管靠两端的架板联接固定	经过特殊加工的单脊翅片铝管，弯曲加工成型
特点	传热性能好、管路可做成单程或多程，容易成形制作，批量生产	传热性能比铝复合板式稍差，工艺简单，不易破损泄漏 $K = 5 \sim 8^①$	工艺简单便于清擦，盘管单位长度制冷量较小，$K = 7 \sim 13^①$	传热性能好
适用范围	直冷式家用冰箱	直冷式冰箱的冷冻室和直冷式冷冻箱	直冷式家用冰箱的冷藏室或直冷式大型冷藏柜	直冷式电冰箱的副蒸发器

① K 为传热系数实用值，单位为 kcal/(m² · h · ℃)，1kcal = 4.187kJ。

表 2-2　常见的电冰箱冷凝器的结构和特点

结构形式	百叶窗式	钢丝盘管式	壁板盘管式
结构简图及说明	散热片为 0.5～0.6mm 钢板，盘管为 $\phi 5 \sim \phi 6mm$ 镀铜钢管或铜管，散热片冲出通风孔	盘管为 $\phi 5 \sim \phi 6mm$ 的镀铜钢管，将 $\phi 1.5mm$ 左右的钢丝焊接在盘管两侧，钢丝间距为 5～7mm	箱体外壳　隔热层　内壳　将 $\phi 5 \sim \phi 6mm$ 镀铜钢管或铜盘管，以铝箔粘附或以压成槽形的薄钢板压附在箱体外壁的内侧，靠箱外壁散热
特点	工艺简单，传热性能比钢丝盘管式稍差，$K = 5 \sim 7$	传热性能较好，整体强度好，材料费用低，焊接工艺较复杂，需用大容量接触焊机 $K = 6 \sim 8$	结构紧凑，便于清扫，不易损伤，传热性能较差，隔热层要适当加厚，$K = 5 \sim 7^①$

① K 为传热系数实用值，单位为 kcal/(m² · h · ℃)，1kcal = 4.187kJ。

　　(4) 毛细管　家用电冰箱的节流元件是毛细管，其材料是纯铜管，管的内径为 0.6～2.5mm，长度一般为 2～4m。毛细管节流装置的结构简单，无运动零件，因而不易发生故障。由于停机后高低压力在 3～5min 内即趋于平衡，因此可选用起动转矩较小的驱动电动机。但是毛细管的自动调节范围小，而且不能人工调整，所以不适用于热负荷变化大的制冷装置，只可用于热负荷较稳定的小型制冷装置，如家用冰箱、空调器和除湿机等。

　　(5) 干燥过滤器　为了防止系统中的杂质在毛细管中堵塞，因此在毛细管进口处接有干燥过滤器，干燥过滤器中过滤网可以防止毛细管脏堵，干燥过滤器中的干燥剂还可防止系统冰堵。干燥过滤器的外形为一根管径较大的粗铜管，其内部结构如图2-6所示。在铜管的两端分别装有120～180目的粗、细两

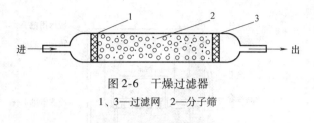

图2-6 干燥过滤器
1、3—过滤网 2—分子筛

个滤网，两滤网之间填充有分子筛或其他干燥剂。分子筛用来吸附制冷剂中残存的水蒸气，防止冰堵，而滤网则用来滤除系统中的杂质，防止脏堵。

2. 电冰箱制冷系统的种类与特点

制冷系统的结构形式有直冷式和间冷式两类，近年来有些高档电冰箱也采用间冷、直冷混合式结构，兼有直冷、间冷的特点。

（1）单门直冷式电冰箱的制冷系统 单门直冷式电冰箱的制冷系统如图2-7所示。它只有一个蒸发器，靠蒸发器下面的接水盘将电冰箱分割成冷冻室和冷藏室。由于蒸发器在冷冻室内，所以冷冻室温度较低。蒸发器的一部分冷量由接水盘与箱壁间的缝隙传递至冷藏室，而冷藏室本身没有蒸发器，因此冷藏室的温度相对比较高。在冷藏室，上面的空气离蒸发器近，温度低，相对密度大，因此自然地向下流动，并且吸收冷藏物品的热量使温度升高；随着空气温度的升高，相对密度减小，而又随之上升，上升至蒸发器附近时又放热降温而向下流动。就这样依靠箱内空气自然对流冷却，最终使冷藏室自上而下温度逐渐升高，并相对稳定。

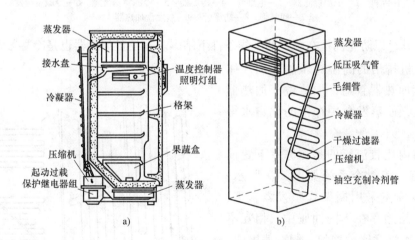

图2-7 单门直冷式电冰箱制冷系统
a）单门直冷式电冰箱剖面图 b）单门直冷式电冰箱管路系统图

（2）双门直冷式电冰箱的制冷系统 双门直冷式电冰箱的制冷系统如图2-8所示。双门直冷式电冰箱也是依靠箱内空气自然对流冷却，与单门直冷式电冰箱不同的是它的冷藏室和冷冻室各有一个蒸发器，冷藏室与冷冻室箱体间相互隔离。制冷剂的流向一般是先进入冷藏室蒸发器，然后进入冷冻室蒸发器，靠蒸发器管路的换热面积来决定冷藏室与冷冻室的箱内温度。冷藏室的温度可控制在0～10℃，温度分布也是自上而下逐渐升高。

图2-8中的防露管是冷凝器管道的一部分。其作用是利用冷凝器的热量将门框周围外表

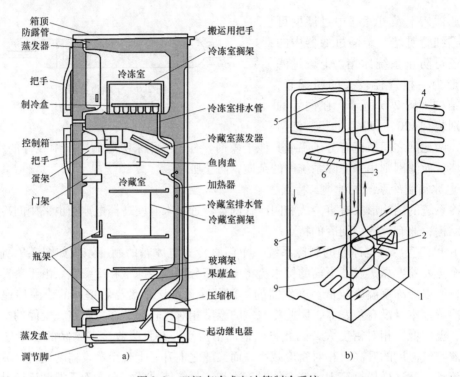

图 2-8 双门直冷式电冰箱制冷系统

a）双门直冷式电冰箱剖面图 b）双门直冷式电冰箱管路系统图

1—压缩机 2—干燥过滤器 3—毛细管 4—冷凝器 5—冷冻室蒸发器 6—冷藏室蒸发器

7—回气管 8—防露管 9—蒸发盘加热器

面的温度提升，以防止门框在湿热的气候条件下结露。蒸发盘加热器也是冷凝器管道的一部

分，从压缩机排出的高温高压制冷剂气体经过蒸发盘加热器管道，加热位于加热器上的蒸发盘，使蒸发盘中存留的化霜水得以蒸发。

目前国内比较流行的是冷冻室下置抽屉式电冰箱，其制冷系统如图 2-9 所示。这种冰箱冷冻室采用搁架式蒸发器，生、熟或不同食品储存在不同抽屉中，相互不串味，冷冻室温度比较均匀，制冷速度快，结霜量较少，而且存取食品互不影响，既提高了食品的储存质量，又降低了能耗。

直冷式电冰箱一般采用冷藏室温度控制器，通过它来控制压缩机的开停，即冷冻室温度随冷藏室内的温度升降而升降，因而两蒸发器的匹配要求相当严格。特别是环境温度较低时，会出现压缩机不起动的情况，一般需采用低温补偿加热装置来

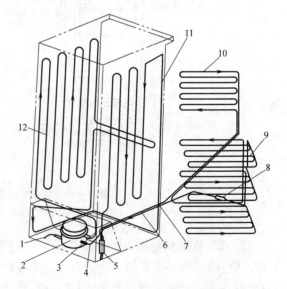

图 2-9 双门直冷抽屉式电冰箱制冷系统

1—工艺管 2—压缩机 3—排气管 4—吸气管 5—干燥过滤器 6—毛细管 7—回气管 8—储液器 9—冷冻室蒸发器 10—冷藏室蒸发器 11—左冷凝管 12—右冷凝管

解决这个问题。

（3）间冷式电冰箱制冷系统　间冷式电冰箱不管是双门，还是多门，其制冷系统基本相同，即采用一个翅片盘管式蒸发器，通过循环风扇使箱内空气强迫对流，通过风道及风门温度控制器对冷气进行合理分配和调节控制，来满足冷冻室、冰温保鲜室、冷藏室等不同温度的要求。图2-10所示为双门间冷式电冰箱的制冷系统。

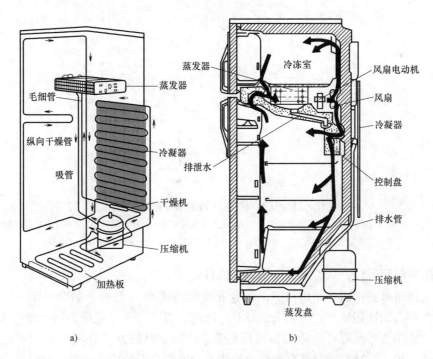

a)　　　　　　　　　　　　　b)

图 2-10　双门间冷式电冰箱的制冷系统
a）双门间冷式电冰箱管路系统图　b）双门间冷式电冰箱剖面图

（4）双温双控电冰箱的制冷系统　该形式的电冰箱分为直冷式和风、直冷混合式两种，均采用两个蒸发器、由两个温控器进行控制。前者冷冻室蒸发器为板管式或层架式，需人工除霜；后者是翅片盘管式，可自动除霜。双温双控电冰箱通过采用双蒸发器、双毛细管加二位三通电磁阀，并在冷冻室和冷藏室各装一只温度控制器，对两室分别进行控制。其制冷系统示意图如图2-11所示。该电冰箱的制冷工作原理如下。

第一制冷回路A：压缩机→冷凝器→毛细管A→二位三通电磁阀→毛细管C→冷藏室蒸发器→冷冻室蒸发器→压缩机。

第二制冷回路B：压缩机→冷凝器→毛细管A→二位三通电磁阀→毛细管B→冷冻室蒸发器→压缩机。

当冷藏室、冷冻室温度均高于温控器设定温度时，两室温控器处于闭合状态，压缩机工作，制冷剂走第一制冷回路A，毛细管C接通，毛细管B关闭，两室均制冷。由于冷藏室蒸发器相对较大，因而室内很快达到设定温度，冷藏室温控器断开，同时电磁阀接通，毛细管C关闭，毛细管B接通，制冷剂走第二制冷回路B，使冷冻室很快制冷，直至室内达到设定温度，冷冻室温控器断开，压缩机停止工作。当两室中任何一室温度回升到开机温度时，

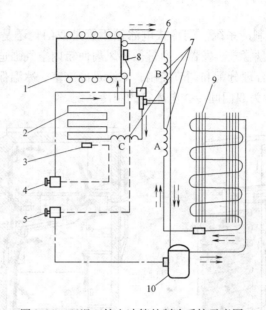

图 2-11　双温双控电冰箱的制冷系统示意图

1—冷冻室蒸发器　2—冷藏室蒸发器　3—冷藏室感温包　4—冷藏室温控器　5—冷冻室温控器
6—二位三通电磁阀　7—毛细管　8—冷冻室感温包　9—冷凝器　10—压缩机

均可使压缩机起动运转，从而达到双温双控的目的。

这种电冰箱可获得四种使用功能，即普通冷藏冷冻箱（走第一制冷回路 A）功能、单冷冻箱（走第二制冷回路 B，关闭毛细管 C）功能、双冷冻箱（走第一制冷回路 A，关闭毛细管 B）功能和速冻保鲜（走第二制冷回路 B，冷冻室温控置"强冷"点，可使冷冻室温度迅速达到 -30 ~ -25℃，对储存食品进行快速冷冻，可保持冷冻食品的新鲜风味和营养成分）功能。

典型工作任务 2　商用电冰箱拆解

一、学习目标

商用电冰箱是商业用小型制冷装置的总称，它与家用电冰箱相比较具有容积大、形式多、功能多的特点，结构非常相似，主要由箱体（或库体）、制冷系统和控制系统组成。其中，箱体由外壳、内胆、隔热材料和箱门构成，其功能是围护隔热，使箱内、外空气隔绝，以保持箱内的低温；制冷系统是一个封闭的循环系统，运转时不断吸收箱内的热量，并将其转移、传递给箱外的空气或水，以实现制冷；控制系统用于控制箱内温度，保证安全运转及自动除霜等。通过本任务相关知识的学习，应达到如下学习目标：

1）会拆解冷藏柜、陈列柜及小型冷库零部件。

2）能理解冷藏柜的结构组成与工作原理。

3）能理解陈列柜的结构组成与工作原理。

4）能理解小型冷库的结构组成与工作原理。

二、工作任务

在熟悉冷藏柜、陈列柜及小型冷库管路、箱（库）体结构、制冷系统基本构成的基础上，学会零部件的更换。具体来说，工作任务如下：

1）拆解冷藏柜制冷系统零部件。

2）拆解陈列柜制冷系统零部件。

3）拆解小型冷库制冷系统零部件。

三、相关知识

（一）冷藏柜的结构特点与制冷系统

1. 冷藏柜的结构

冷藏柜有立式前开门和卧式顶开门两种，以立式前开门为多。冷藏柜的箱门分为三门、四门、六门等多门形式。冷藏柜具有结构简单、操作存取方便、占地面积小等特点。图2-12所示为冷藏柜的外形结构图。

2. 冷藏柜的制冷系统

冷藏柜的制冷系统主要由压缩机、冷凝器、储液器、干燥过滤器、电磁阀、热力膨胀阀、蒸发器及连接管道组成密闭系统。压缩机多采用开启式（电动机通过传动带传动）、半封闭式及全封闭等；冷凝器多采用风冷式，也可采用水冷式；蒸发器采用盘管或冷风机。

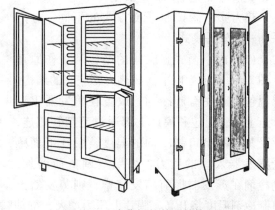

图2-12　冷藏柜的外形结构图

图2-13所示为常用的冷藏柜制冷系统示意图。本系统中压缩机采用开启或半封闭式，冷凝器采用风冷式。工作时，压缩机电动机起动，蒸发器中的制冷剂气体被压缩机吸入，经压缩机压缩后变成高压高温气体，并排往冷凝器，在冷凝器中制冷剂将热量排放到周围环境中被冷却，冷凝为高压制冷剂液体，进入储液器贮存，从储液器出来后，经过干燥过滤器吸收水分、滤除杂质，经过电磁阀，进入热力膨胀阀节流、降压，使高压制冷剂液体变成低压制冷剂液体（实际上液体中有一部分闪发性气体）。然后，低压制冷剂液体进入蒸发器，经过蒸发器管壁与冷藏柜内空气

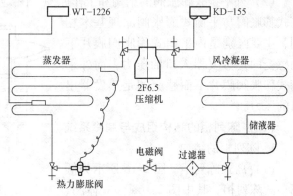

图2-13　冷藏柜制冷系统示意图

换热。这是一个吸热过程，制冷剂吸收柜内热量，一方面使制冷剂汽化，另一方面使冷藏柜内降温，达到制冷的目的。汽化后的低压制冷剂气体再次被压缩机抽走，重复上述过程，形

成制冷循环。

另外，有一些容积小的商用冷藏柜采用全封闭压缩机。随着全封闭压缩机性能日益优越，大容积的冷藏柜也开始使用全封闭式压缩机，这种系统结构简单、效率高、密封性好。由于制冷系统的组成、工作过程与前述基本相同，不再赘述。

3. 热力膨胀阀的结构与原理

热力膨胀阀安装在蒸发器入口，常称为膨胀阀，其主要作用是节流和控制制冷剂的流量。

节流作用：高温高压的液态制冷剂经过膨胀阀的节流孔节流后，成为低温低压的雾状的液态制冷剂，为制冷剂的蒸发创造条件。

控制制冷剂的流量：进入蒸发器的液态制冷剂经过蒸发器后，制冷剂由液态蒸发为气态，吸收热量，降低柜内的温度。膨胀阀控制制冷剂的流量，保证蒸发器的出口完全为气态制冷剂，若流量过大，出口含有液态制冷剂，可能进入压缩机产生液击；若制冷剂流量过小，提前蒸发完毕，会造成制冷不足。

热力膨胀阀按照平衡方式的不同，分内平衡式和外平衡式。

（1）内平衡式膨胀阀的结构和工作原理

图 2-14 所示为内平衡式热力膨胀阀的结构。感温包内充注有制冷剂，放置在蒸发器出口管道上，感温包和膜片上部通过毛细管相连，感受蒸发器出口制冷剂的温度，膜片下面感受蒸发器入口的压力。如果空调负荷增加，制冷剂在蒸发器提前蒸发完毕，则蒸发器出

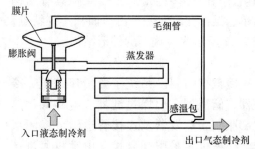

图 2-14　内平衡式热力膨胀阀的结构

口制冷剂温度将升高，膜片上压力增大，推动阀杆使膨胀阀开度增大，进入到蒸发器中的制冷剂流量增加，制冷量增大；如果空调负荷减小，则蒸发器出口制冷剂温度减小，以同样的作用原理使得阀开度减小，从而控制制冷剂的流量。

（2）外平衡式膨胀阀的结构和工作原理　图 2-15 所示为外平衡式膨胀阀的结构。外平衡式膨胀阀与平衡式膨胀阀原理基本相同，主要区别是内平衡式膨胀阀膜片下面感受的是蒸发器入口的压力；而外平衡式膨胀阀膜片下面感受的是蒸发器出口的压力。

（二）陈列柜的结构组成与制冷系统

1. 陈列柜的结构

（1）岛式陈列柜　图 2-16 所示为低温岛式陈列柜，其中图 2-16a 为立体图，图 2-16b 为剖面图。它由多个模块组合

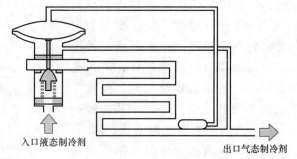

图 2-15　外平衡式热力膨胀阀的结构

而成，每个模块有自己的蒸发器、风道和风机。存放食品的空间与蒸发器用一块可拆卸的绝热底板隔离。被风机吸入的空气进入两条通道：内通道和外通道。内通道内设有蒸发器，空气流经时被冷却，一部分冷空气透过分割食品的空间与内通道的板壁上的小孔进入存放食品

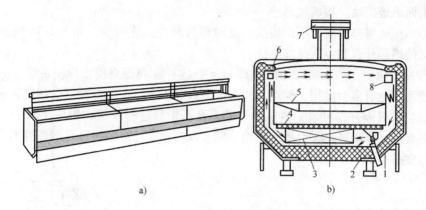

图 2-16 低温岛式陈列柜

a）立体图 b）剖面图

1—绝热外壳 2—风机 3—蒸发器 4—绝热底板 5—货物搁架 6—空气分配格栅

7—照明灯 8—温控器

的空间，维持该空间的低温，另一部分通过顶部的格栅，由左向右流动，构成一道风幕，流经外通道的空气经过格栅向右流动，构成第二道风幕。两道风幕将内外空间隔开，以减少冷量损失。

岛式陈列柜冷凝机组一般放在室外，可多模块共用一机组，采用管路并联方式，但要考虑供液问题。

（2）壁式陈列柜 图 2-17 所示为壁式陈列柜，其中图 2-17a 为立体图，图 2-17b 为剖面图。这种陈列柜也可由多个模块组成，与上述岛式相似，每个模块中装有一个蒸发器和相应的风机，冷凝机组一般放在室外，可多模块共用一个机组。这种陈列柜有一块板壁，设有搁架，搁架上放置食品，其高度可以调节。蒸发器置于柜的底部，风机吸入冷风后，将空气沿风道送至蒸发器中冷却，被冷却的空气一路行过壁面上的孔隙进入食品存放区，另一路通

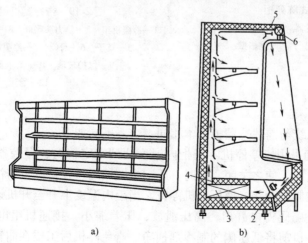

图 2-17 壁式陈列柜

a）立体图 b）剖面图

1—绝热外壳 2—风机 3—蒸发器 4—绝热板 5—格栅 6—照明灯

过格栅自上而下地流动，构成风幕。

壁式陈列柜还可以做成上下两段式，此时称为两段式陈列柜，如图 2-18 所示，其中每一段有独立的绝热外壳和空气冷却系统。

（3）带冷凝机组的陈列柜　如图 2-19 所示，这种陈列柜直接带冷凝机组，适于单独小容量场合使用，也可多台并用，移动方便，但多台并用于室内时冷凝器散热受影响。食品存放区用玻璃与外界隔开，可放一些热熟食品，食品柜后有一块板，做成小桌子，上面放台秤，以称量食品，滑动玻璃供存取食品用。蒸发器与食品存放区用带孔的板隔离，冷空气透过小孔进入食品存放区。

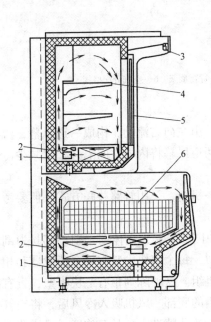

图 2-18　两段式陈列柜
1—绝热外壳　2—蒸发器　3—照明灯
4—食品搁架　5—玻璃门　6—网格壁

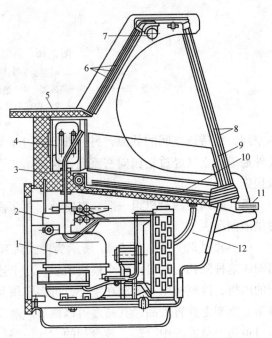

图 2-19　带冷凝机组的陈列柜
1—冷凝机组　2—热力膨胀阀　3—绝热外壳　4—蒸发器
5—桌子　6—滑门　7—照明灯　8—双层玻璃
9—保护玻璃　10—集水盘　11—搁架
12—管道

2. 陈列柜制冷系统

陈列柜的制冷系统与前述冷藏柜基本相同，主要不同如下：

（1）部分陈列柜采用压差停机　当柜内温度达到设定值时，温控器发生停机指令，首先切断供液电磁阀电源，使之关闭。此时，压缩机继续运转，待蒸发器被压缩机抽至低压停机控制值时，压力控制器动作，使压缩机停机。当柜内温度上升至开机设定值时，温控器又发出指令，使供液电磁阀得电开启，高压泄放，压差缩小，接通机组电源，又进入工作状态。这样可以保证停机前将低压侧的制冷剂抽净，避免停机后工质在曲轴箱凝积，有利于冬季运行。

（2）采用外平衡式热力膨胀阀　采用外平衡式热力膨胀阀调节制冷剂流量，能保证只有压力降低到设定值时，阀才开启供液，避免起动超载。

（3）必须设除霜机构　除霜主要有电热除霜与热气除霜两种方式。电热除霜的方法简便、易行；热气除霜具有快速、节能、柜内温度波动小等优点，但系统较复杂。

图 2-20、图 2-21 所示为陈列柜制冷系统示意图。图 2-20 所示系统适于电热除霜，图 2-21 所示系统适于热气除霜。

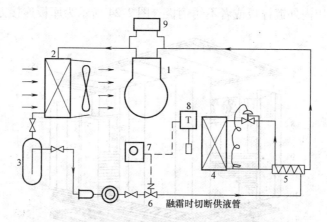

图 2-20　陈列柜制冷系统示意图

1—压缩机　2—冷凝器　3—储液器　4—蒸发器　5—换热器　6—电磁阀

7—融霜定时器　8—柜温控制器　9—高低压控制器

（三）小型冷库的结构特点与制冷系统

小型冷库有土建式与拼装式两种，目前，拼装式冷库应用较为广泛。下面以拼装式冷库为例介绍小型冷库的结构特点。

1. 小型冷库的结构特点

拼装式冷库是利用预制的组合保温绝热板块在现场拼装而成的。预制板块由金属板或者塑料板与高性能绝热材料构成。一般在金属库板外表面进行粉末静电喷涂处理，表面光亮美观、耐腐蚀、使用寿命长；保温绝热板为导热系数低的高压发泡形成的聚氨酯泡沫塑料，吸水率低，隔热性能好、耐腐蚀。用库板拼装组合时，可根据需要用标准尺寸的板块进行拼装，库体可以拼装在室内或者室外防雨、防晒棚下面，要求地势高并且地基坚实。

拼装式冷库的形式非常多，有立式、卧式等各种形式，一般是根据厂家提供的预制库板的幅宽模数进行拼装。库板宽度有 0.9m、1m、1.2m 等，跨距可以在 6m 内，按库板宽度的倍数拼装冷库的长度，库的高度一般在 6m 以下。库板的长度超

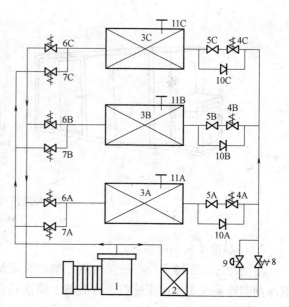

图 2-21　带热气除霜的陈列柜制冷系统示意图

1—压缩机　2—冷凝器　3—蒸发器　4、8—供液电磁阀

5—热力膨胀阀　6—回气电磁阀　7—热气电磁阀

9—压差调节阀　10—单向阀　11—柜温控制器

过 6m 以上时，强度会降低，容易出现变形。

图 2-22 所示为 ZL 系列拼装冷库结构图，由门板、脚踏板、天棚板、角板、侧板、地板等构成。图 2-23 所示为立式与卧式拼装冷库结构外形图，库板之间采用闭锁钩盒连接，库门采用电热防冻技术，门边有防潮发热线及磁性门封条，开、关门方便灵活，并且密封性能好。冷库的地板采用内外镀锌板或者不锈钢板。图 2-24 所示为库板连接方式图。

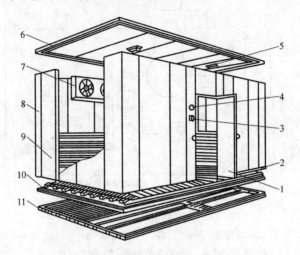

图 2-22　ZL 系列拼装冷库结构图

1—门板　2—脚踏板　3—灯开关　4—温度计　5—防水灯　6—天棚板
7—风扇蒸发器　8—角板　9—侧板　10—地板　11—托架

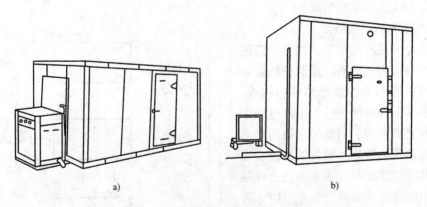

a)　　　　　　　　　　　　　　b)

图 2-23　立式与卧式拼装冷库结构外形图

a) 卧式　b) 立式

2. 小型冷库的制冷系统

小型冷库的制冷系统一般采用制冷剂制冷系统，制冷压缩机采用半封闭或者全封闭式。制冷剂制冷系统主要由压缩机、冷凝器、储液器、干燥过滤器、电磁阀、热力膨胀阀、蒸发器及连接管道组成密闭系统；冷凝器多采用风冷式，也可采用水冷式；蒸发器采用盘管或冷风机。

图 2-25 所示为制冷剂制冷系统流程图，多采用直接供液方式，制冷剂从储液器经过干燥过滤器、电磁阀进入热力膨胀阀，节流后进入蒸发器，工作原理与前面冷藏柜基本相同，

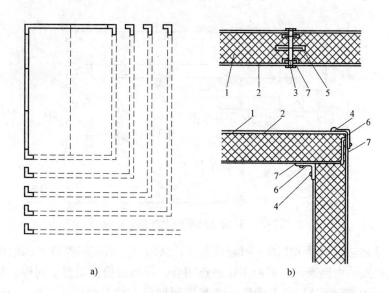

图 2-24 库板连接方式图

1—聚苯乙烯板 2—彩塑料板 3—抽芯铆钉 4—工字铝条 5—插板

6—铝角形条 7—密封胶

不再细述。

（四）冷藏柜、陈列柜与小型冷库电控系统

1. 冷藏柜电控系统

图 2-26 所示为常用的风冷式冷藏柜电气控制电路，该图中电源为三相 380V，控制电路电压为 220V，其工作过程如下：

接通电源开关 S 后，电源指示灯 HL 亮，温控器的触点 WJ 处于吸合状态，压力继电器 YL 的触点也处于吸合状态，中间继电器 KA 线圈通电，其常开触点 KA 吸合。因此，交流接触器 KM 线圈得电，其常开触点 KM 吸合，压缩机电动机 M_1 和风扇电动机 M_2 均可起动运转。电磁阀 YV 的线圈也得电，阀门开启，制冷系统进入循环状态。当冷藏柜内温度降低至所需的设定温度时，温控器 WJ 动作，触点断开，从而使中间继电器 KA 线圈断电，触点 KA 断开，导致交流接触器 KM 线圈断电，其触点 KM 断开，迫使压缩机电动机 M_1 和风扇电动机 M_2 断电，停转。相应地，变压器 T 断电，电磁阀 YV 断电，制冷系统停止循环，处于停机状态。

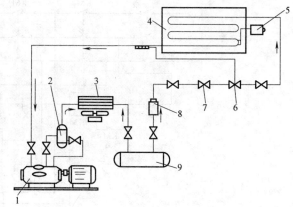

图 2-25 制冷剂制冷系统流程图

1—压缩机 2—油分离器 3—风冷冷凝器 4—蒸发器

5—温控器 6—节流器（热力膨胀阀） 7—电磁阀

8—干燥过滤器 9—储液器

机 M_1 和风扇电动机 M_2 断电，停转。相应地，变压器 T 断电，电磁阀 YV 断电，制冷系统停止循环，处于停机状态。

在正常运转条件下，不需要报警，触点 KM 处于断开状态。如果制冷压缩机因故超载

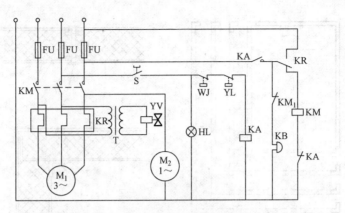

图 2-26　风冷式冷藏柜电气控制电路

时，大的电流导致热继电器 KR 的常闭触点断开，从而将交流接触器以及压缩机电动机、风扇电动机、电磁阀的电路断开，同时 KM 触点闭合，接通报警器报警。同样，如果制冷系统压力异常时，压力控制器 YL 触点动作，切断控制回路，使系统停止工作，进入停机状态。如果电路中其他控制器件发生短路，造成熔丝熔断时，报警器也能及时报警。

上述电路是风冷式冷藏柜常用电路。它的主要缺点是电源断相问题。如果由于某种原因使没有接控制电路的那相电源线断电，控制线路仍处于闭合状态，压缩机电动机则得两相电，会很快烧坏电动机绕组，出现重大故障，因此，必须采取防断相措施。防断相有多种方法，图 2-27 所示是其中一种。该电路采用两个交流接触器，只要三相电之一失电，则压缩机电动机停转。该电路在实用中得到广泛的应用，分析思路同图 2-26 相似，可自行分析。

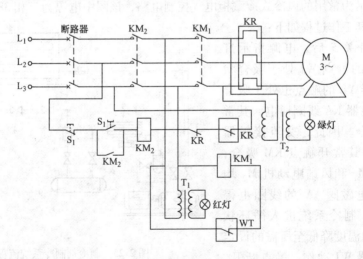

图 2-27　带防断相保护的冷藏柜电路

冷藏柜三相电路种类很多，但分析方法、控制原理均相似，在此不多分析。另外，有些小型冷藏柜采用单相电（220V，50Hz）控制全封闭压缩机，如图 2-28 所示，这类电路与家用电冰箱电路相同，在此也不多分析。

2. 陈列柜电控系统

图 2-29 所示为靠墙式冷藏陈列柜电气图。图 2-29 中，$M_1 \sim M_3$ 为柜内风机，M_4 为机组

风机，M_5 为压缩机，FU 为熔断器，$KM_1 \sim KM_3$ 为交流接触器，WJ_1 为制冷温控器，WJ_2 为融霜温控器，YL 为压差控制器，KR 为热继电器，YV 为电磁阀，RSJ 为融霜定时器，EH 为电热丝，L 为快速起动镇流器，EL 为柜内荧光灯。控制原理简述如下：接通电源后，KM_1、KM_2 常开端闭合，M_4、M_5 起动，同时，YV 开启，RSJ 计时。当柜内温度达到制冷温度要求时，WJ_1 断开从而使 YV、RSJ 微型电动机都失电，YV 关闭，RSJ 计时停止。YV 失电后，M_4、M_5 继续工作，当压缩机低压侧压力降到设定值时，YL 动作，断电，使

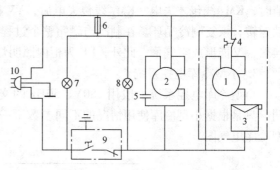

图 2-28　单相电冷藏柜电路
1—压缩机电动机　2—风扇电动机　3—起动继电器
4—热保护器　5—运转电容器　6—熔丝　7—指示
灯（红）　8—指示灯（绿）
9—温控器　10—插头

KM_1、KM_2 线包失电，从而 KM_1、KM_2 常开端断开，M_4、M_5 失电停转。当柜内温度上升到开机设定值时，WJ_1 接通 YV，RSJ 微型电动机得电，YV 开启，高压降低，低压回升，RSJ 计时又开始。当高低压力值减小到设定值时，YL 又闭合，KM_1、KM_2 线包又得电，KM_1、KM_2 常开端全部闭合。M_4、M_5 又得电运转，制冷循环开始重复上述过程，实现自动控制制冷过程。RSJ 对压缩机的运转时间进行累计，累计时间达设定值（一般为 12h 或 24h）时，RSJ 的常开端闭合，KM_3 线包得电，KM_3 常开端闭合，按通融霜电热丝 EH_1、EH_2 开始加热融霜，同时，KM_3 常闭端断开，YV 失电。因此，在融霜刚开始时，M_4、M_5 继续工作，当低压侧压力降到设定值时，YL 断开，M_4、M_5 停转，融霜继续进行。融霜由 RSJ 与 WJ_2 共同控制，当融霜时间达设定时间值（30～40min）时，RSJ 动作，使 RSJ 常开端断开，KM_3 线包失电，EH_1、EH_2 断电，停止加热。如果融霜时间没有达到设定值，而柜内温度上升较高，WJ_2 断开，同样可停止融霜，但 C_3 线包仍有电，RSJ 继续积累融霜时间，当达到设定

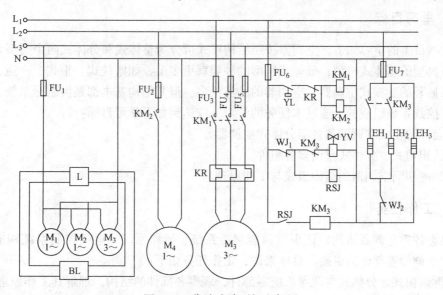

图 2-29　靠墙式陈列柜电气图

值时，KM_3 线包才失电。KM_3 线包失电后，YV 得电，高低压差降低，YL 闭合，M_4、M_5 起动运转，恢复制冷循环。在制冷与融霜整个过程中，柜内风机 $M_1 \sim M_3$ 一直运转，从而促进换热，又能形成空气幕。此外，EL 为柜内照明灯，EH_3 为防露电热丝。

3. 小型冷库电控系统

小型冷库电控系统一般用 380V、50Hz 的交流电，控制原理与冷藏柜、冷藏柜基本相同，只是根据小型冷库使用情况的不同参数不一定相同，在此不再分析。图 2-30 所示为小型冷库电气图。

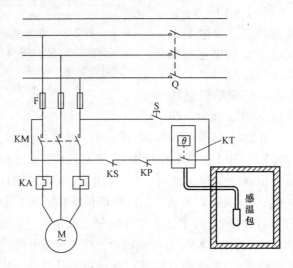

图 2-30　小型冷库电气图

<h1>典型工作任务3　房间空调器拆解</h1>

一、学习目标

通过项目 1 的学习知道，空调器按照结构形式可分为整体式和分体式两个类型。窗式空调器就是典型的整体式机型；分体式机型的种类就更多了，如壁挂式、柜式、一拖二式以及节能效果显著的变频式空调器。空调器的种类虽多，但其结构基本都是由制冷系统、风路系统、电气控制系统组成的。通过本任务的学习，应达到如下学习目标：

1）会拆解窗式空调器和各类分体式空调器。

2）认识窗式、分体式空调器各组件。

3）理解房间空调器的结构组成与工作原理。

二、工作任务

在熟悉各类空调器结构，认识空调器制冷系统、风路系统、电气控制系统构成的基础上，学会空调器零部件的更换。具体来说，工作任务如下：

1）拆解窗式、分体式空调器系统零部件，观察各部件的结构，理解其工作原理。

2）识读窗式、分体式空调器的基本电路图，理解空调器电气控制系统的工作原理。

3）学会空调器基本电路检测的方法。

三、相关知识

（一）窗式空调器

窗式空调器采用全封闭蒸气压缩式制冷系统，体积小、质量小，为整体式结构，可安装在窗台或钢窗上，适用于家庭房间使用。窗式空调器的制冷量一般在7000W以下，可将房间温度调节在18～28℃，它的制热量一般在3000W左右，在冬季可将室内温度保持在18～20℃。

1. 窗式空调器的制冷系统

窗式空调器的结构如图2-31所示。窗式空调器的制冷系统包括：换热器（冷凝器、蒸发器）、压缩机、节流阀（采用毛细管）、过滤器等；如果是热泵型空调，还有电磁换向阀。窗式空调器的蒸发器置于室内，冷凝器伸在室外，整个制冷装置是密闭的循环系统，选用的制冷剂一般为R22。

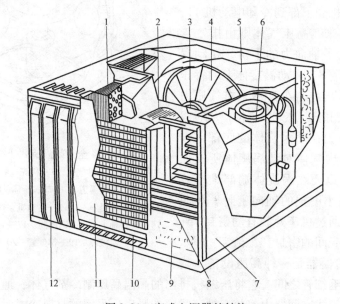

图2-31　窗式空调器的结构
1—蒸发器　2—室内风扇　3—风扇电动机　4—室外风扇　5—冷凝器　6—压缩机
7—外壳　8—格栅　9—旋钮　10—底盘　11—空气过滤网　12—面板

（1）制冷系统主要部件　制冷系统完成制冷循环的任务，其作用是将室内空气中的热量转移到室外空气中去，从而达到降温的目的。制冷循环系统的主要部件有蒸发器、冷凝器、毛细管、压缩机；为保证系统高效稳定运行，制冷系统还包含一些必要的辅助部件，如干燥过滤器、油气分离器、低压控制阀、消声器、电磁换向阀等。这些部件通过连接管路组成密闭的制冷系统，系统内充以制冷剂，只要系统密封良好以及部件不损坏，制冷剂就无需补充。

1）压缩机。压缩机是制冷剂完成循环的动力部件，是空调器制冷系统的"心脏"。它的作用是将蒸发器内已吸热汽化的制冷剂蒸气吸入压缩机内，对蒸气做压缩功，将低温低压的制冷剂蒸气变成高温高压的制冷剂蒸气，送入冷凝器中。为了使空调器结构紧凑、质量小、尺寸小，窗式空调器的压缩机采用全封闭式压缩机。

目前使用最多的是旋转式压缩机，也有一些空调器采用了更先进的涡旋式压缩机。涡旋式压缩机有较高的容积效率和较长的使用寿命，不需要进、排气阀，工作时力矩变化小，因而振动小、噪声低，综合性能优于旋转式压缩机，是当前比较先进的空调压缩机。

图 2-32 所示为空调器使用的全封闭涡旋式压缩机的结构。低压气体从机壳顶部吸气管 1 直接进入涡旋体四周，高压气体由静涡旋体 5 的中心排气孔 2 排入排气腔 4，并通过排气通道 6 被导入机壳下部到冷却电动机 11，并将润滑油分离出来，高压气体则由排气管 19 排出压缩机。为了轴向力的平衡，在动涡旋体下方设有背压腔 8，由动涡旋体上的背压孔 17 引入的气体使背压腔处于吸、排气压力之间的中间压力，由背压腔内气体压力形成的轴向力和力矩作用在动涡旋体的底部，以平衡各月牙形空间内气体对动涡旋体所施加的轴向力和力矩，以便在涡旋体端部维持着最小的摩擦力和最小磨损的轴向密封。在曲柄销轴承处和曲轴通过机座处装有动密封 15，以保持背压腔与机壳间的密封。

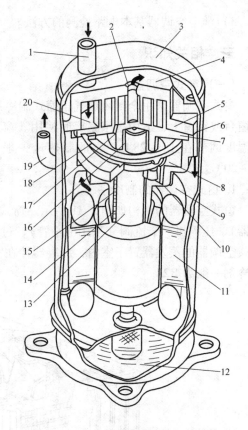

图 2-32　全封闭涡旋式压缩机的结构
1—吸气管　2—排气孔　3—机壳　4—排气腔　5—静涡旋体　6—排气通道　7—动涡旋体　8—背压腔　9—电动机腔　10—机座　11—电动机　12—油池　13—曲轴　14、16—轴承　15—动密封　17—背压孔　18—十字连接环　19—排气管　20—吸气腔

2）冷凝器。冷凝器是一种高压设备，装在压缩机排气口和毛细管之间。它将压缩机排出的高温高压制冷剂气体，通过冷凝器的外壁和肋片传热冷却。窗式空调器中都装有轴流式冷却风扇，采用的是风冷式。制冷剂在冷凝器中的冷凝过程中，压力不变，温度降低。在冷凝器入口处为气态制冷剂，在出口处为液态制冷剂。空调器用冷凝器通常选用翅片盘管式风冷冷凝器，如图 2-33a 所示。

3）蒸发器。蒸发器是一种低压设备，装在毛细管和压缩机的吸气口之间。在冷凝器中凝结的高压液体经毛细管节流降压后，进入蒸发器，由于体积突然膨胀，大量吸收热量，通过管壁与外界空气进行热交换，达到降低周围空气温度的目的。蒸发吸热后的低压制冷剂气体，经回气管道进入压缩机再进行压缩。目前窗式空调器上使用的蒸发器一般为翅片盘管式蒸发器（见图 2-33b），再配以离心风机组成热交换装置，进行冷热空气的交换。

4）毛细管。毛细管起节流和降压作用，装在冷凝器与蒸发器之间。从冷凝器流出的制冷剂液体经过细小管径的毛细管时，受到较大的阻力，因此，液体制冷剂的流量减少，限制了制冷剂进入蒸发器的数量，使冷凝器中保持较稳定的压力，毛细管两端的压力差也保持稳定，这样使进入蒸发器的制冷剂降低压力，进行充分的蒸发吸热，以达到制冷的目的。毛细

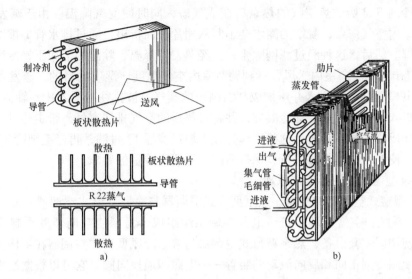

图 2-33　空调器的换热器

a）冷凝器　b）蒸发器

管是一根直径较细的纯铜管，内径一般在 0.8 ~ 2mm 左右，长度在 800 ~ 2000mm 之间。

　　5）过滤器。在空调器制冷循环系统中若混有脏物，毛细管将会被脏物堵塞，形成脏堵。脏堵会造成制冷循环系统制冷效率降低，甚至不制冷，严重时还会损伤制冷循环系统的其他部件。过滤器可以过滤系统中的杂质，解决管路的脏堵问题。与电冰箱干燥过滤器不同，空调器的过滤器中通常不放干燥剂，这是因为空调器中制冷剂的蒸发温度比较高，一般大于 0℃，所以空调器不易产生冰堵故障。但是在大型的空调系统（如家用中央空调）中干燥过滤器还是要考虑安装的。

　　6）消声器。消声器是制冷系统噪声控制的重要部件，通常安装在压缩机的出口。空调器用消声器是抗性消声器，即不直接吸收声能。其消声原理是借助消声器中的共振腔，使沿管道传播的某些特定频率或频段的噪声向声源反射回去，而不再向前传播，从而达到消声的目的。

　　（2）单冷窗式空调器工作原理　如图 2-34 所示，窗式空调器的制冷过程如下：在离心风扇 8 的作用下，室内湿热空气通过进风孔板（空气过滤网 6）进入蒸发器 7，蒸

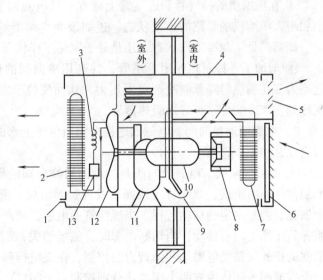

图 2-34　单冷窗式空调器工作原理

1—排水管　2—冷凝器　3—毛细管　4—机壳　5—出风栅
6—空气过滤网　7—蒸发器　8—离心风扇　9—排气挡板
10—风扇电动机　11—压缩机　12—轴流风扇
13—干燥过滤器

发器内的制冷剂 R22 吸收热空气的热量后变成气态，同时使空气降温。由于蒸发器表面温度常常低于室内空气露点，凝结的露水会不断从翅片表面析出，通过排水管 1 排出，因此还能使空气除湿。然后，这种经过滤网除尘，又经蒸发器降温、除湿的洁净干燥冷风进入离心风扇 8，通过出风栅 5 向室内送风，达到调节室内空气温度、湿度的目的。蒸发器中吸热蒸发的制冷剂 R22 被压缩机吸入并压缩成高温高压的蒸气，被排往冷凝器中。轴流风扇 12 从空调器两侧吸入室外空气来冷却冷凝器，并将吸热后的空气排往室外，带走热量。冷凝器中的制冷剂冷却成高压过冷液体，这些液体先经干燥过滤器 13 过滤，再经毛细管 3 节流降压，返回蒸发器，使制冷过程循环进行，保持房间空调所需冷量的要求。

（3）热泵型窗式空调器工作原理

1）热泵型窗式空调器的结构。热泵型窗式空调器与冷风型窗式空调器一样，也由制冷（制热）循环系统、空气循环系统、电气控制系统组成。为了使空调器夏季制冷、冬季制热，而又要使用同一套设备，热泵型窗式空调器与普通冷风型窗式空调器在结构上相比，加设了一个能使制冷剂正向和反向流动的装置——电磁四通换向阀。它可以根据制冷和制热的不同需要来改变制冷剂的流动方向。当低压制冷剂进入室内换热器时（此时为蒸发器），空调器向室内送冷风；当高压制冷剂进入室内换热器时（此时为冷凝器），空调器向室内送热风。它与普通冷风型窗式空调器的制冷循环系统的主要区别如下：

① 将前述的冷凝器和蒸发器做得基本一样，不再分别称之为冷凝器和蒸发器，而统称为换热器，并冠以室内侧和室外侧以示区别。处于室内的称之为室内侧换热器，处于室外的称之为室外侧换热器。

② 制冷（制热）循环系统内的过滤器有两只，分别装于毛细管的两端，分别用于系统进行制冷和制热循环时的过滤之用。

③ 在压缩机的排气管和进气管上装有一只电磁四通换向阀。它可改变系统内制冷剂流出和吸入压缩机的管路的连接状态，进而改变空调器的制冷（制热）循环系统的工况，确定空调器是处于制冷工作状态，还是处于制热工作状态。

④ 增加了一根制热专用毛细管，并利用单向阀的作用使制冷剂在制热状态时经过它。这是为了在制热时降低制冷剂蒸发压力，从而使位于室外侧换热器（此时是蒸发器）中的制冷剂在寒冷的冬季更好地吸热蒸发。

2）电磁四通换向阀。电磁四通换向阀由位于上部的电磁导向阀和位于下部的四通换向阀组成，如图 2-35 所示。

① 电磁导向阀。电磁导向阀是控制四通换向阀的导向阀，可分两部分来看。一部分是电磁截体，由衔铁、螺线管（线圈）及弹簧等组成。衔铁在不锈钢管内，端面由闷盖密封，衔铁在管内有一定的移动行程。当螺线管通电后，便产生磁场，衔铁在电磁场的吸力下，克服弹簧压缩力向右移动；当切断电源时，磁场消失，衔铁在弹簧压力作用下向左移动复位。衔铁的任务就是受电磁场和弹簧力的控制，在规定行程下左右移动。另一部分是阀体，它是一个三通阀，阀体内有两个阀芯，分别控制一个阀口。两阀芯与衔铁在阀体内同在一条轴线上，在左右弹簧的压迫下，互相紧靠成为一体，当螺线管通电产生磁场后，衔铁被吸引而移动，两个阀芯也跟着一起移动，在两阀芯中间的阀体上有三个出口，分别插焊着三根毛细管，成为三通导阀。在未通电时，由于右弹簧力比左弹簧力大，右弹簧推着衔铁、阀芯等向左移动，这时右阀门关闭、左阀门打开。左边两根毛细管相通，右边毛细管通路被切断。通

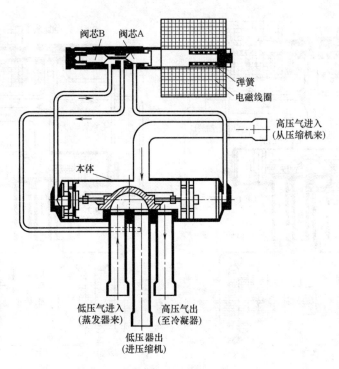

图 2-35　电磁四通换向阀的结构

电后，电磁场吸引衔铁向右移动，阀芯在左弹簧推动下一起向右移动，结果左阀门关闭，右阀门打开，右边两根毛细管相通，左边毛细管通道被切断。

② 四通换向阀。四通换向阀有四根连接管及两端盖上的两个小孔，阀体内装有半圆阀座、滑块以及两个活塞。阀座上有三个孔，由阀体外插进三根铜管，半圆阀座、筒体及铜管同时用银合金钎焊在一起。滑块就是阀门，它在阀座上可以左右移动，它是一个似船形体，里面被挖空，滑块平面盖在阀座上，只能盖住两个阀孔，使盖住的两孔相通，但这两孔与筒体内部分隔不通。当滑块左移时，它就盖住左边两孔，右边一孔与筒体连通。当滑块右移时，它就盖住右边两孔，左边一孔与筒体连通。这样，就能使制冷剂在系统内改变流向。

将电磁导向阀的三根毛细管分别接在四通换向阀的两端盖孔及当中一根铜管上，并将电磁导向阀固定在四通换向阀上，就组成了一个完整的电磁四通换向阀。

③ 电磁四通换向阀的工作原理。

a）制冷时，电磁四通换向阀的工作状态。

热泵空调制冷运行时，电磁四通换向阀的电源被切断，电磁导向阀保持在左移后的位置，即右阀门被关闭、左阀门打开并与中间孔相通，如图 2-36a 所示。

由于毛细管 D 被阀芯关闭而不通，活塞 1 小孔向其外侧充气压力升高，而毛细管 C、E 相通，活塞 2 外侧的高压气体（原由小孔排入）经毛细管 C 与 E 向 2 号管排入。因为活塞小孔的孔径远比毛细管内径小，来不及补充气体，使这一区域为低压区，右侧活塞外侧压力高于左侧活塞外侧压力，其压力差为 $\Delta p = p_k - p_o$（冷凝压力减蒸发压力，相当大）。右外侧压力推动活塞与滑块等左移（联动），移动至左活塞到底端为止，阀芯将端盖阀孔闭塞，这时滑块盖住 1 号、2 号管阀孔，使这两只管相通，3 号管与排气管连通，此时，系统的流

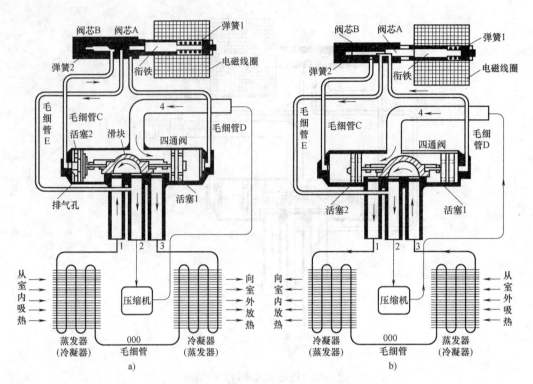

图 2-36　电磁四通换向阀的工作原理

a）制冷运行　b）制热运行

程为制冷循环。

b）制热时，电磁四通换向阀的工作状态。

制热运行时，电磁换向阀线圈接通电源产生磁场，衔铁瞬间被吸向右移动，两个阀芯也同时向右移动（联动），阀芯 B 关闭左阀孔，阀芯 A 打开右阀孔，毛细管 E、D 相通，四通阀右侧活塞外侧的高压气体被释放为低压气体（排入吸气管），而毛细管 C 通道被切断，活塞 2 小孔向活塞外侧充高压气体，其压力升高。当两侧活塞外侧的压力差达到某一值时，气体推动活塞向右移动至活塞 1 到达顶端，其阀芯关闭顶端盖孔，换向动作结束。滑块右移后盖住 2、3 号管阀孔而使 2、3 号管相通，成为低压通道。阀孔 1 与筒体相通成为高压通道。这时，原为蒸发器的换热器现为冷凝器，原为冷凝器的换热器现为蒸发器，系统实现制热运行。图 2-36b 所示为热泵制热原理图。四通阀换向时，可听到短促较响的气流声。

3）热泵窗式空调器制冷（制热）原理。

图 2-37 所示为日立 RA—2140CH 热泵型窗式空调器制冷系统。图中实线方向是制冷时制冷剂的流向，虚线方向是制热时制冷剂的流向，依靠换向阀转换。单向阀的作用是使制冷剂在制冷时，不经过制热毛细管。由于制冷剂流向可以通过电磁四通换向阀转换，因此热泵型窗式空调器可以如冷风型那样制冷，也可以制热。制热时，系统增加了制热毛细管，使蒸发温度降低，这是为了便于在寒冷的冬季使室外侧换热器（此时是蒸发器）中的制冷剂能够顺利地蒸发。但即使这样，环境温度在 5℃以下时，热泵型空调器的制热效率也会大大降低，甚至不能工作。

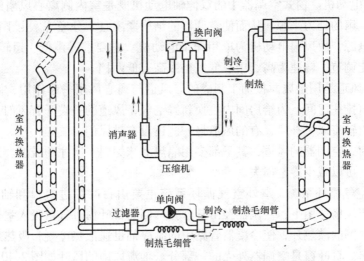

图 2-37 日立 RA—2140CH 热泵型窗式空调器制冷系统

2. 窗式空调器的空气循环系统

窗式空调器的空气循环系统主要包括室内空气循环系统、室外空气循环系统和新风系统三部分。其通风系统如图 2-38所示。

（1）室内空气循环系统 室内空气循环系统主要由进风栅、过滤网、出风栅和离心风扇等几部分组成。其作用是在离心风扇的作用下，室内空气通过进风过滤网滤清除尘后，被送到蒸发器及其换热片附近进行冷却。冷却后的冷空气再被离心风扇通过风道和出风栅送回室内。

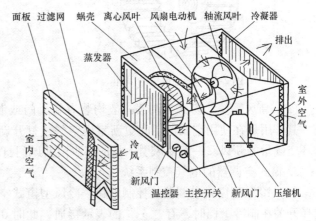

图 2-38 窗式空调器的空气循环系统

1）进风栅和出风栅。进风栅和出风栅通常都是用塑料材料制成的百叶窗状或栅帘状的部件。进风栅一般装在蒸发器前面的进风口处，出风栅一般装在出风口处，有横向和纵向两种。为了改变室内空气的流向，高档的窗式空调器通常在出风栅上装有摇风装置，用以控制从出风栅吹出风的风向。

2）过滤网。过滤网通常用尼龙或聚氨酯滤网制成，一般安装在进风栅的里面，用以过滤室内空气中的灰尘及脏物。

3）离心风扇。离心风扇装在空调器蒸发器的里侧，其外形如图 2-39 所示。它的作用是将室内的空气吸入，经蒸发器冷却后再送回室内，从而达到降温的目的。其原理是在风扇电动机的带动下，离心风扇高速旋转，在高速旋转的叶轮中心形成负压，将室内循环空气吸入。被吸入的循环空气在离心风扇的离心力作用下，经叶轮叶片之间的缝隙被甩向叶轮四周，进入机壳经减速增压、与蒸发器热交换后，冷却了的空气再从出风口送回室内。

4）双伸轴电动机。窗式空调器中的双伸轴电动机既是室内侧离心风扇的动力来源，又是室外侧轴流风扇的动力来源，从而使空调器的结构紧凑且十分经济。由于窗式空调器绝大多数使用单相电源，故风扇电动机为单相异步电动机。它要求噪声低、运转平稳、振动小、效率高、转速能调节，转速为高、中、低三档或高、低两档。

5）风道。风道是用金属薄板加工制成的。风道与离心风扇一起作用，使离心风机排出的冷空气沿风道排往房间。为给房间内更换新鲜空气，风道的一端开有风门，外界新鲜空气由此而入。为给轴流风机补风，有的风道另一侧还设有进风门。

现在小型窗式空调器的风道，其下部多用隔热泡沫塑料一次注塑成型。这种风道加工方便，隔热性好，可以减少冷量损失。

（2）室外空气循环系统　室外空气循环系统主要由百叶窗进气口和轴流风扇等组成。其作用是在轴流风扇作用下，空调器经由其外壳两侧的百叶窗进气口吸入室外的冷空气，吹向冷凝器及其周围的散热片，使冷凝器管路中的制冷剂迅速散热冷凝，吸热后的热空气被从空调器后部排出。百叶窗是空调器外壳的一部分。轴流风扇的风叶如图 2-40 所示。

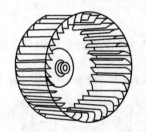

图 2-39　离心风扇的风叶

图 2-40　轴流风扇的风叶

（3）新风系统　窗式空调器一般均装有新风门或混浊空气排出门，两者统称为新风系统，其作用是在使用空调器期间更新室内空气。打开新风门，室内就可吸入 15% 左右室内循环空气量的新风。一般新风引入量的多少由新风门打开时间的长短决定。

3. 窗式空调器的电气控制系统

（1）冷风型窗式空调器的控制电路　冷风型窗式空调器的控制电路如图 2-41 所示。当选择开关在制冷 1 档时，有"·"的表示接通，此时 0-3 与 0-2 间导通，电源→0-3→线→

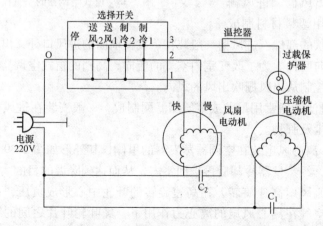

图 2-41　冷风型窗式空调器的控制电路

温控器→过载保护器→压缩机电动机→电源，压缩机电动机转动开始制冷工作。另一条支路：电源→0-2 线→风扇电动机（慢速挡）→电源，此时风扇电动机以慢速转动，送入室内的冷风为弱冷状态。

在选择开关转到制冷 2 挡时，开关接通了 0-3 与 0-1 线，压缩机电动机投入制冷运行，同时风扇电动机以全速转动，送入室内的冷风为强冷状态。当室内温度达到温控器所设定的温度时，温控器触点断开压缩机电路的回路，压缩机停止制冷，直到室内温度回升到开机温度，温控器触点重新闭合，使压缩机继续运行，进行制冷，以此循环。

当选择开关转到送风 1 挡时，0-2 线接通，风扇电动机以慢速运行，压缩机电动机断开，不制冷，空气在室内循环流动。当选择开关转到送风 2 挡时，0-1 线接通，风扇电动机以高速运转，压缩机电动机断开，不制冷，空气在室内流动，循环速度加快。

窗式空调器使用的电动机为单相电容运转式电动机（压缩机电动机及风扇电动机），不需要使用起动继电器或 PTC 元件起动。

压缩机电动机一旦停止运转后，必须延时 3min 以上才能起动。因为停机后的短时间内，压缩机吸、排气两侧的压力差较大，若立即起动压缩机，有可能因起动负荷增大而不能起动，甚至烧毁电动机，因此需延时 3min，使高、低压两侧毛细管制冷剂压力达到平衡后再起动。为安全起见，现在的窗式空调器（特别是带遥控式）均有 3min 延时保护装置。

（2）热泵型窗式空调器的控制电路　热泵型窗式空调器的控制电路如图 2-42 所示。

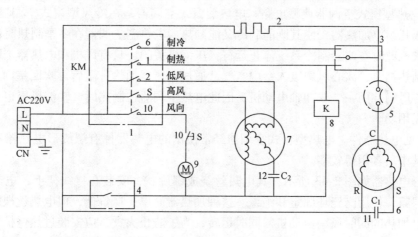

图 2-42　热泵型窗式空调器的控制电路
1—主控开关　2—曲轴箱加热器　3—温控器　4—除霜温控器　5—过载保护器　6—压缩机
7—风扇电动机　8—换向阀线圈　9—导风电动机　10—导风开关　11—压缩机电容
12—风机电容

1）制冷过程电路分析。当主控开关置于关机位置时，所有触点断开，但此时压缩机曲轴箱加热器→过载保护器→压缩机运转线圈→电源形成回路。由于压缩机运转线圈电阻很小，所以曲轴箱加热器基本上按额定功率发热。

当主控开关处于通风挡时，其开关 0-8 或 0-2 触点接通，空调器风扇电动机按高速或低速通风运行。

当主控开关置于弱冷挡时，其 0-6、0-2、0-10 触点闭合，风机低速运转。如果室内温度高于设定温度，温控器 1-3 触点闭合，压缩机运转，空调器弱冷运行。此时，曲轴箱加热器被主控开关的 0-6 与温控器 1-3 短接，所以曲轴箱加热器停止加热。当室温降至设定温度以下时，温控器触点 1-2 接通、1-3 断开，压缩机停止运行（主控开关处于非停机位置，其0-10 触点闭合，导风电动机开关闭合，导风电动机运转）。

当主控开关处于强冷挡时，其 0-6、0-8、1-10 触点闭合，风机高速运转。压缩机同弱冷运行时相同。

2）制热过程电路分析。当主控开关置于弱热挡时，其 0-4、0-2、0-10 触点闭合，风机低速运行，四通换向阀线圈通电，系统制热循环。如果此时室内温度低于设定温度，温控器的 1-2 触点闭合，压缩机运转，空调器制热运行。当室内温度高于设定温度时，温控器的 1-2 触点断开，使压缩机停止运转。

当主控开关置于强热挡时，其 0-4、0-8、0-10 触点闭合，风机高速运转，空调器强热运行。

3）除霜过程电路分析。当室外管温低于除霜温控器设定温度时，其触点断开，使电扇电动机、四通换向阀线圈、导风电动机回路断开，空调器由制热变为制冷运行，从而除掉散热器上的霜。当室外散热器温度高于除霜温控的设定温度时，其触点闭合，即接通风扇电动机、换向阀线圈、导风电动机回路，空调器又恢复制热运行（制冷时室外温度较高，所以除霜温控的触点一直处于闭合状态）。

（3）电热型窗式空调器典型电路　电热型窗式空调器是在冷风型窗式空调器的基础上，增加一组或几组电加热器，使其既能制冷又能制热。电热型空调器在冬季制热时，对室外温度没有要求，此时空调器制冷系统停止运行，压缩机关闭，只有风机和电热器工作。当控制开关旋到制热挡时，离心风扇吸入室内空气，通过电热器加热升温后再吹回室内。由于轴流风扇与离心风扇共用一个双伸轴电动机，因此电热空调器在制热时，轴流风扇也在转动，但它做的是无用功。

1）常见电热器件。电热型窗式空调器经常使用的电热器件有螺旋形电热器和管状电热器两种，其中后者用得较多。

螺旋形电热器如图 2-43 所示，其电热丝绕成螺旋状，安装在接线架上，电热丝表面无覆盖物而裸露，使用陶瓷环固定和绝缘。这种加热器简单、造价低，但电热丝裸露应注意安全，在通电加热的同时风扇电动机需同时运转，为了防止火灾，应安装过热保护器。

管状电热器是将电热丝装入圆形金属管中，管内填充氧化镁粉，把电热丝固定在管内中心位置并与金属外壳绝缘。电热管两端密封后安装接线柱，防止水和潮气的侵入，其结构如图 2-44b 所示。电热管的形状制成一字形或 U 字形。接线柱的结构如图 2-44a 所示。这是一种较为理想的电热元件，但热惯性较大，在停止加热后，风扇仍应运转一段时间以防止因过热而损坏温度保护装置。

电热型窗式空调器冬天需制热时，先开风机，再将冷热转换开关转到制热位置，电热丝接通电源，利用离心风扇将热风吹向室内，向室内供暖。关闭时，先关冷热换向开关，再关闭风扇。

2）电热型窗式空调器典型电路。KC—30D 窗式空调器电路原理图如图 2-45 所示，它的控制电路主要由选择开关、继电器-接触器组成。各种窗式空调器的控制电路大同小异，下面以此图为例对各部分控制电路进行分析。

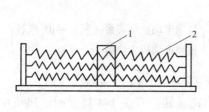

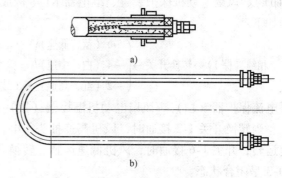

图 2-43 螺旋形电热器
1—陶瓷环 2—电热丝

图 2-44 管状电热器

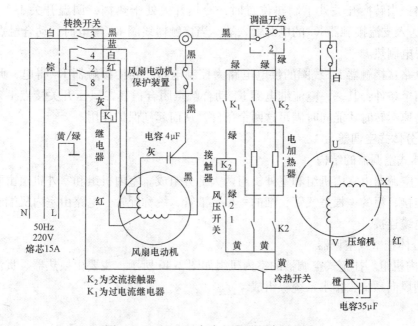

图 2-45 KC-30D 窗式空调器电路原理图

① 制冷时压缩机供电电路。制冷时压缩机供电电路也是一个简单的转换开关控制电路，其特点是电路上多了一个调温开关、一个冷热切换开关。制冷时压缩机供电电路如下：

相线→转换开关 1-8（灰）→冷热开关（冷、橙）→$\left(\begin{array}{l}\text{压缩机主绕组}\rightarrow\\ 35\mu F\text{ 电容（红）压缩机副绕组}\rightarrow\end{array}\right)$
过电流保护器（白）→温控开关 3-1（黑）→转换开关 3-10（白）→零线（白）。

当支路开关在制冷位置时，转换开关接点 10-3、1-8 接通，只要冷热开关处于"冷"位置，调温开关接点 1-3 接通（温度高于设定值），压缩机通电工作；当温度达到设定值时，调温开关接点 1-3 自动断开，压缩机断电停机。冷热开关是个切换开关，置于制热挡时切断压缩机相线回路，压缩机不工作。

转换开关在高冷位置时，风机处于高速；在中冷、低冷位置时，风机处于中速、低速。

② 风扇电动机控制回路。由电源 LN、转换开关（XK—1）、风扇电动机、起动电容

（4μF）、风扇电动机保护装置、继电器 K1 等构成一个转换开关直接控制的电路，其控制过程如下：

相线（棕1）→转换开关→$\begin{pmatrix} →6（蓝，低速） \\ →4（白，中速） \\ →2（红，高速）→K1线圈→ \end{pmatrix}$→$\begin{pmatrix} 风扇电动机副绕组（灰）→4μF电容 \\ 风扇电动机主绕组 \end{pmatrix}$→

过电流保护器（白）→风扇电动机温控器（黑）→转换开关→3-10（白）→零线（白）。

当转换开关 1-2 接通时，风机高速抽头得电，风机高速运转；开关 1-4 接通时，风机中速运转；开关 1-6 接通时，风机低速运转。转换开关在制冷、制热、风机工作挡位时，接点 10-3 呈闭合状态。

③ 制热控制电路。从图 2-45 中可看出，制热电路既是一个开关电路，又是一个典型的继电器-接触器控制电路，整个电路可分为主电路和控制电路两部分。

主电路：当转换开关处于制热位置时，冷热开关处于热挡，调温开关 1-2 点接通时，220V 电源送入支流接触器 K_2 的电源输入端。当接触器线圈 K_2 得电时，动合触点 K_2 闭合，电加热器得电制热。

控制电路：接触器 K_2 线圈的供电电路为控制电路。要使接触器 K_2 得电，此控制电路需要满足两个条件：其一，电流继电器 K_1 动合触点闭合；其二风压开关接点 1-2 闭合。只有风机在高速运转时才能同时满足这两个条件，从而起到保护作用。

（二）分体式空调器

1. 分体式空调器的结构

分体式空调器由室内机组和室外机组两大部分组成。室内机组和室外机组由两根粗细不等的铜管连接，粗的一根是气管，细的一根是液管，统称配管。电路由室内机端子和室外机端子通过电缆连接。

（1）分体挂壁式空调器

1）室内机组。挂壁式空调器的室内机组如图 2-46 所示，主要由换热器、贯流风扇及电动机、自动风向系统、排水系统等组成。

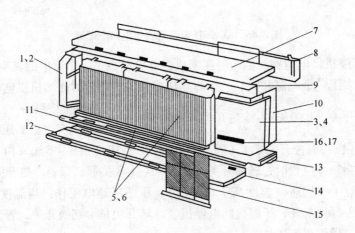

图 2-46　挂壁式空调器的室内机组

1、2、3、4—侧面板　5、6—进气格栅　7—顶框　8—内壁夹板　9—卷形板　10、11—保护板
12、13、14—底板　15—过滤网　16、17—标牌

　　换热器（盘管位于格栅的后面，图中未显示出来），用于冷却（或加热）室内空气。贯流风扇及电动机完成室内空气的循环。与窗式空调器离心风扇相比，贯流风扇的叶片数目多，转速低，因而在保持总送风量不变的情况下，噪声有明显降低。自动风向系统又称为摇风机构，它是为使空调器向室内送风均匀、舒适而设置的。室内机组配置自动上下摆动的送风百叶，由一台微型电动机带动并由微电脑进行控制。导向器（导流叶片）可按左、中和右三个方向对风向手动调整，以满足舒适性的需要。图 2-47 所示为室内风扇及摇风机构的结构图。排水系统将空调制冷运行时室内换热器（此时为蒸发器）上的冷凝水通过排泄管排向室外适当位置。

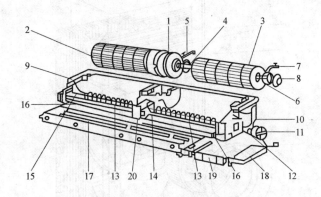

图 2-47　室内机组风扇零件

1—风扇电动机　2、3—贯流风扇　4—防振橡胶垫　5、10—电动机支架　6—轴承橡胶　7—轴承支架　8—轴承套
9—涡形管　11—电动机　12—电动机接头　13—摆动叶栅　14—接头　15、20—轴　16—导向器
17—排泄盘　18—排泄保护　19—排泄管

　　2）室外机组。分体挂壁式空调器的室外机组如图 2-48 所示，主要包括全封闭式压缩机、室外换热器、四通换向阀、毛细管、轴流风扇及电动机等。在室外机组侧面管路上有两个阀，一个是两通阀和室内机的液管（细的一种）连接，另一个是三通阀和室内机的气管（粗的一种）连接，三通阀中有一个维修口可以抽真空和加制冷剂。由于分体挂壁式空调器的制冷量一般在 1860～3750W 之间，容量小，故其室外机组均为单个风扇类型。对于制冷量较大的分体式空调器，如柜式空调器，其室外机组的空气循环系统一般采用双风扇形式，以加大空气循环量。

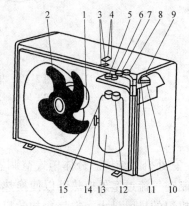

图 2-48　挂壁式空调器室外机
组（未画出室外换热器）

1—风扇电动机　2—轴流风扇　3—熔丝　4—支架　5、12—电动机保护器　6、7—继电器　8、14—运转电容器　9—压缩机保护器　10、11—端子座　13—压缩机　15—簧片热控开关

　　（2）分体柜式空调器　分体柜式空调器有立式和卧室两种。室内机组在高度方向呈细长形的称为柜式空调器。柜式空调器制冷量大，冷热气流射程远，适用于面积较大的客厅或会议室。随着广大人民群众住房条件的改善，柜

式空调器已成为房间空调器的主导品种之一。

1）室内机组结构。分体柜式空调器的室内机组呈立式细长形，外形美观、结构紧凑、占地面积小，送风方式多为前送风，少数也有左右两侧分别送风，加上摆动风栅的作用，可以形成多方向的气流，使室内温度比较均匀。室内机组主要由外壳、风栅、空气过滤器（过滤网）、离心式风机、室内换热器和电气控制系统等组成。图 2-49 所示为柜式空调器室内机组的结构。

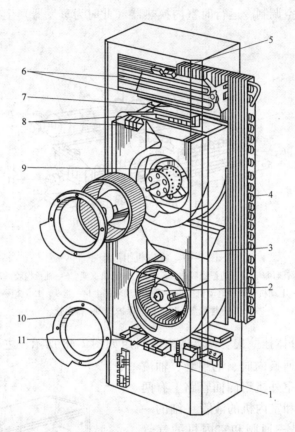

图 2-49　柜式空调器室内机组的结构
1—排水管　2—风机　3—罩　4—换热器　5—熔丝　6—加热器
7—控制器　8—电容器　9—风扇电动机　10—风口
11—室内控制板

2）室外机组结构。分体柜式空调器室外机组有单个排风扇和双个排风扇两种类型。排风扇强制空气流过室外换热器以使换热器中的制冷剂与室外空气进行热交换。双风扇机组比单风扇机组的排风量大，空气冷却效果好，多用于容量比较大的机组中。图 2-50 所示为柜式空调器室外机的内部结构。

2. 分体式空调器的工作原理

（1）分体挂壁式空调器工作原理　分体空调器按其功能划分主要有冷风型和热泵型两种，其中以热泵型居多。分体空调器的制冷原理与窗式空调器类似。图 2-51 是热泵型分体挂壁式空调器的制冷系统，图 2-51a 为制冷工况时的制冷剂走向，图 2-51b 为制热工况时的

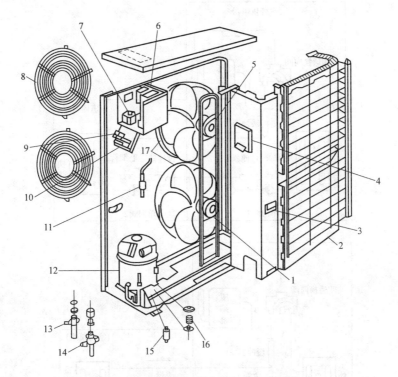

图 2-50　柜式空调器室外机的内部结构

1、5—电动机　2—冷凝器　3—吊装孔　4—开关盒　6—电磁开关　7—电解电容　8—防护罩

9、10—接线端子　11—高压开关　12—压缩机　13—液体截止阀　14—气体截止阀

15—干燥器　16—减振弹簧　17—风扇

制冷剂走向。

制冷状态下制冷剂的流向为：压缩机→消声器→四通换向阀→室外换热器（此时为冷凝器）→单向阀 1→干燥过滤器 2→毛细管 2→室内换热器（此时为蒸发器）→缓冲器→四通换向阀→压缩机。

热泵工况下制冷剂的流向为：压缩机→消声器→四通换向阀→缓冲器→室内换热器（此时为冷凝器）→单向阀 2→干燥过滤器 1→毛细管 1→室外换热器（此时为蒸发器）→四通换向阀→压缩机。

应该注意到，在制冷工况下，由于毛细管 1、干燥过滤器 1 和单向阀 1 并联，而毛细管阻力大，所以制冷剂只能从单向阀 1 流过去，到单向阀 2 时受阻不通，经干燥过滤器 2、毛细管 2 节流进入室内换热器，所以室内制冷降温。相反，在制热工况下，单向阀 2 通，单向阀 1 不通，制冷剂经毛细管 1 节流而进入室外换热器，此时它为蒸发器，吸收外界热量，输送到室内去。

（2）分体柜式空调器的工作原理　下面以松下 CS—3BHV8/5BHV8 型分体柜式空调器为例，介绍该种类型空调器的工作原理。

1）制冷循环。图 2-52 所示为松下 CS—3BHV8/5BHV8 型柜式空调器的制冷循环原理图。制冷循环时，从压缩机排出的高温高压制冷剂气体，经消声器、换向阀进入室外换热器，通过和外部空气的热交换被冷凝液化为高压液体，液体制冷剂再经高平衡分配器、单向

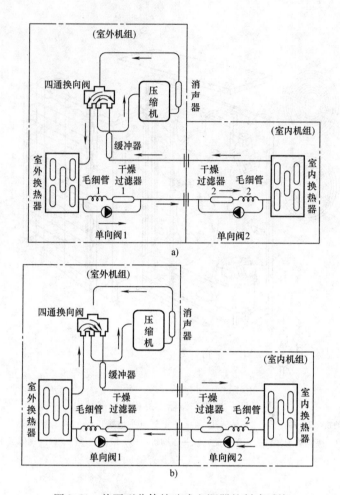

图 2-51 热泵型分体挂壁式空调器的制冷系统
a）制冷工况 b）制热工况

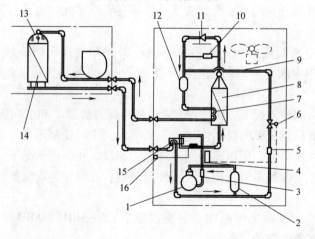

图 2-52 松下 CS—3BHV8/5BHV8 型柜式空调器的制冷循环原理图
1—压缩机 2—分液器 3—消声器 4—高压开关 5、10—毛细管 6—磁性阀门 7—冷却管
8—室外换热器 9、13—分配器 11—单向阀 12—过滤器 14—室内换热器 15—四通阀
16—检查点

阀、过滤器流入冷却管。在冷却管中制冷剂被进一步冷却以提高室内换热器的效率。此后，通过室内外机组间的连接管路（配管），制冷剂被送入室内，并在室内机组的高压平衡分配器（毛细管）中降压，然后低温低压的制冷剂液体在室内换热器中吸热、蒸发为气态。同时，室内空气在室内风机的作用下通过室内换热器，被冷却后再由风机吹出。蒸发成气体的制冷剂经配管、换向阀和储液器回到压缩机重复循环。

2）制热循环。松下 CS—3BHV8/5BHV8 型柜式空调器制热循环如图2-53 所示。制热运行时，换向阀转换，从压缩机排出的高温、高压气体制冷剂经换向阀、配管进入室内换热器，通过和室内空气的热交换，气体制冷剂被冷凝液化。同时，被加热的暖气在室内风机作用下吹出，加热房间。从室内换热器出来的高压液体制冷剂，经高平衡分配器（毛细管）降压，由配管送入加热管。加热管的作用是让从室内换热器和室内毛细管流出的有一定热量的制冷剂，在此对室外换热器加热，以防止室外换热器冻结。然后，通过过滤器过滤、室外毛细管进一步降压，低温低压的制冷剂液体在室外换热器中与室外空气热交换，吸热蒸发成气体，再经换向阀、储液器回到压缩机重复循环。

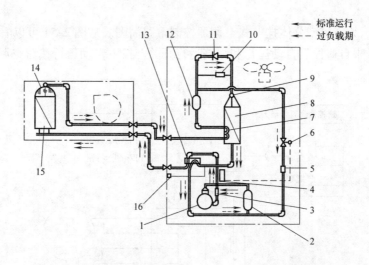

图 2-53　松下 CS—3BHV8/5BHV8 型柜式空调器的制热循环
1—压缩机　2—分液器　3—消声器　4—高压开关　5、10—毛细管　6—磁性阀门　7—冷却管
8—室外换热器　9、13—分配器　11—单向阀　12—过滤器　14—室内换热器
15—四通阀　16—检查点

此外，在制热运行期间，由于冷凝温度和冷凝压力将随房间温度的升高而增加，所以不可能持续运行。否则，将因冷凝压力的变高而使压缩机过负荷，同时也会使压缩机冷冻油恶化。因此，当压力高过 2.2MPa 时，磁性阀门便打开，一部分液体制冷剂被分流（磁性阀→毛细管→储液器），从而减小压力。当压力低于 1.9MPa 时，磁性阀门关闭，返回标准运行。

3）除霜运行。在空调器制热运行时，如果环境温度较低，室外机组换热器肋片上将结霜，即当干湿温度计上的温度达到3℃、相对湿度达到80%时，室外机组就有可能结露。结霜严重可导致制热能力下降，此时应进行除霜。其方法是通过倒转制冷系统和接通电加热器，经5～6min，除霜结束再转为原来的制热运行。

3. 分体式空调器的电气控制系统

（1）分体挂壁式空调器电气控制电路　分体挂壁式空调器的电气控制内容与窗式空调器基本一样。由于挂壁式空调器的室内机组往往挂得比较高，因此多采用遥控的形式来操作。早期是线控，现在普遍采用红外线遥控的形式，用微电脑技术控制空调器，其功能更加丰富，自动化程度越来越高。采用微电脑技术以后，其温度控制不再使用普通机械温控器，而换成电子式温控器。在电子式温控器中，一般采用负温度系数的热敏电阻（即温度升高，阻值变小，温度降低，阻值变大）。室温控制和除霜温控各用一个热敏电阻作温度传感器。

空调器的除霜控制方式一般有三种。一是通过时间继电器控制定时除霜，这种除霜方式不管室外侧换热器表面有无结霜，空调器定时进行除霜。二是定温控制除霜，这种除霜方式是当室外空气温度或室外侧换热器表面的温度低于某个数值时，空调器进行除霜；这种除霜方式控制简单、效果尚可。三是定压控制除霜，这种除霜方式是通过感受室外侧换热器前后的空气压力差达到某一数值以上时，空调器进行除霜。由于室外侧换热器结霜后，室外侧空气循环系统中的气流受阻，室外侧换热器前后的空气压力差就要增加，当压力差大于某一数值时，空调器进行除霜，这种方法效果最好。挂壁式空调器一般采用定温控制方法进行除霜。

图 2-54 所示为冷风型分体挂壁式空调器控制电路简图。从图 2-54 可以看到，主控制电路板的控制信号来自遥控、自动运行和强制运行开关。按下自动运行按钮空调器可以自动运

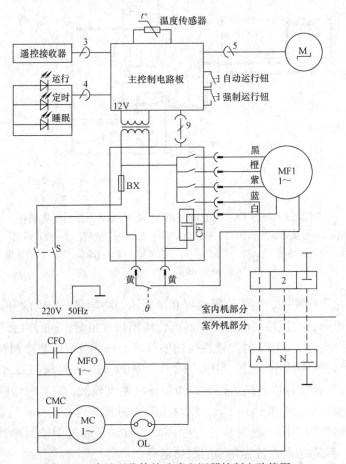

图 2-54　冷风型分体挂壁式空调器控制电路简图

行，一般是在没有遥控器时应急使用的。强制运行又称为试车运行，是检修空调器时使用的。温度传感器根据室内温度情况，决定压缩机的开、停。图2-54中的控制对象：室内主要有室内风扇电动机、摆风电动机、工作状态显示；室外主要有压缩机电动机和室外风扇电动机。

下面以春兰空调器为例，学习微电脑控制电路的工作原理。图2-55所示为春兰 FR—32GW 空调器控制电路，它主要由电源电路、保护电路、复位电路、驱动电路等组成。

1）外围电路。

①电源电路。变压器二次交流电源 13.5V 和 9V 经桥式整流、滤波以后，再分别经三端集成稳压器 7812、7806 输出 12V 和 6V 直流电压。6V 直流电源经二极管降压，C_5、C_6 滤波以后，输出更为平稳的 5V 的直流电压，5V 电源给单片机供电，12V 电源给直流电磁继电器供电。

②压敏电阻保护电路。电源电压过高时，RV 压敏电阻电流急剧增大，FU_1 熔丝熔断，起到过电流保护作用。

③振荡电路。振荡电路由 C_{14}、C_{15} 及晶体振荡器组成。振荡频率为 4.19MHz 的信号接 D_1 的 14、15 脚。

④继电器电路。继电器主电路分别给室外风机，电磁四通换向阀，室内风机的高、中、低速线圈及室外压缩机供电端子送电。继电器控制线圈电路由单片机和集成电路反相器进行驱动。继电器 K_1、K_2、K_3、K_4、K_5、功率继电器 K_6 线圈两端，分别并联了 C_{18}、C_{19}、C_{20}、C_{21}、C_{22}、C_{23} 六个电容，起旁路滤波作用。换向阀继电器 K_1 的动合触点上，并联了一个 RC 阻容吸收电路，对触点起保护作用，为触点瞬时断开时提供了一条放电电路。

2）CPU 原理电路。

①操作指令信号输入电路。操作指令信号输入电路包括遥控信号输入和按键信号输入。红外线遥控接收器为 HM377，通过 REC，X_5 插件的 5 脚将信号送至 D_1 单片机的 35 脚。

S_1 为强制运行开关，当 S_1 开关接通时，D_1 单片机的 45 脚为低电位，单片机经过分析判断，立即起动强制运行程序。S_2 为转换开关，正常时 S_2 与 D_1 单片机的 46 脚成常通状态，而 47 脚则处于高电平，在此状态下，空调器处于遥控运行状态。当 S_2 开关拨向 X_5 的 4 脚接通的位置时，46 脚处于高电平，47 脚处于低电平，单片机经过分析判断，立即起动自动运行程序。

②驱动电路。

a）蜂鸣器电路：当指令信号输入时，单片机立即置 D_1 的 5 脚为高电平，蜂鸣器得电，发出预先录制的音频信号。

b）输出控制：输出控制为 D_1 的 36、37、38、39、60、61 脚。其中，36 脚控制压缩机的驱动，37 脚控制室内风机高速，38 脚控制室内风机中速，39 脚控制室内风机低速，60 脚控制电磁四通换向阀，61 脚控制室外风机。

驱动电路由集成电路 D_2 反相器进行驱动，反相器有 7 个输入端和 7 个输出端，它们之间一一对应。当输入端某一支路为高电平时，则输出为低电平，继电器吸合；反之，该支路继电器则失电断开。

③指令变换信号输入电路（A/D 转换电路）。由图2-55可知，本电路有三个模拟量：室内温度、室外冷凝器管壁温度（除霜用）和压力。这三个模拟量由 RT_2 热敏电阻、RT_1 热敏电阻、SP 压力开关监测，通过模拟电路将温度、压力的变化转换成开关量，输入单片

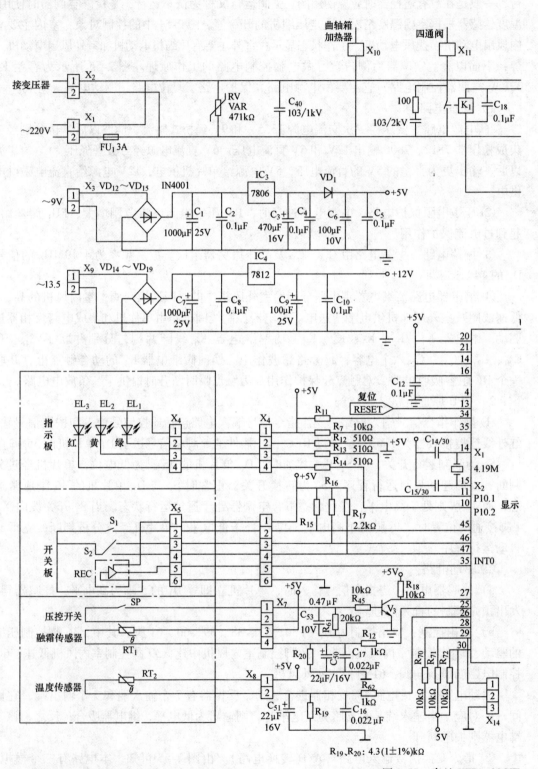

图 2-55　春兰 KFR—32GW

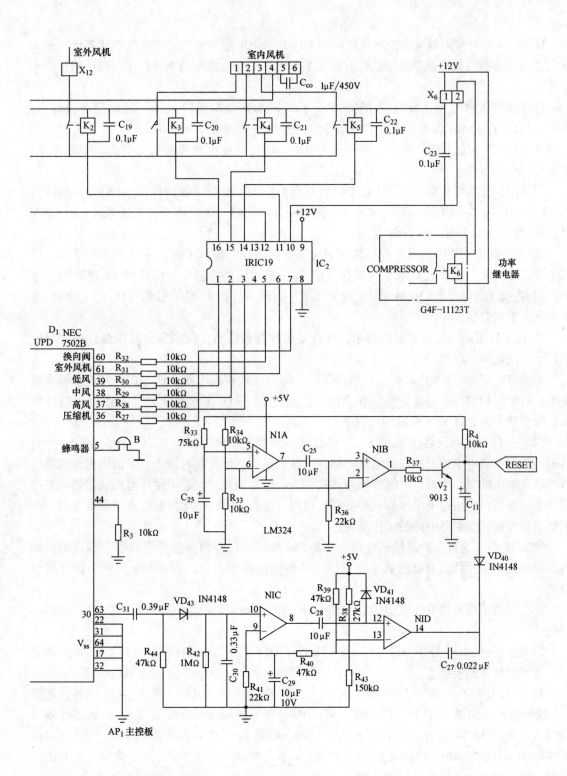

空调器控制电路

机中。

D_1 的 26 脚对室内温度起控制作用。当 RT_2 热敏电阻感知室内温度在制热状态已经高于设定温度或在制冷状态低于设定温度时，其信号电平的变化能起动中断程序，使压缩机停止工作。

除霜温度传感器为热敏电阻 RT_1，D_1 的 25 脚为该模拟量输入脚。融霜开始条件为：$-8℃$，且工作 45min 以上；融霜结束条件为：$+8℃$，或融霜 10min。

D_1 的 27 脚为压力检测电平。当压力异常时，电平变化能使单片机立即起动中断程序，使压缩机停止工作。

正常时，压力继电器接点 SP 处于闭合状态。压力异常时，控制接点 SP 断开，晶体管 V_3 截止。D_1 的 27 脚为高电平，单片机经过判断，立即起动中断程序。当压力 $p > 2.64MPa$ 时，SP 断；$p < 2.25MPa$ 时，SP 接通。

④ 复位电路。复位电路由 LM324 及其外围电路组成，接单片机 D_1 的 13 脚和 63 脚。13 脚正常工作时为高电平，低电平为复位。63 脚正常时输出方波，LM324 的 14 脚输出高电平；当 63 脚无方波时，LM324 的 14 脚为低电平，使单片机 RESET 引脚（D_1 的 13 脚）为低电平，整机复位。

⑤ 指示灯电路。绿灯是电源指示；红灯是遥控接收指示，收到信号时闪烁；黄灯是融霜指示，融霜时黄灯亮。

指示灯一端接有 5V 电源，主控板得电时，绿灯与地构成电路。D_1 的 10 脚正常时为高电平，收到遥控信号时为低电平。化霜时，D_1 单片机将 11 脚置为低电平，使 LED 黄灯显示；除霜结束时，11 脚又恢复为高电平。

（2）分体柜式空调器控制电路　分体柜式空调器控制电路根据控制器件的不同，分为继电器控制式、电子控制式和微电脑控制式。这三种控制形式各有特点，下面重点介绍继电器控制式电路的工作原理。继电器控制式又称为机电控制式，它是以继电器的状态转换来控制相关电路的，它也是电子控制式的基础。现以三菱牌 PUH—10YA 型柜式空调器为例，介绍继电器控制式空调器电路的工作原理。

图 2-56 所示为该空调器控制电路。图 2-56a 所示为该空调器整机电路图，细点画线框内为室外机电气元件，方框内数字为室内、外机组连接端子号；图 2-56b 所示为室外机电路图。

此空调器主控开关 RS1 共分四挡，即 OFF—停机、FAN—通风、COOL—制冷、HEAT—制热。

1）主控开关 RS1 置于 OFF 挡。当 RS1 处于 OFF 挡时，其触点 1-4、6-7、5-8 均不导通，空调器处于停机状态。

2）主控开关 RS1 置于 FAN 挡。当 RS1 处于 FAN 挡时，其触点 1-4、4-2 导通，相线 R→熔丝管 F→PSI 触点 1-4→4-2→63H→51CM→49C→接触器 52F 线圈→N，接触器线圈吸合后，其触点 33-34 闭合风机自锁运行。同时，电源相线 R→熔丝管 F→RS1 触点 1-4→4-2→63H→51CM→49C→R3→CL1 运转指示灯→N，即运转指示灯亮。改变旋转开关 RS2 的位置，即可使室内风机高、低速运转。

3）主控开关 RS1 置于 COOL 挡。RS1 处于 COOL 挡时，其触点 1-4、6-7 通，4-2、5-8 断，电源 R→主控开关 RS1 的 1-4 触点→52F 触点 33-34→RS1 触点 6-7→温控器 23WA 触点

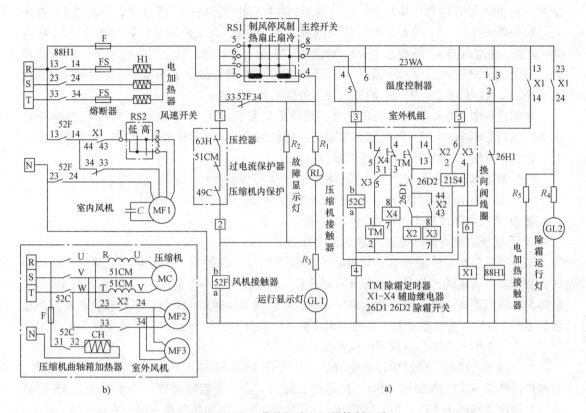

图 2-56　三菱牌柜式空调器控制电路

4，调节设定温度使 23WA 的 5-4 触点通→接触器线圈 52C→N，即 52C 接触器线圈吸合，触点 R-U、S-V、T-W 闭合，压缩机与风机运转，空调器制冷运行。

4）主控开关 RS1 置于 HEAT 挡。当 RS1 处于 HEAT 挡时，其触点 1-4、5-8 通，4-2、6-7 断，电源 R→主控开关 RS1 触点 1-4→52F 触点 33-34→RS1 触点 5-8→温控器 23WA 触点 6，调节设定温度使 23WA 的 6-5 触点通→接触器线圈 52C→N，即 52C 接触器线圈通电吸合，触点 R-U、S-V、T-W 闭合，压缩机与风机运转。同时，电源 R→X3 继电器 6-2 触点→换向阀线圈 21S4，使换向阀线圈通电，空调器制热运行。

23WA 为双感温包温控器，其中一组开关用于室内温度控制，另一组开关用于控制辅助电加热器自动通断。制热时，若热泵产生热量不够，即室温低于设定温度 2℃ 以上，23WA 触点 2-3 接通，接触器 88H1 线圈通电，其触点 13-14、23-24、33-34 接通，三相星形联结的加热器 H₁ 开始工作；当室温上升到仅低于设定温度 2℃ 以下，温控器 23WA 触点 2-3 断开，接触器 88H1 线圈断电，辅助电加热器停止加热，仅热泵继续制热运行。

$26D_1$、$26D_2$ 分别用于除霜开始和除霜结束的温度检测，$26D_1$ 接通与断开温度低于 $26D_2$ 接通与断开温度。空调器除霜时受除霜温控 $26D_1$、$26D_2$、定时器 TM 的控制。

空调器制热时，除霜定时器 TM 开始计时，继电器 X_4 触点 1-5 断开，当 TM 计时满 60min 时，触点 4-5 闭合、4-3 断开，X_4 触点 1-5 闭合。若此时 $26D_1$ 未接通，则空调器继续制热，定时器 TM 停止计时。当 $26D_1$ 接通后（$26D_2$ 已经接通）继电器 X_3、X_2 线圈通电，X_2 触点 13-14、43-44 接通，X_3 触点 5-3 也接通，定时器 TM 通电，其 4-3 触点闭合、4-5

断开，X_2 用于除霜过程自保控制。定时器 TM 的 4-3 闭合，X_4 的 1-5 断开，定时器 TM 在除霜过程中停止计时。X_3 的 6-2 断开使换向阀 21S4 断电，系统由制热转换为制冷；X_3 触点 6-4 接通，使继电器 X_1 线圈通电，X_1 触点 44-43 断开、34-33 闭合，室内风机以低风挡运转；X_1 的触点 23-24 闭合、除霜指示灯 GL_2 亮、13-14 闭合使电加热器在除霜过程中自动投入工作；X_2 触点 23-24、33-34 断开，使室外风机停止运转。

除霜过程中若室外换热器温度升高，可使除霜复位开关 $26D_2$ 断开（$26D_1$ 已经断开），则 X_2、X_3 线圈断电，所有继电器恢复除霜前的状态，定时器 TM 开始为下一次除霜提供计时，除霜指示灯 GL_2 熄灭，空调器恢复制热运行。

当空调器出现下列情况之一，其整机将自动停机保护：

① 压缩机过电流使过电流继电器 51CM 触点断开。

② 压缩机内部过热使保护器 49C 触点断开。

③ 系统压力过高使高压继电器触点 63H 断开。

当上述某保护元件断开后，接触器 52F 线圈断电，其触点 33-34 断开，即所有负荷断电，空调器停止运转。此时，电源 R→主控开关 RS1 的 1-4→电阻 R1→故障指示灯 RL→接触器 52F 线圈形成电路，由于此电路中电流较小，所以接触器 52F 线圈不会吸合，而故障显示灯 RL 功率较小所以亮，表示有保护元件断开。当保护元件复位后，需将空调器置于 OFF 挡后，再置于所需功能，空调器才能重新运转。

当加热器工作时，若温度过高使 $26H_1$ 断开，接触器 $88H_1$ 线圈断电，加热器停止工作；当温度降低至一定值后 $26H_1$ 闭合，加热器又投入工作。若温度过高使温度熔断器 FS 熔断两只，则加热器停止工作；若温度熔断器 FS 熔断一只，则加热器功率仅为原功率的一半。

（三）变频空调器

变频式空调器是一种新型节能型空调器。这种空调器通过改变电源电压的频率达到改变压缩机转速，使制冷量在整个调速范围内连续变化，以适应不同情况下的不同需要。其产品的出现主要依赖于电子变频技术、变频压缩机、电子膨胀阀和微电脑控制。

1. 变频空调器的特点

（1）优异的变频特性　变频空调器运用变频技术与模糊控制技术，具有先进的记忆判断功能。变频压缩机能在频率为 12～150Hz 范围内连续变化，调制范围大，容易控制，反应快，体积小；高速运转，能迅速制冷、制热；温度改变 10℃所需时间仅为定速空调器的 1/3 时间，3～5min。

（2）高效节能　变频空调器采用先进的控制技术，功率可在较大范围内调整。开机时，能很快地从低速转入高速运行，从而迅速使室内达到所需的设定温度，随即在较长时间内处于低速节能运转，维持室温基本不变，避免了定速空调器中压缩机的频繁起动，节省了额外起动电流消耗，节约了能源，比定速机节约 20%～30% 的用电量。

（3）舒适度高　变频空调器从起动到设定温度的时间约为传统定速空调的一半。在室温接近设定温度时，降低频率进行控制，室温波动小且较为平稳。定速空调器的温度波动大于 1.5℃，而变频空调器仅为 ±0.5℃，所以人体没有忽冷忽热的感觉。

（4）运行电压宽　在市电 160～250V（国际规定 198～242V）的范围内能可靠地工作。

（5）两套传感器　室内机和遥控器均设有传感器，结合自动风向调节和精确的控制，可以实现人体周围环境的最佳调节。

（6）噪声低　由于避免了定速空调器的频繁起动，压缩机噪声大大减小。

（7）超低温运行　传统空调器在环境温度低于0℃时，制热效果会变得较差。但变频空调器在室外温度为−10～−15℃时，仍能正常工作，适应性强。

（8）不停机除霜　变频空调器可实现不停机除霜，避免了定速空调器逆循环除霜时室温下降的情况发生。

（9）具有较好的独立除湿功能　变频空调器可以用合理的循环风量除湿，以达到耗电少而又不会改变室温的除湿效果。

2. 变频方式和变频原理

由微电脑控制的变频器是变频空调器中很重要的控制器件。按变频方式分类，有交流变频和直流变频两种。采用交流变频方式的变频空调器，压缩机由三相感应式电动机驱动。图2-57所示为交流变频

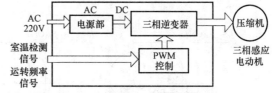

图2-57　交流变频工作原理框图

工作原理框图。先由变频器的电源部分将220V单相交流电变换成直流电（整流），然后由三相逆变器将直流电转成频率可调的模拟三相交流电，驱动三相交流感应式电动机运转。

为了使空调能力与负荷相适应，控制器根据从室内机检测到的室温和设定温度的差值，通过微电脑运算，产生一个合适信号和运转频率信号。这个频率可变的运转频率信号，通过逆变器产生脉冲状的模拟三相交流电，施加到三相感应式电动机（压缩机）上，使压缩机的转速发生变化。

PWM Pulse Wide Modulation（控制是脉冲宽度调制），或称电压、频率比例调制方式。下面对这种变频空调器变频及驱动电动机的原理作一简要分析。其控制原理如图2-58、图2-59所示。

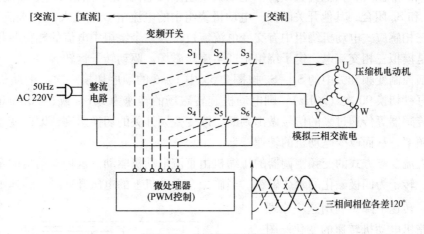

图2-58　交流变频工作原理

变频器中的变频电路由微电脑PWM控制部分和变频开关两部分组成。变频开关$S_1 \sim S_6$的状态及开、闭快慢受微电脑的控制。这些开关的状态决定了电动机绕组中电流的流向；开关动作的快慢可以决定通入电动机中电流的频率。下面结合图2-58和图2-59说明直流电变成模拟三相交流（脉冲）及电动机中旋转磁场的形成过程。

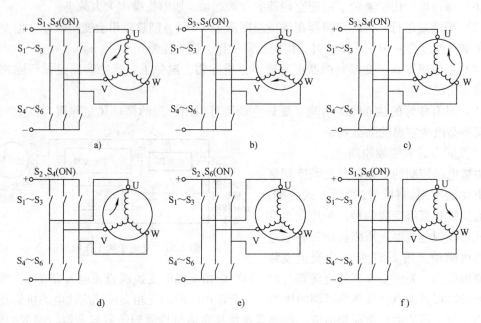

图 2-59　变频工作状态与电动机中电流的关系

1）S_1 和 S_5 闭合，其他开关断开。三相感应电动机绕组中的电流由 U 端流入，V 端流出。

2）S_3 和 S_5 闭合，其他开关断开。电动机绕组中的电流由 W 端流入，V 端流出。

3）S_3 和 S_4 闭合，其他开关断开。电动机绕组中的电流由 W 端流入，U 端流出。

4）S_2 和 S_4 闭合，其他开关断开。电动机绕组中的电流由 V 端流入，U 端流出。

5）S_2 和 S_6 闭合，其他开关断开。电动机绕组中的电流由 V 端流入，W 端流出。

6）S_1 和 S_6 闭合，其他开关断开。电动机绕组中的电流由 U 端流入，W 端流出。

由于三相感应式电动机绕组中有交变电流流过，且三个绕组中电流的相位各相差120°，即流入的是模拟三相交流电，定子绕组中产生旋转磁场，驱动转子运转。

微电脑控制变频开关中的 $S_1 \sim S_6$ 按图 2-59 中 1～6 的顺序切换一次，电动机就转动一周。如果每秒切换 90 次（90Hz），则电动机旋转磁场的转速为 90r/s 或 5400r/min。微电脑根据室温传感器等传递过来的信号做出判断，改变变频开关的切换速度，即改变了模拟三相交流电的频率，从而改变电动机的转速。

采用直流变频方式的变频空调器的压缩机由直流电动机驱动。这种电动机的定子为四极三相结构，转子为四极磁化的永久磁铁。当施加在电动机上的电压升高时，转速加快；当电压降低时，转速下降。利用这一原理来实现压缩机电动机转速的变化。图 2-60 所示为直流变频工作原理框图。

在直流变频方式中，由于驱动电动机的不是三相交流，所以不可能直接产生旋转磁场，为此，需要检出转子的位置，切换绕组中流过的电流方

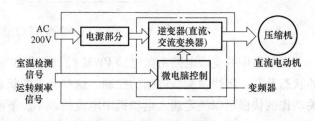

图 2-60　直流变频工作原理框图

向。例如，在三相绕组中，利用未流过直流电流的一相绕组产生的脉冲来检出转子的位置，以顺序切换流过电流的绕组来产生旋转磁场，使转子转动。

施加在压缩机电动机上的直流电压的变化以及通电线圈的切换，由微电脑控制的直流变换器来实现。

3. 电子膨胀阀

（1）结构 在变频式空调器的制冷（热）循环系统中，特为其配置了变频压缩机。制冷系统的节流装置也放弃了原有单一的毛细管，而采用一种新型急开式电子膨胀阀，其剖面图如图2-61所示。微电脑可以根据温度设定值与室温之差进行演算以控制膨胀阀的开度，制冷压缩机的转数与膨胀阀的开度相对应。变频式空调器中的变频器可以改变压缩机电源的频率，使压缩机在开始供冷或供暖的最初阶段，以大于其自身16%的大功率高速运转；当室温达到设定温度时，则以自身50%的小功率运转，不但能维持室温恒定而且还节约电能。

图2-62所示为脉冲电动机驱动的电子膨胀阀的总体结构。由定子绕组和永久磁铁构成的转子组成阀的驱动部分，当它接受由微电脑发出的脉冲电压后，就可以按脉冲次数成比例地旋转。转动轴上的向下伸出部分有螺旋槽，与阀体上的螺母相互配

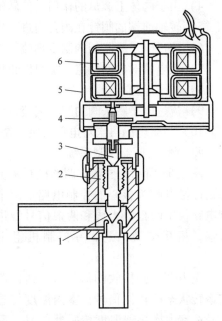

图2-61 电子膨胀阀剖面图及控制系统图
1—阀芯 2—波纹管 3—传动器 4—齿轮
5—外壳 6—脉冲电动机

合。轴的最下端是膨胀阀的阀针，它和阀体上的阀孔相互配合。当电动机接受了脉冲电压信号后，轴的螺旋部分在螺母中旋转，产生上、下直线移动，使阀针相对于阀座孔上、下移动，使阀的流通截面改变。

（2）工作过程 电子膨胀阀的动作过程如下：

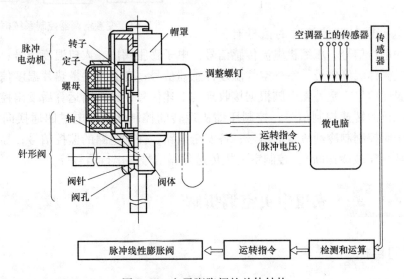

图2-62 电子膨胀阀的总体结构

1）定子绕组接受脉冲电压，绕组线圈通电。

2）转子产生旋转。

3）与转子一体的转轴旋转。

4）由于阀体上螺母的作用，使转轴一面旋转，一面作直线运动。

5）转轴前端的阀针在阀孔内进、出移动，流通截面随之变化。

6）流过电子膨胀阀的制冷剂流量发生变化。

7）微电脑对电动机定子绕组停止供电。

8）转子停止旋转。

9）流过电子膨胀阀的制冷剂流量固定不变。

10）当微电脑再次对电动机定子绕组供电时，回复到步骤1）。

4. 变频空调器控制系统

图 2-63 所示为变频空调器控制系统框图。它分成室内机和室外机两个单元，每个单元都是以微电脑为核心的控制电路。两个控制电路仅用两根电力线和两根信号线进行传输，相互交换信息，并控制机组正常工作。

室内微电脑接收的信号有：遥控器指定运转状态的控制信号；室内温度传感器信号；室内换热器温度传感器信号；反映室内风机电动机转速的反馈信号。微电脑接收到上述信号之一以后，经分析运算，便发出一组控制信号。其中包括室内风机转速控制信号；压缩机运转频率的控制信号；显示部分的控制信号（主要用于故障诊断）；控制室外机传递信息用的串行信号等。

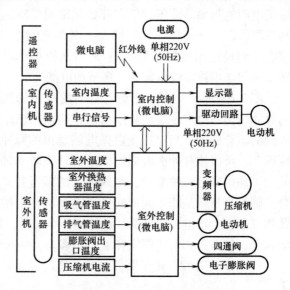

图 2-63　变频空调器控制系统框图

室外微电脑同时监控接收的信号有：来自室内机的串行信号，压缩机电流传感信号；电子膨胀阀出、入口温度信号；吸气管温度信号；压缩机壳体温度信号；室外空气温度传感器信号；变频开关散热片温度信号；除霜时室外换热器温度信号。室外微电脑根据接收到的上述信号，经判断运算后发出控制信号。其中包括室外风机的转速控制信号；控制压缩机运转的控制信号；电磁四通换向阀的切换信号；电子膨胀阀控制制冷剂流量的信号；各安全电路、保护电路的监控信号；显示部分的控制信号（主要用于故障诊断）；控制室内机传送除霜信号的串行信号等。

典型工作任务4　家用中央空调拆解

一、学习目标

随着生活水平的提高，人们对居住环境的要求越来越高，以前传统的大型中央空调机组多用于写字楼、宾馆、酒店，而传统的房间空调器（如窗机、分体机、柜机）则多用于家庭住宅等，两者互不牵连。现在随着房地产业的发展，人们的居住面积和档次不断提高，家用小型中央空调系统发展迅猛。

海尔一拖多小型中央空调 H—MRV 机组属于多机分体式家用中央空调，其在制冷方式和基本构造上类似于单体的房间空调。通过本任务相关知识的学习，应达到如下学习目标：

1）会分解多机分体式家用中央空调系统零部件。

2）掌握多机分体式家用中央空调制冷系统零部件的结构与工作原理。

3）掌握多机分体式家用中央空调电气零部件的结构与工作原理。

二、工作任务

家用中央空调整体与普通房间空调对比，结构上基本一致，但是从整体控制原理上，家用中央空调体现出了空调技术的先进性。在熟悉家用中央空调结构和原理的基础上，拆解海尔小型中央空调 H—MRV 机组。具体来说，工作任务如下：

1）拆解海尔 H—MRV 机组制冷系统各主要零部件。

2）拆解海尔 H—MRV 机组电气系统各主要零部件。

三、相关知识

（一）家用中央空调制冷系统

海尔 H—MRV 家用中央空调制冷零部件与普通房间空调器大致相同，图 2-64 所示为其制冷系统。

家用中央空调制冷系统的工作原理与小型家用空调原理基本类似。压缩机将制冷剂在制

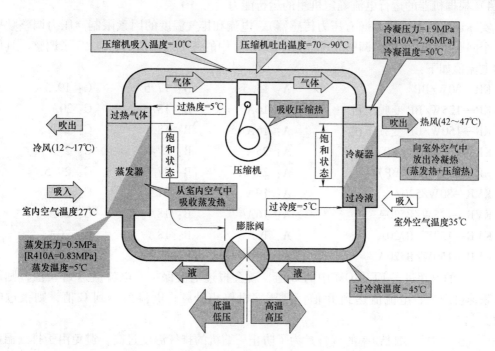

图 2-64　海尔 H—MRV 家用中央空调的制冷系统

冷系统内进行制冷循环的过程中，蒸发器蒸发吸热后的低温低压饱和气体制冷剂，从蒸发器经吸气管（回气管）吸入压缩机压缩成高温高压的气态制冷剂，并经过排气管排出，送入冷凝器冷却，再经过节流装置降压节流后进入蒸发器蒸发。在 H—MRV 系列空调中使用的大多是涡旋式压缩机。

冷凝器即室外换热器，在制冷时为系统的高压设备（冷暖热泵型在制热状态时为低压设备），装在压缩机排气口和节流装置（毛细管或电子膨胀阀）之间。在冷凝器内制冷剂发生变化的过程，在理论上可以看成等温变化过程。实际上它有三个作用，一是空气带走了压缩机送来的高温制冷剂气体的过热部分，使其成为干燥饱和蒸气；二是在饱和温度不变的情况下进行液化；三是当空气温度低于冷凝温度时，将已液化的制冷剂进一步冷却到与周围空气相同的温度，起到冷却作用。

蒸发器在制冷状态时为低压设备（冷暖热泵型在制热状态下为高压设备），装在节流装置与压缩机的吸入口之间。冷凝器中凝结的高压液体经毛细管节流减压后呈低压液态，制冷剂进入蒸发器膨胀、沸腾、蒸发、成为低压气态制冷剂，从周围需要冷却的空气、物体中吸入大量的热量，通过管壁与周围空气、物体或水的温度进行热交换（制冷剂在蒸发器内，通常是在一定的饱和温度下进行激烈的等温汽化过程），达到降温的目的。蒸发器蒸发吸热后的低压制冷剂气体，经回气管道进入压缩机吸入口，再进行压缩排出，如此循环。

（二）家用中央空调电气系统

1. 压缩机的控制

1）对来自室内机组的运行需求进行综合计算，确定运行能力。

2）根据室内机组发出的能力过大或不中的需求，可使运行能力变化。

3）根据压力、温度，可使运行能力变化。

4）根据机器的运行电流确定机组的运行能力。

实际运行频率受压力（有压力传感器）、电流和排气温度的因素限制。压力调整频率在下一个问题中描述，电流调整频率通过 EEPROM 中的三个电流值 A、B、C 来调整。具体机型的电流值如下：

KR—80W/BP	A：15.5A	B：17.5A	C：19.5A
KR—125W/BP 变频压机	A：16A	B：18A	C：20A
KR—150W/BP 变频压机	A：16A	B：18A	C：20A
KR—150W/A（BP）	A：25A	B：27A	C：29A
KR—150W/B（BP）	A：25.5A	B：27.5A	C：29.5A
KVR—80W/520A	A：19A	B：21A	C：23A
KVR—125W/B520A	A：16A	B：18A	C：20A
KVR—150W/B720A	A：16A	B：18A	C：20A
KVR—150W/B520A	A：25A	B：27A	C：29A

当 CT 的值超过了 EEPROM 中的 C 值，就会报过电流保护。电流值达到 A 值，则压缩机升频速度减慢；电流值达到 B 值，则压缩机停止升频；电流值达到 C 值，则报过电流保护。

排气温度对压缩机频率的调整是为了防止压缩机的排气温度过高，避免由于排气温度过高导致压缩机内部的油温过高。当排气温度高于 100℃ 时，压缩机频率上升速度减慢；排气温度达到 110℃时，频率保持不变；排气温度上升到 120℃时，报排气温度过高保护。

运行频率是在实验室按照能效比要求和以尽量最大限度发挥压缩机的能力为目的确定的，经过充分验证和模拟的，因此厂外不需要改动。对于限频这种方式，是在可以保证所限制频率发挥足够能力的情况下进行更改的。

例如：有一台机器报过电流保护，在没有查明具体原因的前提下，不得只是强调使用限频就能解决问题；否则，如果是电源线或者电源的问题，即使将机器的频率降低也解决不了问题，还有可能导致压缩机或系统的损坏。

2. 电子膨胀阀的控制

外机的电子膨胀阀的控制：进行电动阀控制使制热运行期间的冷凝器出口温度保持恒定，从而充分地利用室外机的换热器（冷凝器）。

$$SH = Ts - Te$$

式中　SH——冷凝器出口过热度，单位为℃。

　　　Ts——回气温度传感器检测的回气管温度，单位为℃。

　　　Te——低压当量饱和温度，单位为℃。

冷凝器出口过热度的最佳初始值为 5℃（能保证不产生回液），但随变频压缩机排气管过热度而改变。制热根据频率的大小将电子膨胀阀的最小开度分为了三个值，分别是 90、110、120（150 型的外机）；90、100、120（80 型的外机）。制冷外机的电子膨胀阀不进行调节。另外，排气温度的高低对过热度也是有影响的，排气温度较高（100℃）时，过热度高，排气温度较低时（70℃），目标过热度低。室内机电子膨胀阀的控制见表 2-3。

表 2-3　室内机电子膨胀阀的控制

控制内容	KVR(d)—*N/520A	KVR—28/36/45G/520A	KVR—2836/45Q/520A
电子膨胀阀控制	制冷根据过热度进行的调节：$SH = TC_1$（气管）$- TC_2$（液管） 1）调阀范围最小开度 60，最大开度 350 2）过热度修正：根据排气温度的高低，对过热度进行修正，当 $Td > 100$℃时，过热度在基准过热基础上减 2；当 $Td ≤ 70$℃时，过热度在基准过热基础上加 2 3）制冷运转 PMV 开度修正，当 PMV 调节到最小开度后，开始每隔 5min 检测一次 T 液与 TA 的差值，如果在 5℃以内，就将阀开到基准开度，重新按照过热度进行调整		
	制热根据液管温度一致性进行开度的调节： 1）调阀范围：开机室内机最小开度 100，最大开度 470；待机室内机开度 60 2）室内机的液管温度与各开机的室内液管平均温度之差决定室内机膨胀阀的开度（比平均管温低则开阀，比平均管温高则关阀）		

3. 运转风扇的控制

外机风机控制一般分为两种，一种为机器本身备有压力传感器，此种机型通过压力和温度同时进行调节；另一种是机器本身没有压力传感器，则风扇的控制根据室外温度进行调节。一般在低室外空气温度下进行制冷运转时，运用该控制提供足够的循环风量，并用室外机风扇进行高压控制和高温控制，以确保液压。

特殊的地方就是外风机有单风机的控制功能（150 型）。当环境温度比较低的时候进行制冷或者环境温度比较高的时候进行制热，可能会出现单风机控制的功能，即一个风机转，另一个风机不转的现象。现在 150 型的风机控制已经由原先的四挡风速变成了五挡风速。

四挡风速分别是：关机、双低、双中、双高。

五挡风速分别是：关机、单低、双低、双中、双高（其中单低控制是通过一个单风机控制板单独对下风机进行控制）。

4. 机器的起动控制

（1）起动时的保护　为了防止压缩机的频繁起动，以及保持系统的压力平衡，在压缩机停止后的 3min 内，禁止进入感温器 OFF 状态。压缩机停止 3min 后，如果处于感温器 ON 状态，压缩机可重新起动。在压缩机停止后的 10min 内，为了进行压力平衡，将均压阀 SV1 开启。

（2）再起动控制　压缩机起动后，会进入软起动阶段，具体表现为如果目标频率高于 50Hz，压缩机会在 50Hz 持续运转大约 4min；如果目标频率低于 50Hz，则以目标频率运转。这是为了保护压缩机和防止液击而设计的。在软起动阶段，卸载阀会打开（KVR—80W/B520A 没有卸载阀）。

四通阀保障运转：制热模式下，室外机收到室内机的开机信号后，压缩机起动（风机关风，PMV 关闭），频率升到 50Hz 10s 后，四通阀换向（同时进入目标风速，PMV 进入软起动的开度）后进入软起动阶段；除霜过程中满足退出条件后，压缩机频率降到 50Hz，四通阀换向（同时风机进入目标风速）后进入软起动阶段。

5. 机器的除霜控制

当外界温度非常低、长时间制热运转时，冷凝器表面会结霜，从而影响冷凝器的换热能力，此时需要进行除霜动作。通过除霜传感器 TE 检测室外机换热器的结霜情况，进行除霜控制。

（1）除霜开始条件　制热压缩机运转累计 50min 后，通过检测除霜传感器 TE（检测室外机换热器的结霜情况）和室外环温传感器 TA，连续 5min 满足以下条件时，进入除霜运转：

$$TE \leqslant C \times TA - \alpha$$

其中，C：$TA < 0℃$，$C = 0.8$；$TA \geqslant 0℃$，$C = 0.6$。

α 出厂设定为 8℃，可以通过室外机跨线进行调整。

（2）除霜结束条件　除霜运转开始后，经过 10min 运转结束。

TE 温度在 7℃ 以上累计时间超过 60s 或达到 12℃，结束除霜运转高压压力 PD 超过 2.646MPa，结束除霜运转。

（3）强制除霜控制

1）强制除霜开始条件：制热运转中收到室内机发送的强制除霜信号时，开始强制除霜运转。

2）强制除霜结束条件：$PD \geqslant 2.646MPa$ 或 $TE \geqslant 12℃$ 持续 1min 或强制除霜时间大于 10min。

6. 机器的保护控制

（1）高压保护控制　此高压保护控制用于防止因高压的异常增加而导致的保护装置运作，并保护压缩机免受高压瞬时增加的影响。

若检测到压力开关输入为 1（即压力开关处于连接状态），表明没有保护。

若检测到压力开关输入持续为 0（即压力开关处于断开状态）一段时间，表明进入高压保护，压缩机停机，发出故障报警信号。报警接触可恢复，压缩机待机 3min 内持续报警。

（2）低压保护控制　若检测到压力开关输入为 1（即压力开关处于连接状态），表明没有保护压缩机运转中。如果低压开关连续 3min 动作（OFF，即压力开关处于断开状态），发出警报。压缩机停止时，低压开关连续 30s 动作，发出警报。压缩机起动时，3min 以内低压开关屏蔽。除霜时，低压开关屏蔽。除霜结束 6min 内，低压开关屏蔽。此外，还有 IPM 过热、过流保护。如果吸气温度、盘管温度、或者除霜温度点的温度比较低，会造成低压压力非常低，这时压缩机的频率会降频，通过降频防止低压的进一步降低，保护压缩机。

（3）排气温度保护控制　频率高于 50Hz、排气温度高于 120℃持续 10s，停机保护。频率低于 50Hz、排气温度高于 110℃ 10min，停机保护。

7. 排水泵的控制

室内机在进入非制热运转时，排水泵上电运转，直至室内机关机；室内机关机后，排水泵再运转 5min 后关闭；室内机在制热运转时，排水泵不运转。在关机及任何模式下，检测到浮子开关信号后，室内机向外机发关机（本内机）信号，并向线控器发排水系统故障的故障码，排水泵运转，直至浮子信号解除后排水泵再强制运转 5min，室内机回复到通常控制状态。

检测到溢水（浮子开关动作）时，进行以下控制：

1）制冷运转时，向室外机发送关机信号。

2）制热运转时，向室外机发送关机信号。

3）停机或送风运转时，不向室外机发送信号。

4）排水泵继电器 ON（不论模式如何和是否开机）。

值得注意的是，为防止水位波动导致浮子开关误动作，在检测到浮子开关动作（由闭合到断开）时间超过 1s 时，判定水位过高。

如果连续 2min 检测到溢水（浮子开关动作），向线控器发送故障码。

8. 温控传感器的补偿设定

（1）温度传感器的改动（能用 H—56 来做）　通过摆风键（睡眠键）进行 EEPROM 设定。

1）遥控制热模式时，按"ON/OFF"键开机后，以设定温度 24℃为基准点，在此温度 5s 内按摆风键（睡眠键）7 下后响 2 声，进入制热温度补偿设定模式。此时调整温度为 25℃后关机，则设定温度补偿为 +1℃；调整温度为 26℃后关机，则设定温度补偿为 +2℃；往上依次增加，最多能够设到 6℃（即 30℃）。要取消温度补偿时，把温度点调回 24℃即可。

2）制冷模式时，按"ON/OFF"键开机后，以设定温度 24℃为基准点，在此温度 5s 内按摆风键（睡眠键）7 下，进入制冷温度补偿设定模式。此时调整温度为 23℃后关机，则为设定温度补偿为 -1℃；调整温度为 22℃后关机，则设定温度补偿为 -2℃；往下依次减小，最动能够设到 -8℃（即 16℃）。要取消温度补偿时，把温度点调回 24℃即可。

注意：线控无温度补偿。

（2）遥控方式

1）调到制冷模式，设定 30℃、高风，5s 内按摆风键（睡眠键）7 下，运行灯按照当前的制冷温度补偿值进行闪烁（频率同显示机号频率）。

2）调到制热模式，设定 16℃、高风，5s 内按摆风键（睡眠键）7 下，运行灯按照当前的制热温度补偿值进行闪烁（频率同显示机号频率）。

9. 防冻结控制

通过关闭循环来防止冻结（室内机）。室内机换热器的液管温度热敏电阻（T 液）检测的温度下降过低时，机器根据下列条件进入防冻结运转并按下列条件设定：

（1）防冻结运转起动条件 7℃以下的累计时间满 40min，或 4℃以下的累计时间为 10min。直接强制感温器 OFF，直至满足防冻结运转停止条件。

（2）防冻结运转停止条件 +7℃以上的累计时间满 10min。

10. 室内机风机的控制（见表 2-4）

表 2-4 室内机风机的控制

风机控制	制冷防冻结控制： ● 当液管温度低于7℃持续40min，或当液管温度低于4℃持续10min进入防冻结控制，当前室内机电子膨胀阀关闭，风机从当前风速转入低速运转 ● 当防冻结进入10min，且液管温度在7℃以上，则退出防冻结控制
	制热防冷风控制： ● 当液管温度低于33℃时，室内机风速从设定风速转入低风运转；当液管温度低于25℃时，室内机风机关风 ● 当液管温度高于30℃时，室内机风速从关风转为低风；当液管温度高于35℃时，室内机风机转入设定风速

复习思考题

1. 家用电冰箱的结构组成是怎样的？

2. 压缩机有什么作用，它是如何分类的？

3. 双温双控电冰箱的制冷系统是如何工作的？

4. 陈列柜有哪几种不同的结构形式？

5. 试分析图 2-21 所示陈列柜制冷系统的工作原理。

6. 制冷剂制冷系统的小型冷库的制冷系统由哪些部件组成？

7. 画图说明窗式空调器的结构组成。

8. 简单说明热泵空调的制热原理。

9. 简单说明电子膨胀阀的作用。

10. 试分析春兰 KFR—32GW 空调器的控制电路。

11. 海尔 H—MRV 家用中央空调电气控制系统有哪些控制功能？

项目3

小型制冷装置安装

典型工作任务1 商用电冰箱安装

一、学习目标

商用电冰箱的安装是重要的技能项目之一。冷藏柜、陈列柜及小型冷库是应用最广泛的商业用小型制冷装置，广泛应用于超市、食品专卖店等场合，三者虽然有很大的区别，但是也有许多相同之处，安装的重点内容就是箱（库）体、制冷系统与电气控制系统。通过本任务相关知识的学习，应达到如下学习目标：

1) 会安装冷藏柜、陈列柜及小型冷库箱（库）体部分。

2) 会安装冷藏柜、陈列柜及小型冷库制冷系统部分。

3) 会安装冷藏柜、陈列柜及小型冷库电气控制系统。

4) 能够进行安装后的调试。

二、工作任务

在熟悉冷藏柜、陈列柜及小型冷库管路、箱（库）体结构、制冷系统基本构成的基础上，学会零部件的更换。具体来说，工作任务如下：

1) 冷藏柜与陈列柜的安装。

2) 小型冷库的安装。

三、相关知识

（一）冷藏柜与陈列柜的安装

以 TVQ—EXC 直柜连接方法为例说明。

1. 密封海绵胶带的粘贴方法

柜体和柜体连接时应在一侧柜体侧粘贴附属品海绵胶带，粘贴位置如图 3-1 所示。值得注意的是，海绵胶带粘贴不良会导致冷却不良，发生结露，要十分注意，妥善粘贴。

2. 柜体的连接方法

1) 粘贴海绵胶带后，如图 3-2 所示，将备件中黑色树脂连接销插入一侧柜体铝扶手里，再利用地脚螺栓和调节钢板对柜体进行高度调节，同时进行水平调整后，将连接销插入对面柜体铝扶手中，将柜体尽量合在一起（两个柜体外观件之间此时还存在缝隙），小心挤手。

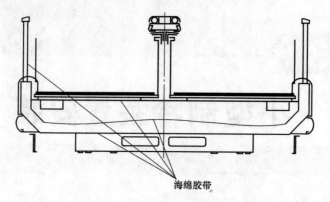

海绵胶带

图 3-1 海绵胶带粘贴位置

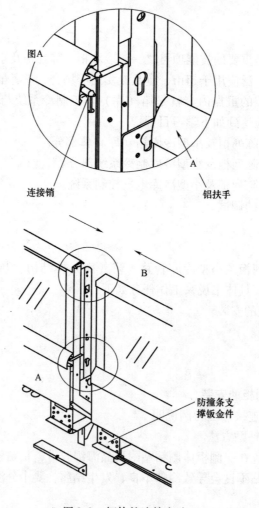

图 3-2 柜体的连接方法

2）如图 3-3 所示，将柜体连接件通过连接孔安装到一侧柜体上（4 处），再利用孔位调节棒通过柜体连接件的调整孔，插到防撞条支撑钣金件的调整孔中，然后摆动孔位调节

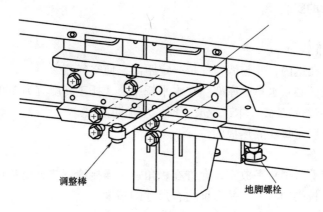

图 3-3　柜体连接件通过连接孔安装到一侧柜体上

棒，直至两柜体所有外观件达到无缝隙状态，再将另一侧柜体用螺栓固定（4 处）。

3）所有外观件调好后，卸下盖板、回风风道板的扣盖，如图 3-4 所示，位置 1 处用 M8 螺栓固定柜体，位置 2 处用 M5 螺钉固定柜体。

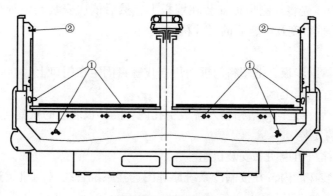

图 3-4　柜体固定

4）整个柜体连接好后，将复层玻璃上扶手向两边滑开，按照图 3-5 所示安装铁制的连接销，再左右滑动微调，将扶手调到无缝隙状态。

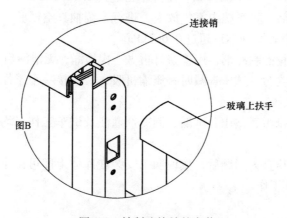

图 3-5　铁制连接销的安装

（二）小型冷库的安装

1. 库体的安装

（1）安装前的准备

1）冷库应安装在室内，并与墙壁保持一定距离，使空气流通。

2）安装库的地面必须水平；库架空在水平托座上，托座高度宜为100mm左右，以利用空气对流通风。托座如果是砖、木或混凝土时，应加防潮层。

3）根据装配图确定每块隔热板的位置。

（2）铺装底板

1）底板在托座上必须垫平放实，允许在板角、板连接缝下垫金属垫片。

2）拼装后的底板必须水平，并保证组合尺寸的精度。

（3）安装墙板

1）先安装一块墙角板，再分别安装墙角板左右两侧的墙板，这样可以防止墙板向任何方向倾斜。然后，按顺序安装其余墙板，并随时检查其平直度、与底板垂直度及组合后的尺寸精度。

2）门框的安装与其他墙板一样。

（4）安装顶板　先将外侧顶板安装在墙板上，然后依次安装其余顶板，并逐块检验其水平度和与墙板的垂直度及组合后的尺寸精度。

（5）安装门

1）在门下安放踏步板，把塑料门框边用自攻螺钉固定在门口上。

2）将门安装在门框上。

库体安装完毕后，把锁孔堵帽粘入各扳手孔内，隔热板之间的接缝均涂上密封胶。

2. 制冷系统的安装

1）按制冷压缩机组说明书安装机组。

2）将冷风机装在库内，并按制冷系统原理图连接系统管线（与机组连在一起的冷风机不另安装）。

3）按电气原理图进行电气线路连接。

4）系统内低压部分充以0.98MPa（表压）干燥氮气进行气压试漏。用肥皂水检查接头、焊缝，确认无泄漏后，再保压24h，压降不得超过0.0294MPa。

5）气压试漏合格后，将系统内氮气放空，进行系统抽真空试验。抽真空使绝对压力到2.0kPa，保持8h，真空表回升不得超过0.667kPa。

6）系统内注入少量的制冷剂，用检漏灯再做一次检漏，无泄漏后再大量灌注制冷剂。

7）使用机组加压吹污、试压查漏时，压缩机吸入口应接一个干燥过滤器，以免将空气中的污物、湿气吸入系统。

8）机组的安装、排污、试压、试漏、制冷剂灌注及试车工作，均应在熟悉制冷的技术人员指导下进行。

9）整体式机组经检查无问题后，按说明书安装在库体上即可试车工作，无需再进行排污、试压、灌制冷剂等工作。

3. 使用条件

1）制冷机应安装在温度不高于38℃的环境中，并要求四周通风良好，具有足够操作、修理的空间。

2）由专线供电，并要装有断路器，不得与其他设备共用一个开关。

3）有接地线。

4）停机后再次起动，时间间隔要大于5min。

典型工作任务2 房间空调器安装

一、学习目标

空调器的安装是空调器生产制造到用户使用过程中非常重要的一环。美观、牢固、规范、使用方便的高质量空调器安装，不仅可以充分保证产品质量，还能提高空调器无故障运行时间，维护消费者的利益，维护厂商的信誉。通过本任务相关知识的学习，应达到如下学习目标：

1）会进行空调器管道加工等操作。

2）会安装窗式空调器。

3）会安装分体空调器。

二、工作任务

在熟悉房间空调器结构原理与安装知识的基础上，学会制冷系统管道加工等操作技术，掌握空调器安装技能。具体来说，工作任务如下：

1）学会管道加工、抽真空、充注制冷剂、系统检漏等基本操作。

2）正确使用工具，独立安装窗式空调器。

3）正确使用工具，独立安装分体式空调器。

三、相关知识

（一）房间空调器安装基本操作

1. 管道加工

在房间空调器的安装中，需对管道做如下加工：切管、扩管、弯管、焊接、管连接。

（1）切管与弯管　切割铜管要用专门的切管器。操作时，首先用切管器将铜管夹牢，然后将切管器的滚轮顶住铜管，转动手柄，边转动边旋进刀片直至割断为止。切断后的管口需用铰刀去掉毛刺。切管及去毛刺操作如图3-6、图3-7所示。去毛刺时，应将管口朝下，以免毛刺掉入管内。

弯制铜管可使用弯管器。操作时先将铜管套入弯管器，然后握住手柄缓慢施力，直至弯至要求角度。管子的弯曲半径应大于管径的5倍，对于直径较小的铜管可使用弹簧弯管器。弯管器及弹簧弯管器的使用如图3-8、图3-9所示。对于小管径的铜管，也可将其退火后用手弯制。用手弯制时，应用拇指顶住管子，缓慢有控制地用力。手工弯管如图3-10所示。

（2）扩管与管连接　管道的连接有两种：一种是将一根管的一端焊上管接头，另一根的一端扩成喇叭口依靠螺纹联接；另一种是将一根管扩成杯形口后，将另一根管插入杯形口中进行焊接。扩喇叭口和扩杯形口都需专门的扩管器，在扩管时选用不同的扩管冲头，将扩管冲头拧紧在扩管顶杆上即可。

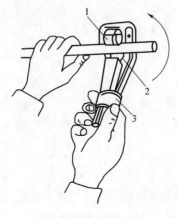

图 3-6　切管
1—滚轮　2—刀片　3—手柄

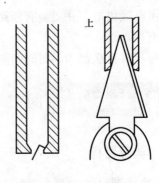

图 3-7　去毛刺

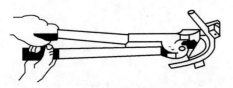

图 3-8　弯管

图 3-9　弹簧弯管器

具体操作是将铜管夹在扩管器对应口径的孔内，缓慢旋动手柄，直至冲头将管口挤压成形为止。扩管器如图 3-11 所示。选用喇叭口螺纹联接时，最好使用力矩扳手进行操作，当力矩扳手发出"咔"的响声时，即表明已拧紧。螺纹联接时，应确保喇叭口与管接头锥面干净，并在锥面上抹少许冷冻机油。

用大拇指扳弯管

最小半径100mm

从管端解开线圈

图 3-10　手工弯管

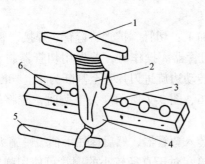

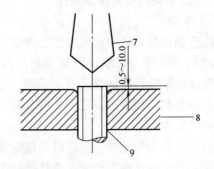

图 3-11　扩管器
1—把手　2—轭架　3—顶杆　4—红标记　5—制动螺钉　6—扩管夹子　7—冲头　8—棒　9—铜管

（3）焊接技术　焊接管道时，应选用适当的焊料、焊药，管道间应选择适当的配合间隙，焊接面应洁净、无油污。管道焊接应有适当的插入深度及配合间隙，插入深度不够时易焊堵，间隙过大时易出现漏孔。表 3-1 列出了焊接时管道插入深度及管内、外径的配合间隙。

表 3-1 管道插入深度及管内、外径的配合间隙

管径/mm	< 10	10 ~ 20	> 20	25 ~ 35
间隙/mm	0.06 ~ 0.1	0.06 ~ 0.2	0.06 ~ 0.26	0.06 ~ 0.55
插入深度/mm	6 ~ 10	10 ~ 15	>15	>15

值得注意的是，毛细管与干燥过滤器的焊接插入深度为 15mm 左右。毛细管插入过浅易焊堵，插入过深会触及过滤网，影响制冷剂流量。为保证插入长度合适，可在限定尺寸处做记号或作一个限位弯。

焊接时，应将被焊接的两根管同步加热。当铜管表面成暗红或鲜红色时，即可施加焊料。火力过强会使铜管变形或焊穿，火力过弱会使焊料流动性不好，造成焊口不均匀，易形成气孔。铜管加热及焊接操作如图 3-12、图 3-13 所示。焊接不同管径、壁厚、材料的管道时，应选择不同的加热温度，这需在实践中总结。在条件允许时，尽可能采用充氮焊接，即向管中充入低压氮气（使管中有轻微氮气流动即可），这样可防止焊接部位被氧化。焊接完后，清除焊口氧化物，并进行检漏。

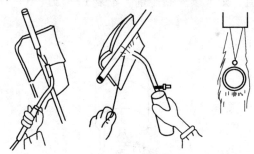

图 3-12 铜管加热

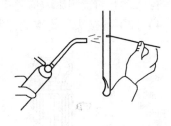

图 3-13 焊接

2. 抽真空

空调器抽真空时，应将复合表的高压表接管和低压表接管分别与空调器的气、液侧阀接口相连。如果是安装时对分体室内机及其连接管抽真空，则无需打开气、液阀门。如果是对分体室外机抽真空，则需打开气、液侧阀口（注意抽真空前需放空机内制冷剂），一般抽真空时间不能少于 20min。抽真空操作示意图如图 3-14 所示。对于窗式空调器，则需在其压缩机的排气侧和吸气侧加焊两根工艺管，分别与复合表的高、低压表的连接管相连进行抽真空。

3. 充注制冷剂

比较精确的充注方法是用定量充制冷剂器充注。图 3-15 所示为从钢瓶中加注制冷剂，操作步骤如下：

1）打开制冷剂钢瓶阀门并排除加制冷剂

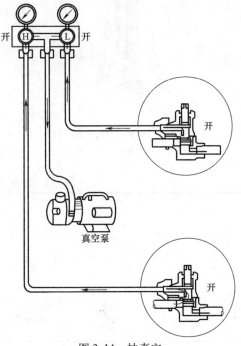

图 3-14 抽真空

管中的空气。

2）打开充制冷剂器下面的阀门，让一定量的制冷剂流入充制冷剂器。

3）关闭充制冷剂器下面的阀门，让空调在制冷模式运行。

打开加制冷剂器顶端与空调气侧阀相连的阀门，此时，充制冷剂器中制冷剂由气侧阀被吸入空调器。通过充制冷剂器中液位变化即可读出充制冷剂量。充制冷剂器顶端的压力表用于测量空调气侧压力。

定量充制冷剂器适用于有目标充制冷剂量的场合，在无目标充制冷剂量时，可使用如下更简单的充制冷剂方法：直接将复合压力表与制冷剂瓶相连，然后将高压表阀及高压表侧接管阀关闭，将低压表阀及其接管阀打开，把低压接管接至空调气侧阀口，空调以制冷方式运行。此时，制冷剂瓶中制冷剂将被吸入空调内，观察气侧压力，使之能满足表3-2中的经验数据。由于在充注制冷剂的过程中，空调处于不稳定运行状态，因此应遵循以下操作原则：

1）观察气侧压力。

2）若压力接近或达到经验值时，暂停加制冷剂，即关闭制冷剂瓶阀门。

3）空调连续运行15min，若压力低于经验值，则继续充制冷剂。重复1）、2）、3），稳定运行状态下的气侧压力值等于经验值。

4）卸下各接头，将空调充制冷剂口用螺母封死。

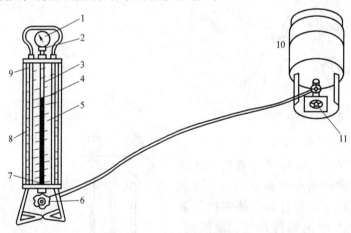

图3-15 从钢瓶中加注制冷剂

1—压力表（表接头与空调气侧阀相连） 2—阀门1 3—观察孔 4—液位 5—质量刻度 6—阀门2

7—制冷剂在瓶内最低指示位置 8—瓶 9—压力指示 10—制冷剂 11—钢瓶阀门

表3-2 外界温度与气侧压力经验值

外界环境温度/℃	制冷剂气侧压力（表压）/MPa
26～27	0.392
28～29	0.4116
30～33	0.441
34～35	0.4704
36～37	0.49
38～39	0.5096

4. 检漏

最简单的检漏方法是用碱水（肥皂水或加有洗净剂的水）涂于可疑点，若有气泡且气泡不断胀大即可判断为漏点，通常漏点处有少量油污。另一种传统的方法是将系统充氮加压（若有制冷剂时无需充氮），然后放入水槽，如有漏点时，就会有气泡冒出。最精确的检漏方法是用电子检漏仪。手提式检漏仪精度高、易携带，适合于野外作业。

（二）窗式空调器安装

1. 安装前的准备工作

（1）开箱检查　打开包装箱，取出装箱单，仔细检查配件是否齐全。取出空调器后，看空调器在搬运过程中有无损坏，发现问题时应及时解决。

（2）阅读产品说明书　一般厂家均备有产品说明书（安装说明书和使用说明书），安装前应仔细、认真地阅读，并照说明书中介绍的方法进行安装。

（3）选择安装位置　空调器的安装位置取决于建筑条件和用户的选择以及空调器本身的要求，安装时要因地制宜，进行综合考虑，选择最佳安装位置。

（4）检查电源　空调器的电源有220V和380V两种。安装空调器前，应协助用户检查电负荷是否充足、电源电压是否在允许范围内。空调器应有专用设备的插座、专用线路，不要和其他电器共用一个电源插座，电源线要匹配，断路器、插座的容量应满足要求，过细的电线在空调器工作时会因电流过大而发热，容易发生事故。

（5）准备工具和材料　安装空调器前，应准备好必要的工具及厂家未配送的辅助材料。

2. 位置选择

窗机安装位置取决于房间建筑条件，一般都选择在避开热源、利于散热的窗户上或墙壁洞穴中，但应因地制宜综合考虑。朝北向安装，空气温度比朝南向的温度低，既利于冷凝器散热，又利于制冷降温发挥其效率；高度一般距地面1.0~1.5m为适当。冷风型制冷和冷热型制热吹入房间的空气相对密度不同，制冷时吹出的冷风相对密度大，进入房间下沉（热空气上升），安装宜高不宜低；而制热时吹出的热风相对密度小，进入房间上升（冷空气下降），单按制热考虑则宜低不宜高。从利弊兼顾出发，冷风型应略微偏高为宜；而冷热型空调器应高低适当，既适应制冷时冷空气下沉的需要，又能满足制热时热空气上升的需要。

3. 空调器框架、支承架和遮阳遮雨棚的制作

空调器的固定一般是先根据空调器的外形尺寸做一个合适的框架，再把框架套入已开好口的窗户上或墙壁凹坑中，用支承架固定，然后把空调器由室内侧推进框架内，室外侧的上面设遮阳遮雨棚防护。框架、支承架和遮阳遮雨棚是安装窗式空调器的主要组成部分。

（1）框架　框架按空调器的外尺寸可选三角铁或木质材料加工，框架内壁四周应大于空调外箱体20mm为宜，以便由室内侧灵活地推进或拉出箱体。

（2）支承架　支承架根据安装位置的不同，其大小不一定相同，一般用40mm×40mm的等边角钢或80mm×80mm的方木制作成三角形支承架或单根支承架，固定在框架外，两侧应与窗筋（木）或墙壁用穿钉紧固。

（3）遮阳遮雨棚　遮阳遮雨棚一般用厚0.7mm白铁皮或玻璃瓦等制成，前沿略向下倾斜，搭盖在室外侧空调器的上端。

4. 安装要求

窗式空调器的安装示意图如图 3-16 所示。图 3-16a 中遮阳遮雨棚的倾斜度以利于雨水流下为宜，其伸出长度距机身不应小于 300mm；防振垫应用厚橡胶垫穿螺钉固定；室内机壳顶部及两侧缝隙应用泡沫或塑料条密封。图 3-16b 中空调器顶面外空间高度应大于 300mm 或保持在 400mm；下面外空间至地面高度应大于 300mm；后正面至障碍物间距应大于 600mm，以保持有足够的空间。图 3-16c 中空调器顶面固定最小断面厚度应小于 200mm，室内侧高于室外侧向下倾斜约 3°～5°，以防冷凝水流入室内。

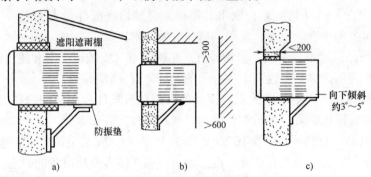

图 3-16　窗式空调器的安装示意图
a）遮阳遮雨棚及防振垫安装　b）上、下侧预留空间　c）上固定壁厚及倾斜角

5. 电源走线要求

窗式空调器电源电路采用单相电源电路 220V/50Hz 供电，与家用照明和其他电气用的单相电源相同，但空调器消耗功率大、要求电源电路导线截面积要大。例如，一台制冷量 2500W（适用于 15m² 房间）的 KCD—25 电热型窗式空调器，制冷时运转电流为 5A（起动时电流约 15A），而制热运转时电流为 13.6A，如果原电源电路用 5A 电能表（细导线），就无法适应实际需要，勉强使用将会烧毁电路及设备，引起火灾。像这样负荷的电源电路，亦可采用 2.0 或 2.5mm 铜芯导线和相应的电气设备（如电能表、熔断器等）。空调器电源应设专用插座和熔断器。

6. 试机和调试

窗式空调器试机和调试应分两步进行。所谓试机就是在未安装前验证空调器运转有无异常。所谓调试就是装机后调节各类控制旋钮，验证功能效果。

（1）试机　新空调器在运输过程中可能会发生振动碰击或制冷管路异常，试机主要是侧重于听噪声来判断空调器是否正常。接通电源后，让其运转十几分钟（亦可参考随机说明书要求顺序操作），一般先开风机，后开压缩机。如果运转噪声属于正常范围，即可进行安装；若振动声很大，杂声异常，应由专修人员或保修点检修员处理或调整，以免造成不必要的损失。

（2）调试　窗式空调器安装完毕后，应对安装全过程进行必要的复查，确认无误后，才可通电运转调试。对于冷风型空调器，主要按顺序旋转选择开关分别置于弱风、强风、弱冷、强冷、停机或停机 3min 再开机，检查各功能是否符合要求。对于热泵型空调器的制热，可将冷热开关旋向制热方向（这时可听到换向阀的换向气流声），将选择开关分别置于弱热、强热，试验制热功能。当空调器强冷或强热运行时，距室内侧出风口 1～2m 内应有冷风或热风的出风感。

制冷调试：当环境温度为35℃时，门窗全部关闭，开机制冷2h后，室温达29℃，与环境温差6℃；或室温29℃，与出风口温差14℃（出风口温度15℃）。这时逆旋温控器旋钮至停机，当室温上升超过29℃时开机，低于29℃时停机，则认为调试正常。如果将室内温差控制在5℃，可将温控器旋钮调至室温30℃，此时机器若能够正常停机，则调试完毕。

（三）分体挂壁式空调器安装

1. 安装前的准备

（1）检查室内、室外机组的安装附件 不同厂家、不同型号分体式空调器的安装附件有所不同。海信变频空调的室内、外机组附件见表3-3和表3-4。

表3-3 海信变频空调的室内机安装附件

序 号	附 件	数 量
1	遥控器	1
2	遥控器安装底座	1
3	电池	2
4	水泥钉	6
5	自攻螺钉	2
6	绝热材料	1
7	膨胀螺栓	2
8	过墙帽	1

表3-4 海信变频空调的室外机安装附件

序 号	附 件	数 量
1	排水弯管	1
2	接地棒	1
3	六角扳手	1
4	橡胶底座	4

（2）检查室内、室外机组的总体质量 安装前，必须对室内、室外机进行检查。这样可以将机器的故障在安装前予以解决，以提高安装的合格率，避免重复安装和换机损失。检查要求如下：

1）检查室内机组塑料外壳和装饰面板是否受损，室外机组的金属壳体是否被碰凸起，内、外机表面是否划伤、生锈。拧松密封螺母，看是否有气体排出，如无气体排出，说明室内机内漏，不能安装。

2）在检查室外机时，首先打开二、三通阀帽及接头螺母，用内六角扳手试打开二、三通阀的阀芯，看是否有制冷剂排出；再用连接管上的螺母试拧二、三通阀上的螺母，看是否有滑扣现象；最后，将二、三通阀复原。

2. 安装位置的选择

（1）室内机安装位置 为防止过热和产生火灾，室内机周围不要设置障碍物阻碍气流，如图3-17所示。安装位置应避免阳光直射、在热源附近、有可燃性气体泄漏和有较浓油雾。

安装位置应保证：以使房间每个角落都能被空调器均匀调节（最好是墙上较高位置，一般距离地面高度不小于1.8m）；富于装饰性，离电源要近；能够承受空调器重量；应使配管和排水管伸出室外的长度最短；空调器周围应有用于操作维修和气流流通的空间。室内机与室外机的最大高度差 H 及室内机与室外机之间的最大配管长度 L 见表3-5。

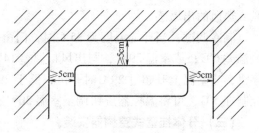

图 3-17　室内机安装位置

表 3-5　室外机连接尺寸

最大配管长度 L/m	最大高度差 H/m	需要附加的制冷剂量 /$g \cdot m^{-1}$	随机配管长度 L/m
15	7	20	4

（2）室外机安装位置　室外机应安装在空气易于流通的地方，并避开热源、灰尘、烟雾和易燃气体，防止阳光直射。出风口应远离障碍物，以免扩大噪声，排出的热风或噪声不应干扰邻居。室外机安装位置的要求如图3-18所示。

（3）室内机安装

1）固定挂板。室内机是靠挂板固定在墙上的。安装前，要根据过墙孔的走向确定好挂墙板的位置，以保证穿墙管线与室内机的合理连接。安装时，首先用4个"A"形螺钉把挂板安装在墙壁上（为了让冷凝水能顺利流出，出水口一侧

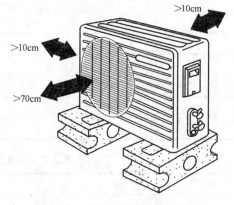

图 3-18　室外机安装位置的要求

可以低0.2cm以上，但不能太低，如果超过0.5cm会影响整体美观），如图3-19所示。

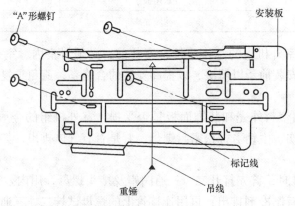

图 3-19　挂板的固定

2）墙壁开孔，安装穿墙管及塑料盖。首先，根据挂板左下侧和右下侧的箭头标记，用空心钻进行钻孔，注意孔应稍微向外侧倾斜，如图3-20所示。然后，把配管用套管插入孔内，切断配管用套管，使伸出在墙外侧的套管长度为15mm。最后，用发泡剂或腻子进行密

封，防止漏雨水和通风（在最后阶段进行），如图 3-21 所示。

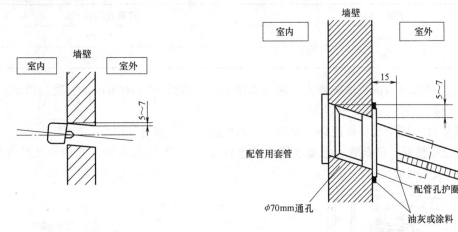

图 3-20　用空心钻在墙壁上开孔　　　　图 3-21　安装穿墙管

3）室内机连管、连线。

① 室内管定位。内机本身带有长 1m 左右的连接管路引管及排水管。根据实际管路走向，首先弯曲好室内机配管走向（当配管左出、右出或下出时，应用锯条锯开室内机底座右侧、左侧或下侧的预留口塑料片，见图 3-22）。在室内机管路布置时，排水管要放在下面，联机电源线要放在上面，并用包扎胶带包扎好。

② 室内机连管。如图 3-23 所示，在室内机引管的接头锥面和配管的喇叭口上涂上少许冷冻油，对正中心后用手将螺母拧到位，再使用扳手拧紧（拧紧力矩参照表3-6）。注意操作过程中勿使灰尘、脏物、水气等进入管内。

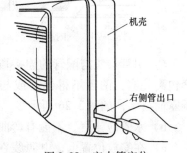

图 3-22　室内管定位

③ 室内机连线。

a）打开室内机进气格栅，再打开配线罩。

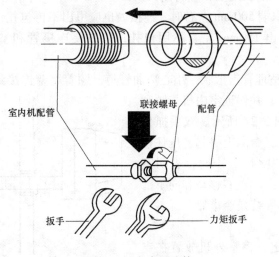

图 3-23　室内机连管

表3-6 管道拧紧力矩参照表

管道直径/mm	拧紧力矩/N·m
6.35	15 ~ 20
9.52	35 ~ 40

b）将连接线从室内机后侧插入，从前面拉出，并预留 50 ~ 100mm 的长度，以便空调器维修时方便拆、接线，如图3-24 所示。

c）按照接线图接线，固定配线之后再装回配线罩，盖好进气格栅。

④ 管道束整形。将铜管、电源连线、排水管按图3-25 所示放置，并用包扎胶带缠绕。管道束包扎操作时应注意：

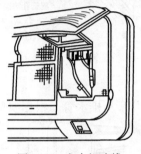

图3-24 室内机连线

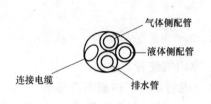

图3-25 管道束包扎

a）引管接头与配管的连接段用一段特制的保温套包裹扎实，两段不得暴露或与空气接触，以免有凝露而漏水，如图3-26 所示。

b）水管应走直，不能有弯曲。

c）在安放位置上，电源线在上，铜管平放，水管在下面。

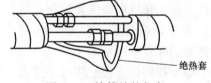

图3-26 接管处的包裹

d）胶带应部分重叠均匀向前缠绕，用力扎紧，防止空气窜入或雨水渗入。

e）排水管包裹到一定长度后，应将出口留出。

f）在包扎到配管末端500mm 左右时，连接线也应甩出不再包扎，以方便接线。

g）配管末端应留出 150mm 左右不用包扎，以方便连接管和室外机高、低压阀体的连接。

4）室内机安装。整理管道形状，小心弯曲管道，顺着墙壁连接到室外机组的方向，使其容易通过墙壁上的孔，并保证室内机能顺利挂贴在挂墙板上，如图3-27 所示。双手抓住室内机两侧，把室内机轻微向上提起，压住挂板后向下拉，当听到"喀拉"声时，表明室内机已经挂入挂板的沟中。左右移动和向下扯拉一下室内机，检查其安装是否牢靠。

5）室外机安装。

① 室外机落架固定。将室外机放置在支撑架上，对齐螺钉孔。用螺栓将室外机紧固在

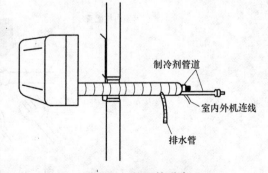

图3-27 整理管道束

支撑架上（小型机推荐用 M8 螺栓，较大机型推荐用 M10 螺栓）。安装室外机之前，务必在支承架和固定脚之间使用减振橡胶垫。

②排水管弯头安装。热泵型空调器需要安装排水管弯头及排水管，以便在冬季制热时可以将化霜水排到指定的地方。

③一般情况下，要求室外机安装的位置比室内机低，但根据实际情况，室外机可以高于室内机安装，如安装在屋顶上。此时，其高度差应在说明书规定的范围内。连接管应制作成弯曲状，以防止水流入室内，如图 3-28 所示。

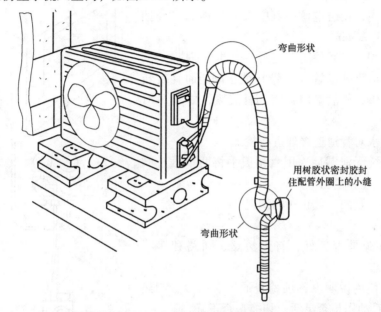

图 3-28　室外机在上的管道制作

6）室外机连管、连线。在室外机与连接管连接之前，应根据实际情况将配管走向布置好，配管太长时应盘管。室外机连管的操作与室内机连管的操作方法基本相同，参见图 3-29。随后按照室外机接线图，把电源连线和信号线牢固地接在接线端子上，并用线卡将线束固定好。最后，用扎箍将连接管固定在外墙面上。

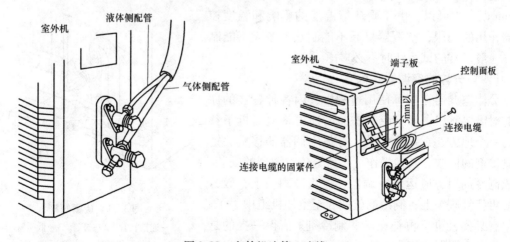

图 3-29　室外机连管、连线

7）排空与检漏。用抽真空的方法排空（也可用室外机本身来进行排空），然后检漏：

① 抽空前应确认室内、外机组间的所有管道都已正确连好，用于试验运行的所有线路都完好。

② 用扳手打开室外机组上两个截止阀的阀盖。

③ 将真空泵和双表维修阀连接到粗管截止阀的检修口上，如图 3-30 所示。

④ 打开表阀，接通电源，真空泵开始抽真空（抽真空时间不少于 20min）。

⑤ 关闭表阀，然后关闭真空泵，抽真空完成。

⑥ 用六角扳手把细管（液管）截止阀逆时针旋转 1/4 圈，停留 10s，然后顺时针将阀杆旋紧，如图 3-31 所示。

⑦ 用肥皂水对管道连接处进行检漏。

⑧ 确认系统无泄漏后，用六角扳手将两个截止阀杆按逆时针方向全部打开。

⑨ 用扳手旋紧两个截止阀的阀盖。

8）试运转。

① 检查电源是否良好，有无短路、断路和接线错误。

② 按产品使用说明书逐项检查通风、制冷、制热的转换试验，看动作是否灵活、切换是否正确。

③ 用两支玻璃棒温度计进行室内机组进、出风温差的测量，其标准大体为

制冷：温差 8℃以上。

制热：温差 15℃以上。

值得注意的是：冷、热的切换必须间隔在 5～10min 以上才可以。由于受环境温度的影响和温度控制器作用的局限，空调器夏天不能制热、冬天不能制冷，一般正常的试运转时不必多虑。

（四）分体式空调器移机

分体空调器在实际使用过程中，因各种各样的原因有时需要移机，即从原来安装的地方将机器拆下移到另一个地方，重新再安装。分体空调器的移机关键是制冷剂的回收，其他操作可参考分体空调器的安装。回收制冷剂时，应运转空调器，先将液阀关上，数分钟后再将气阀关上，制冷剂就会回收至室外机组中去了。如果有必要，也可再补充一些制冷剂。值得一提的是冬天热泵空调器移机时，应按下试车开关或直接将四

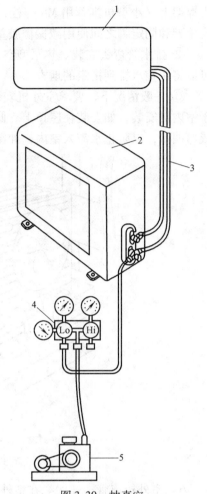

图 3-30   抽真空

1—室内机   2—室外机   3—连接管道
4—双表维修阀   5—真空泵

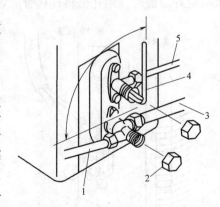

图 3-31   旋紧阀杆

1—连接软管   2—阀盖   3—低压管
4—六角扳手   5—高压管

通阀线圈从电路中拔下，使空调器强制在制冷状态下运行，才能按上述方法回收制冷剂。

典型工作任务3 家用中央空调安装

一、学习目标

家用中央空调又称为户式中央空调，是一个小型化的独立空调系统，由一台主机通过风管或冷热水管连接多个末端出风口，将冷、暖气送到不同区域，以实现多个房间温度调节、改善室内空气品质以及预防空调病发生的目的。通过本任务相关知识的学习，应达到如下学习目标：

1）熟悉家用中央空调的安装流程。

2）理解设计原则及装修设计预留空间。

3）理解家用中央空调与家装同步设计。

4）了解家用中央空调安装的5个步骤。

二、工作任务

在熟悉家用中央空调选购、安装流程的基础上，以海尔 H—MRV 机组为例，重点针对多联机式家用中央空调制定安装流程并进行实际安装操作。具体来说，工作任务如下：

1）制定海尔 H—MRV 多联机式家用中央空调的安装流程。

2）海尔 H—MRV 机组实际安装操作。

三、相关知识

（一）总体设计原则

与传统的房间空调相比，家用中央空调可轻而易举地引入新风，保持室内通风顺畅，改善室内空气质量。对于 $100m^2$ 左右，三室一厅或三室二厅以上的房型，安装一套家用中央空调所需费用并不比安装分体机高，安装家用中央空调要更实惠一些。

在家用中央空调安装设计时，房子必须尚未装修。因为中央空调的管道和机组需要隐藏，这必须和装修结合起来，要预留空间。有些中央空调甚至对房屋的建筑结构有要求，需要更早准备。

此外，大部分中央空调的耗电量大于普通房间空调器，所以选用者要事先算一算电费是否在自己的承受范围之内。当然，若财力许可，可选择较为省电的高质量中央空调产品。

（二）中央空调与家装同步设计思路

家用中央空调的配备与家庭装修环境密不可分。例如，中央空调接上风管可以向卫生间送风，使居室内空气分布更为合理，温度均匀、波动少、舒适感好。

利用室内吊顶装潢能使室内机方便地安置在天花板内，改变因采用多台分体分间空调器所造成的室外机太多而影响建筑外观，并可免除传统分体机的制冷剂连接管暴露在室内的尴尬状态。

由于采用了隐藏式的安装方式，主机通过吊顶式安装或装入壁橱内，因此家用中央空调的安装必须与家庭装修统一协调考虑。

由于安装家用中央空调在先，家庭装修在后，安装家用中央空调时必须确定装修方案，在保证空调效果的基础上，把空调室内机的安装位置和风管走向确定下来。

适合安装家用中央空调的房屋需要具备以下基本条件：房屋层高至少达到2.7m；总面积80m² 以上。面积较大的复式楼房、大型公寓和别墅用户，宜选择家用中央空调产品。

（三）家用中央空调安装步骤

1. 确定主机型号

首先要考虑房屋的面积和朝向，看是否有大面积的玻璃窗，以此来计算空调最大的同时使用系数。一般而言，在普通家居环境中，实际使用时所需要的冷量往往不是全部房间冷量的综合，而是低于后者，大约只需要达到后者的60% ~70%即可。这样可节省投资，避免不必要的浪费。房间实际所需冷量可通过以下公式计算：

实际受冷面积 = 房屋建筑面积 × 房屋实用率 × 65%（除去厨房、洗手间等非制冷面积）

实际所需冷量 = 实际受冷面积 × 单位面积制冷量

应该注意的是，单位面积制冷量根据具体情况有所变化，家用通常为 $100 \sim 150W/m^2$；如果房间朝南、楼层较高，或者有大面积玻璃墙，可适当提高到 $170 \sim 200W/m^2$。

2. 确定室内机与风口

根据实际所需冷量大小决定型号，每个房间或厅只需要一台室内机或者风口，如果客厅的面积较大或者呈长方形，可以多加一台室内机或风口。以每 $12m^2$ 需要一匹左右为准。

3. 确定空调布局

1）主机的位置应使主机通风散热良好，便于检修维护，同时位置要尽量隐蔽，避免影响房子外观和噪声影响室内。

2）室内机的位置要和室内装修布局配合，一般是暗藏在吊顶内，也可以隐藏在高柜的顶部。

一般室内机都是超薄型的，只需要大约25cm 的高度就可以放置。安装时，要注意回风良好，使室内空气形成循环，以保证空调效果和空气质量。

3）管路的布置：冷水机组的管路都比较细，即使外面包上保温层，也可以方便地隐藏起来；管路需要全程保温，管件、阀件以及与管路接触的金属配件都要用保温层包裹起来，以防冷凝水滴漏；管路材料一般选用 PP-R 管、PVC-U 管或铝塑复合管；全部的冷凝水应集中或就近隐蔽排放。

4）室内机可根据用户要求增加负离子发生器、净化除尘装置，以进一步提高室内空气的质量。

4. 选择合适价格的产品

家用中央空调的价格大约在 350 元 $/m^2$ 左右。品牌、机型、用户自己的需求（如选择变频或非变频空调，冷暖或单冷）都会导致价格差异。

5. 选择服务

同普通分体空调相比，家用中央空调实际上是一个"半成品"，因为它要同室内装修相配合。家用中央空调的服务不仅包括售后服务，还包括销售前的咨询、方案设计、安装施工。可以说，要使一套家用中央空调系统能够正常运行，设计、安装、施工的重要性不亚于主机设备。所以用户在购买家用中央空调的时候，一定要选择服务佳、信誉好的厂家，以保障自己的利益。

（四）家用中央空调安装常识

1）机器选型宁大勿小，认为居住人口少、使用房间少就可降低空调型号的想法是不正确的。

2）室外机位置一定放到通风顺畅的地方，如果通风不畅，则会大大影响空调的能力。

3）室内机位置一般不要放在卫生间或厨房的顶部。如果一定要放，则要制定好回风方案，不要在卫生间或厨房回风。

4）室内机要留检修口，以保证日后维修之用。

5）送风口位置要使空调区域风能流通起来。

6）要保证一定的送风口尺寸，送风口过大会影响空调效果。

（五）家用中央空调安装前的准备工作

1. 电源的检查

1）设备安装前，必须检查电源的容量、电源线、电器开关的规格，确保其符合设备安全运行的要求。

2）确保电源电压达到以下要求：单相为 198～242V/50Hz；三相为 342～418V/50Hz。

如果达不到设备正常安全运行的要求，安装员应拒绝安装。

2. 场地的选择

（1）室内机　安装在吹出的空气能快速传遍整个房间的地方；安装在进出风不受阻碍的地方；避免装在油烟或蒸气多的地方；避免装在可能产生、流入或泄漏易燃气体的地方；避免装在频繁使用酸性溶液的地方；避免装在附近有热源的地方。

（2）室外机

1）避免装在阳光下直晒。

2）室外机组运转时产生的噪声不至于影响周围环境。

3）装在方便连接室内机的地方。

4）装在方便连接电源的地方。

5）制热时，室外机底盘排出的冷凝水不能影响周围环境。

6）避免装在附近有高压电源、易燃气体或产生热源的地方。

7）设备四周应通风良好，避免装在影响空气流通的地方。

3. 设备的检查

安装前，必须检查设备，避免有质量隐患的设备流入市场。具体工作程序如下：

1）设备开箱后，检查外表面有无损坏和受潮。

2）认真核对设备名称、规格、型号是否符合要求，产品说明书、合格证是否齐全。

3）检查设备各转动部件是否运转良好，有无与机壳相碰、摩擦等异常现象。

4）检查充气保压的设备是否有泄漏。

5）检查设备上电子板、接线端子处的接线是否有松动、接反，控制板应完好无损。

6）做好检查记录。

（六）室外机的安装

1. 冷媒配管

（1）室内机　分歧管之间的管路管径由室内机所带配管决定。

（2）分歧管　分歧管之间的管路管径根据与其连接的所有室内机的容量之和来确定；

若超过室外机的容量，则根据室外机的容量来确定。

（3）室外机　第一分歧管之间的管路是主配管的规格。

2. 铜管的选择

铜管的选择不能太粗也不能太长，否则，会引起排气不正常和回油困难（气流速度不够），最终将导致压缩机卡缸的故障。选择铜管时还要考虑外径与壁厚，见表3-7。

表3-7　铜管的选择

硬度	软				半硬
外径/mm	φ6.35	φ9.52	φ12.7	φ15.88	φ19.05
最小壁厚/mm	0.8	0.8	1.0	1.0	1.0

注：外径 φ19.05 的铜管若是盘管，壁厚应该在 1.1 以上。

3. 冷媒配管固定

机组运转时，冷媒配管会摆动和膨胀或缩小，若配管不固定，负荷会集中在某部分引起冷媒配管破裂，为防止应力集中，应每隔 2～3m 进行固定。

冷媒配管包括气管、液管和均油管，都要用隔热材料来隔热，以防止在制冷时管路上形成冷凝水，引起渗透；以及防止在制热时管路的高温表面烫伤人（制热时气管温度很高）。要用隔热材料将室内机的管路连接部分套住，具体操作时还应注意以下几点：

1）气管和液管应分别进行隔热。

2）气管的隔热材料应能耐 120℃ 以上的高温。

3）隔热材料的厚度应在 10mm 以上；当环境温度在 30℃、相对湿度在 80% 以上时，隔热材料的厚度应在 15mm 以上。

4）隔热材料应紧贴在管路上不能有间隙，隔热管包好后用外部胶带包扎起来。注意连机线不能与隔热材料放在一起，应该离连机管至少 20cm 以上，如图 3-32 所示。

4. 气密测试

（1）打压（测试局部包括室内机的气密程度）　为防止氮气打到外机系统中，必须用氮气单独对室内机进行打压。将打压的配管连接到室内机配管的一端上，并将室外机以外的连机配管的所有接口封死，然后进行打压，气密压力为 3.92MPa。

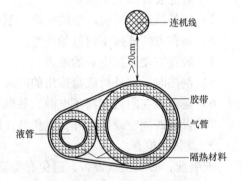

图 3-32　隔热管包装示意图

（2）抽空　冷媒配管系统的抽空使用 R410A 专用真空泵（带有单向阀），通过把液管截止阀上的检修接头和气管截止阀上的检修接头同时进行抽空，抽空可以尽快完成；若只采用液管截止阀上的检修接头进行抽空，必须确保至少有一台室内机电子膨胀阀打开。抽空完成后，确保截止阀全开，然后将抽空管拧下。

（3）制冷剂填充（追加）　由于出厂时的制冷剂充注量不包括冷媒配管部分的充填量，因此，在家用中央空调安装时要适当追加制冷剂。冷媒配管的填充量（追加量）可以参见以下公式：

冷媒配管的填充量＝冷媒配管中液管的长度×相应每米液管制冷剂追加量，即制冷剂追

加量 $= (L1 \times 0.35) + (L1 \times 0.25) + (L2 \times 0.17) + (L3 \times 0.11) + (L4 \times 0.054) + (L5 \times 0.022)$

其中，$L1$ 为 $\phi19.05$ 液管的长度；$L2$ 为 $\phi15.88$ 液管的长度；$L3$ 为 $\phi12.7$ 液管的长度；$L4$ 为 $\phi9.52$ 液管的长度；$L5$ 为 $\phi6.35$ 液管的长度。

冷媒配管的制冷剂填充量（追加量）也可参考表3-8。

表3-8 冷媒配管的制冷剂追加量

液管管径/mm	液管每米追加量				
液管管径/mm	$\phi9.05$	$\phi5.88$	$\phi12.7$	$\phi9.52$	$\phi6.35$
追加量/(kg/m)	0.25	0.17	0.11	0.054	0.022

（4）气密性试验 气密性试验的目的是确认配管系统是否有泄漏。气密性试验使用的气体为氮气，用氮气分三步四段进行加压。

第一步：$0.5 \mathrm{MPa/cm^2}$，3min 以上，可以发现大漏。

第二步：$1.5 \mathrm{MPa/cm^2}$，3min 以上，可以发现大漏。

第三步：$2.8 \mathrm{MPa/cm^2}$，24h 以上，可以发现微漏。

第一段：各室内机到各配管井。

第二段：各配管井内的竖管。

第三段：各配管井到室外机。

第四段：从室内机到室外机作为一个整体。

值得注意的是，系统气密性试验结束后，氮气压力减到 $0.5 \sim 1 \mathrm{MPa/cm^2}$ 较好。如果在连接机器之前要将配管暂时搁置，最好将配管内的空气排出，并充入一定的氮气，以保证系统内的干燥。

（七）室内机的安装

室内机的安装与普通房间空调器类似，请详见海尔室内机安装说明。

（八）电气安装

电气配线应由经过专业培训、具有从业资格的人员进行施工。

警告：

1）不得使用除铜线以外的其他电线。

2）所有室内、外机必须与电源的接地相连接。接地线切不可连到煤气管、水管、避雷针或电话的接地线上。若接地不当，可能导致触电或火灾。

3）电源必须安装漏电断路器，否则，可能导致触电或火灾。

4）电气作业之前不得接通电源。维修作业应在切断电源的情况下进行。

5）室内机和室外机各设置自己的独立电源。

6）信号线和电源线必须是独立的，不能共用一条线，严禁信号线接入强电。

（九）试运转及性能

1. 试运转前的检查

试运转前，必须对室内、外的状态进行确认，避免因为安装失误导致试运转的失败。

2. 试运转

试运转的顺序参见图3-33。

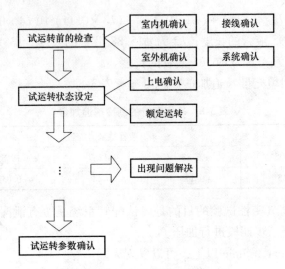

图 3-33 试运转的顺序

复习思考题

1. 以 TVQ—EXC 直柜连接方法为例，说明商用电冰箱的安装过程。

2. 小型冷库库体的安装应注意什么？

3. 小型冷库制冷系统的安装应注意什么？

4. 管道加工需要哪些操作？

5. 如何正确使用定量充制冷剂器？

6. 空调器安装前的准备工作有哪些？

7. 分体挂壁式空调器安装使用的附件有哪些？

8. 分别说出分体空调器室内、外机的安装步骤。

9. 分体式空调器如何正确移机？

10. 简单说明家用中央空调的设计原则。

11. 简述家用中央空调安装的 5 个步骤。

12. 叙述海尔 H—MRV 室外机组的安装步骤。

13. 简述海尔 H—MRV 多联机式家用中央空调安装试运转的顺序。

项目4

小型制冷装置操作

典型工作任务1　家用电冰箱操作

一、学习目标

电冰箱在日常使用中经常会遇到这样的问题：夏天，电冰箱运转不停；冬天，电冰箱不能正常起动。这是什么原因呢？除了故障之外，对电冰箱的正确操作也会导致上述问题的出现。此外，电冰箱的搬运、摆放、电冰箱各间室的使用以及电冰箱食品的正确存取等操作都有一定的讲究。通过本任务相关知识的学习，应达到如下学习目标：

1）了解电冰箱正确的摆放位置及搬运时的注意事项。

2）了解电冰箱初次使用时的注意事项。

3）了解电冰箱各间室的使用方法以及电冰箱食品的正确存取方法。

4）了解电冰箱操作与保养时应注意的问题。

二、工作任务

在掌握电冰箱工作原理的基础上，学会正确搬运、使用操作和保养电冰箱。具体来说，工作任务如下：

1）家用电冰箱的正确搬运和使用。

2）家用电冰箱的保养维护。

三、相关知识

（一）电冰箱的摆放位置及搬运时的注意事项

1）电冰箱应选择远离发热电器、炉具等热源、避免阳光直射、通风较好、较干燥的地方放置；顶部离天花板在50cm以上，左右两侧离其他物件20cm以上，确保冰箱门能作90°以上的转动。

2）放置电冰箱的地面要牢固，适当调整底角螺钉或衬垫，使冰箱保持水平，使其噪声最低。

3）电冰箱在搬运、放置过程中倾斜角不要超过45°。

4）不要在电冰箱上面用东西盖住冷凝器散热气流。这个附件是用来帮助电冰箱在工作的时候散热的，如果在这个附件上面覆盖一层东西（如布或玻璃），就妨碍了冷凝器的散热，使得电冰箱冷凝温度升高，耗电增加，甚至影响电冰箱的使用寿命。

（二）电冰箱初次使用时的注意事项

1）检查电冰箱安放位置是否符合要求。

2）对照装箱单清点附件是否齐全。

3）详细阅读产品使用说明书，按照说明书的要求进行全面检查。

4）检查电源电压是否符合要求。电冰箱使用的电源应为220V、50Hz单相交流电源。正常工作时，电压波动允许在187～242V之间，如果波动很大，将影响压缩机正常工作，甚至会烧毁压缩机。

5）若电压过高，会因电流太大烧坏电动机线圈；若电压过低，会使压缩机起动困难，造成频繁起动，也会烧坏电动机。电冰箱应用专用三孔插座，单独接线。没有接地装置的用户，应加装接地线。设置接地线时，不能用自来水和煤气管道做接地线，更不能接到电话线和避雷针上。

6）检查无误后，电冰箱静置半小时，接通电源，仔细听压缩机在起动和运转时的声音是否正常，是否有管路相互撞击的声音。如果噪声较大，应检查电冰箱是否摆放平稳、各个管路是否接触，并做好相应的调整。若有较大异常声音，应立即切断电源。

7）电冰箱在存放食物前，先空载运行一段时间，等箱内温度降低后，再放入食物，存放的食物不能过多，尽量避免电冰箱长时间满负荷运行。

（三）电冰箱各间室的使用方法以及电冰箱食品的正确存取方法

1）冷冻室内温度约为 -18℃。可存放新鲜的或已冻结的肉类、鱼类、家禽类，也可以存放已烹调好的食品，存放期3个月。

2）冷藏室温度约为5℃，可冷藏生、熟食品，存放期限为一星期。水果、蔬菜应存放在果菜盒内（温度为8℃），并用保鲜纸包装好，否则容易使食物发生干耗（脱水）现象。同时，电冰箱内结霜严重，会造成电冰箱制冷效果下降、耗电量增加。

3）位于冷藏室上部的冰温保鲜室，温度约为0℃，可存放鲜肉、鱼、贝类、乳制品等食物，既能保鲜又不会冻结，可随时取用，存放期为三天左右。

4）空箱试运转2h左右，待箱内达到稳定后才能储存食品。

5）热食不要直接放进冰箱，要等其达到室温时再放入。冷冻室内的食品最好用塑料袋小包包装，可以很快冷冻，既不易发干，又避免湿气变成霜；食品不宜装得太满，与冰箱壁之间应留有空隙，以利于流动冷气；冷冻的食品在食用前最好有计划地把它转至冷藏室解冻。

6）热的食物要放凉后才能放入箱内，否则，会影响其他食品的味道，且会增大耗电量。

7）冰淇淋、鱼等食品应储存在冷冻室（器）内，不要放在门搁架和近门口部位，因为该处温度较高。

8）冷冻室（器）内不能储存啤酒、可乐等液体饮料，否则会冻结而爆裂。

9）取食物时如果由于食物冰冻在箱体上，一时难于取下，千万不能用尖锐工具（菜刀、螺钉旋具等）撬拿电冰箱内食物，否则，容易因外力作用而使蒸发器破裂而造成电冰箱内漏。

（四）电冰箱操作与保养时应注意的问题

1. 温控器的正确设置

电冰箱是通过控制冷藏室温度的高低来控制其自动开停的。温控器设置一个值后，当冷藏室温度降低到设定值以下时，温控触点断开，电冰箱停止运行；而当冷藏室温度升高到设定值时以上时，温控触点闭合，电冰箱开始运行。温控器控制值的意义：1→5，设定值越大，电冰箱冷藏室所要控制的温度越低（接近0℃）；数值越小，电冰箱冷藏室所要控制的温度就越高（接近10℃）。

夏天气温高时，温控器应该设置在低挡，使得冷藏室内温度接近10℃。假如设置在高挡，就是让冷藏室内温度接近0℃，由于夏天气温高，通过箱体传入冰箱的热量也多，要使冷藏室内温度接近0℃，就需要压缩机较长时间地工作，有可能出现工作时间过长，甚至24h连续工作的现象，这样耗电量就大，也容易损坏压缩机。冬天气温低时，应该设置在高挡，尽量使冷藏室内温度接近0℃。因为冬天气温低，房间温度有可能在10℃以下，如果这时设置在低挡，也就是让冷藏室内温度接近10℃，这样就出现压缩机运行时间过短，甚至不工作，那么，冷冻室内温度由于压缩机运行时间过短而达不到要求，会造成食物冻结不硬的现象。

2. 用户不要随意停用电冰箱

电冰箱使用后，一般情况下不要随意停用电冰箱，因为电冰箱在停用后，内部温度升高，化霜水内混杂有食物（肉、鱼等）的溶解物（这些溶解物的主要成分是蛋白质、脂肪等），在一定的条件下，腐败产生如氨（NH_3）、胺（$R-NH_2$）等弱碱性物质。在碱性条件下，铝蒸发器外表面的钝化膜将遭到破坏，其反应过程如下：

$$Al_2O_3 + 2OH^- \rightarrow 2AlO_2^- + H_2O$$

铝蒸发器外表面的钝化膜遭到破坏后，膜下面的金属铝裸露在碱性条件下，由于存在不同的导体，又有碱性电解液，因而容易发生电化学腐蚀，产生无数微小原电池，从而使得铝蒸发器迅速腐蚀。其电极反应为

负极： $$4Al - 12e \rightarrow 4Al^{3+}$$

正极： $$3O_2 + 6H_2O + 12e \rightarrow 12OH^-$$

总反应为： $$4Al + 3O_2 + 6H_2O \rightarrow 4Al(OH)_3$$

上述总反应中产生的 $Al(OH)_3$ 脱水后变成疏松的 Al_2O_3，其反应为

$$2Al(OH)_3 \rightarrow Al_2O_3 + 3H_2O$$

这种现象在电冰箱较长时间停用后会更加明显，原因是电冰箱在停用期间箱内温度比较高，接近常温，而在使用期间电冰箱冷冻室内温度一般在 -18℃以下，如果常温按25℃计，两者相比温差超过40℃。跟大多数化学反应一样，腐蚀的速度随温度的升高而急剧增加。一般而言，温度每增加10℃，腐蚀的速度大约增加2~4倍，电冰箱停止使用时，其腐蚀速度是使用期间的8~16倍。所以，很多用户发现电冰箱停用一段时间后，再次启用时，容易发生蒸发器内漏而不制冷的故障。

那么，是不是不能停用电冰箱呢？当然不是。如需长时间停用电冰箱，除将电冰箱的电源插头拔下来外，还要彻底清除电冰箱内残余的食物和水分，防止残余食物腐败而产生碱性物质，并用干布擦净箱内水分；在关闭箱门前，敞门通风一段时间，以便充分蒸发箱内残余水分，尽可能减少电解液的形成而发生电化学腐蚀。此外，门封要用纸或其他的东西垫好，防止门封条与箱体粘连；将温控器调节置于"0"、"停"或"Max"（强冷点），使温控器处于自然状态，延长其使用寿命。

3. 冰箱开门忌频繁

如果开门过于频繁，一方面会使电冰箱的耗电量明显增加，同时也会降低电冰箱的使用寿命。由于电冰箱的箱门较大，如果开门次数较多，箱内的冷气外逸，箱外的暖湿空气乘机而入，就会使箱内温度上升。同时，进入箱内的潮湿空气容易使蒸发器表面结霜加快，结霜层增厚。由于霜的导热系数比蒸发器材料的导热系数要小得多，不利于热传导，会造成箱内温度下降缓慢，压缩机工作时间增长，磨损加快，耗电量增加。若蒸发器表面结霜层厚度大于 10mm 时，则传热效率将下降 30% 以上，造成制冷效率大幅降低。另外，当打开箱门的同时，箱内照明灯就亮，既消耗电能又散发热量，显然也是不利于节能的。

4. 定期清扫压缩机和冷凝器

压缩机和冷凝器是冰箱的重要制冷部件，如果沾上灰尘会影响散热，导致零件使用寿命缩短、电冰箱制冷效果减弱。所以，要定期检查它们是否脏了，脏了就要清扫。

5. 定期清洁冰箱内部

电冰箱使用时间长了，箱内的气味会很难闻，甚至会滋生细菌，影响食品原味，所以冰箱使用一段时间后，要把冰箱内的食物拿出来，将冰箱进行一次清洁（每年至少 2 次）。清洁时要注意：

1）清洁电冰箱时要先切断电源，用软布蘸上清水或食具清洁精，轻轻擦洗，然后蘸清水将洗洁精拭去。

2）为防止损害箱外油漆和箱内塑料零件，勿用洗衣粉、去污粉、滑石粉、碱性洗涤剂、天那水、开水、油类、刷子等清洗冰箱。

3）箱内附件肮脏积垢时，应拆下并用清水或洗洁精清洗。

4）清洁完毕后，将电源插头牢牢插好，检查温度控制器是否设定在正确位置。

典型工作任务 2　商用电冰箱操作

一、学习目标

商用电冰箱操作是重要技能项目，冷藏柜、陈列柜及小型冷库是应用最广泛的商业用小型制冷装置，广泛应用于超市、食品专卖店等场合，三者虽然有很大的区别，但是也有许多相同之处，操作的重点内容就是开、停机及运行中的调整。通过本任务相关知识的学习，应达到如下学习目标：

1）掌握冷藏柜、陈列柜及小型冷库的开机方法及具体步骤。

2）掌握冷藏柜、陈列柜及小型冷库的停机方法及具体步骤。

3）掌握冷藏柜、陈列柜及小型冷库运行中的调整方法及具体步骤。

二、工作任务

在熟悉冷藏柜、陈列柜及小型冷库制冷系统与电气系统工作原理的基础上，学会操作与运行中的调整。具体来说，工作任务如下：

1）冷藏柜、陈列柜及小型冷库的开机操作。

2）冷藏柜、陈列柜及小型冷库的停机操作。

3）冷藏柜、陈列柜及小型冷库运行中的调整。

三、相关知识

冷藏柜、陈列柜及小型冷库操作基本相同，主要包括使用注意、具体操作与日常维护点检等内容，使用时请详细阅读厂家说明书，以区别细微之处。

（一）商用电冰箱的使用

冷藏柜、陈列柜及小型冷库等商用电冰箱使用注意以下几点：

1）为防止冷门损坏，要轻开、轻关门。

2）为防止冷气外泄，要快速关闭冷门。避免冷库风机因冷库长时间开放，热气侵入造成翅片结霜严重，导致冷库制冷不良。

3）柜（库）内摆放商品时，注意不要将冷库风机的吸/排风口挡住，应保持吸/排风畅通，冷量均匀散布。摆放的货物左右、上下间隔5cm以上，以利于冷风流通。

4）非专业人员不允许随意调整制冷温度、除霜时间、除霜次数等参数。

5）柜（库）顶部为非承重设计，而且有冷媒配管及电气管线布设，不允许用户堆放物品，以免造成意外损坏。

6）工作人员由冷库出来后，要随手关闭库灯开关。

7）冷库每次进货量一般不超过冷库总容量的20%。进货时，注意不要损坏下水管、冷媒管等。

8）定期清洗时，要先关闭电源开关。注意不要让水浸入灯开关、蒸发器接线盒等处。

9）夏季空气湿度大时，容易引起蒸发器霜堵或结冰，不能用硬物凿击冰块，这会造成蒸发器盘管泄露，正确的处理方法是用温水结合强制除霜除去冰块，然后适当增加除霜次数和除霜时间。

（二）冷藏柜、陈列柜及小型冷库操作

压缩机组是所有冷藏柜、陈列柜及小型冷库等制冷系统的"心脏"，所以日常的使用及维护极为重要。对于压缩机组的使用、保养及维护工作只能由有资格、经认证的制冷维护技术人员来进行。

1. 压缩机组对环境的要求

1）压缩机房的空气温度要低于35℃，酷暑（少于10天）低于40℃，相对湿度低于70%。否则，容易造成排气温度升高、机油炭化、机头损坏，也容易造成电器元件的损坏。空气流通不良的机房应安装通风换气设备。

2）冷凝器应摆放在通风散热良好处，有足够的热气排放空间，避免热气循环吸入，否则，造成换热效率降低、高压压力异常升高。冷凝器风扇的旋转方向为吸气经过冷凝翅片，运转方式为一台或一部分风扇常开，其余风扇受压力控制启停。

2. 操作

（1）开机

1）检查曲轴箱油位，正常位置为玻璃视窗1/2处。

2）打开压缩机排气阀、吸气阀、储液桶排出阀及有关控制阀（吸、排出阀开足后退回1/2～3/4圈）。

3）起动压缩机、冷风机运转。

（2）停机 切断开关即可。

（3）长期停止使用前的停机操作

1）抽制冷剂（将制冷剂抽入储液桶，其方法见抽制冷剂说明）。

2）切断总电源。

压缩机排气阀关闭后，不准再开动机器，以免发生气缸爆炸事故。如果再使用，必须按开机操作步骤进行。

（4）融霜 冷库设有自动和手动融霜装置。手动融霜只需将融霜开关切换到手动融霜位置，就可进行融霜，待霜融化后，切断融霜开关便停止融霜。融霜时，冷风机应停止运转，融霜完毕后再恢复运转。

（5）抽制冷剂

1）关闭储液器的出液阀。

2）使低压继电器和油压差继电器的触点保持常闭状态。

3）起动压缩机，如果有液击声，应立即停机片刻后再起动。这样反复几次，液击声消失后便可连续运转。

4）当吸气压力降到0MPa（表压）或稍高时，停机，观察吸气压力回升值。若回升过高，则再起动。这样反复开机，直至停机后吸气压力稳定在0~0.049MPa（表压）为止。

5）关闭吸气阀。

（6）添加润滑油

1）把润滑油准备好，并将吸气阀开足，拧下旁通塞，换好加油管，并用手指堵住管头。

2）关闭吸气阀，起动压缩机，将曲轴箱中的制冷剂排入冷凝器，使曲轴箱成真空状态，停机并立即关闭排气阀。

3）将吸油管头放入加油桶，将堵住油管的手指放开，利用曲轴箱的真空度将油吸入曲轴箱。

4）若油面没达到要求，可将排气阀旁通螺塞拧下，起动压缩机，将曲轴箱再抽空，继续加油，直至达到所需的油面线为止。

5）拆下铜管和接头，拧紧吸气阀旁通螺塞，起动压缩机，将曲轴箱内空气抽空，当听不到气流声时，将排气阀旁通螺塞迅速拧上，同时停机。

6）打开吸气和排气阀（开足后退回1/2~3/4圈）。

（7）加注制冷剂

1）关闭储液器的出液阀。

2）开足排气阀。

3）开足吸气阀，旋下吸气阀多用通孔螺塞，把已与制冷剂钢瓶连接紧固的导管另一端接在通孔上，螺母先不拧紧，稍微开启钢瓶阀门后随即关闭，从瓶中放出少许制冷剂驱尽导管内的空气后拧紧螺母。

4）把钢瓶放在磅秤上，记下钢瓶和制冷剂的质量。

5）起动压缩机，开启制冷剂钢瓶阀。

6）关闭吸气阀，多用通孔接通，制冷剂蒸气进入制冷系统（注意：吸气阀必须缓慢关闭，否则会使制冷剂流量过大，造成液击），待吸入预定质量制冷剂时，立即关闭钢瓶阀，停机。

7）开足吸气阀，拆下导管，旋紧螺塞。

（8）拆洗过滤器

1）关闭储液器的出液阀。

2）开足吸气阀，将吸气阀多用通孔螺塞上连接压力继电器的螺母旋下，在该通孔处安装一个专用不通螺母，并旋紧。

3）将开足的吸气阀退回1/2～3/4圈，使之与压力表相同。

4）起动压缩机，当低压表降到0MPa（表压）时停机。

5）关闭吸气和排气阀。

6）卸下过滤器。

7）把新的过滤器装上。

8）拆动过的管段抽真空。

① 关闭排气阀，旋下排气阀多用通孔螺塞，接上真空泵。

② 开足吸气阀。

③ 开动真空泵，当绝对压力达到2.0kPa时，开足排气阀，停真空泵，拆下真空泵。

④ 旋紧吸、排气阀多用通孔螺塞，把开足的吸、排气阀退回1/2～3/4圈。

9）开足储液器角阀。

10）开足吸气阀，旋下专用不通螺母，把连接压力继电器的螺母旋上并旋紧，将开足的吸气阀退回1/2～3/4圈。

（9）调节温度控制器　根据冷库设计温度调节，自动停车温度不得低于设计温度下限值。自动停、开车温差可在3～5℃范围内调节。

（10）调节膨胀阀　可以旋转调节杆减少或增加制冷剂流量，但每次调节不得超过1/4圈，待观察调节效果20min后，再进行第二次调节。

（11）调节压力继电器　制冷压缩机组出厂时，压力继电器已调好，高压1.8MPa（表压）、低压0～0.02MPa（表压）。当高压超过或低压低于调定值时，机组将自动停止工作。

在日常操作使用过程中，若发现频繁停车现象，在检查制冷系统并确认无故障后，应对压力继电器进行调节。经调节的压力继电器的高、低压调定值必须符合机组出厂时的调定值。

（三）冷藏柜、陈列柜及小型冷库的日常维护及检查

1. 冷藏柜、陈列柜及小型冷库的日常维护

冷藏柜、陈列柜及小型冷库的日常维护及检查非常重要，日常维护按表4-1中的项目进行。

2. 冷藏柜、陈列柜及小型冷库的检查

每周

1）使用液路视镜检查制冷剂充注量。

2）检查压缩机油位。

3）检查压缩机曲轴箱加热器运行情况。

4）检查主电源及控制电压。

5）检查机组周围区域表象。

表4-1　压缩机组日常维护表

低温机组：[　]　　中温机组：[　]　　　　　　检查日期：＿＿＿＿年＿＿＿月＿＿＿日

步骤	内　　容	✓	检 查 数 据		备注
1	各压缩机运行电流		1号机：　/　　　　　/		
			2号机：　/　　　　　/		
			2号机：　/　　　　　/		
			4号机：　/　　　　　/		
			5号机：　/　　　　　/		
			6号机：　/　　　　　/		
2	冷凝器风扇运行电流		单只：　　　　一对：		
3	控制箱内端子接线松动				
4	饱和冷凝压力/温度		Psig /　　　　　℃		
5	饱和蒸发压力/温度		Psig /　　　　　℃		
6	排气温度		℃		
7	吸气温度/过热度		℃ /　　　　K		
8	储液器液位		视镜第　　只与第　　只之间		
9	有无低液位报警				
10	供液管视镜是否满液				
11	储油器油位		视镜第　　只与第　　只之间		
12	油位调节器油位				
13	油分后,视油镜是否有油流动				
14	各回气支路结霜情况				
15	压缩机机头结霜情况				
16	管卡松紧情况				
17	系统有无其他报警或异常现象				

6）检查系统压力。

每月

1）检查制冷系统有无泄漏。

2）检查吸气过滤器和液路干燥过滤器。

3）检查所有法兰联接螺栓、接头和管路抱箍是否紧固。

4）查看冷凝器风扇叶片及电动机装置有无裂缝、松动的螺钉或联接螺栓。

5）紧固所有电气接头。

6）检查压缩机/风扇电动机接触器上触点的工作及状况，检查控制面板内部外观。

7）检查绝缘材料外观。

8）检查辅助设备的运行。

每季度

在机组稳定运行的情况下，记录下所有运行工况：

1）吸气/排气/液体制冷剂压力及温度。

2）系统过热度、液体过冷度、环境温度。

3）压缩机电流。

4）测试所有运行和安全控制器。

每年

1）取油样作分析。如果需要，则更换油。

2）清洗冷凝器盘管。

3）若有必要，整直冷凝器翅片。

4）更换液路干燥过滤器和吸气过滤器芯。

典型工作任务3 房间空调器操作

一、学习目标

房间空调器具有制冷、制热、循环空气、去湿、除尘等多种功能，采用微电脑控制的机型还具有一定的人工智能，使用非常方便，但由于功能多，使其操作起来又较复杂，因此对于维修人员来说，熟悉空调器的基本操作方法是必须具备的基本功。另一方面，空调器的维护保养是确保空调器安全可靠、高效节能运行必不可少的条件。通过本任务相关知识的学习，应达到如下学习目标：

1）了解房间空调器的使用注意事项。

2）学会房间空调器的基本操作方法。

3）学会正确维护与保养房间空调器。

二、工作任务

在掌握房间空调器工作原理及安装技术的基础上，充分了解房间空调器的使用注意事项，学会房间空调器的正确使用和操作方法，学会正确维护与保养房间空调器。具体来说，工作任务如下：

1）正确操作窗式空调器的电源主控开关。

2）正确使用分体式空调器的遥控器。

3）房间空调器的维护与保养。

三、相关知识

（一）房间空调器操作

合理使用和保养是充分发挥空调器的作用和延长空调器寿命的重要环节。在使用前，应仔细阅读产品说明书，了解空调器的性能，并弄懂空调器的电气控制板上的各种开关的作用，然后再按说明书中的操作说明进行正确的操作。

1. 房间空调器的使用注意事项

1）适当地调整室内温度，不要盲目追求低温。在夏季，若室内、外温差过大，人们出入室内外时，会受到较大的温差冲击，易使体弱者有喘不过气来的感觉，并易患感冒等疾病；对于健康者来说，长期在较低室温环境下工作或生活，也容易患关节炎、肩周炎等疾病。所以夏天空调房间的室温在25～28℃、相对湿度在50%～60%为宜；冬季空调房间的室温在18～20℃、相对湿度在45%～55%为宜。

2）减少空调房间的冷量损失。要尽量减少阳光和热空气进入空调房间的数量。为了提高空调房间的保温性能，房间的窗户、房门应采取加装厚窗帘等措施，天花板和地板应选用有较好绝热性能的材料，并在施工工艺上严格质量要求，做到最大限度的密封。

3）充分利用好定时器，使空调器只在必要时运行。

4）正确调节空调器的送风方向和出风角度，以使空调房间内获得均匀的室温。

2. 房间空调器的使用方法

各种空调器的控制板的布置形式及采用的方式不同，但其操作内容却大同小异，基本相同。控制板上的开关数量是根据空调器的运行功能多少而定的，空调器的功能越多，其控制板上的开关越多，控制板越复杂。

（1）窗式空调器的使用方法

1）单冷型窗式空调器的使用方法。单冷型窗式空调器具有通风、制冷功能，有的还具有除湿功能。其电器控制板如图4-1所示。在电器控制板上有换气开关、温度调节器开关、选择器开关及风向开关、除湿开关等功能开关。

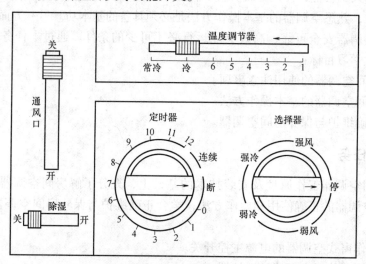

图4-1 单冷型窗式空调器的控制板

① 制冷运行：首先把温度调节器开关移到"常冷"位置，定时器开关旋至"连续"位置，再把选择器开关旋至"弱冷"位置或"强冷"位置。当需要设定室内温度时，将温度调节器开关移到1～6之间的适当位置（其温度控制在18～32℃的范围内）。

② 通风运行：根据需要，可将选择器开关旋至"强风"或"弱风"位置。

③ 新风门使用：当室内空气比较混浊时，可以将新风门开关移至"开"位置，将室外新鲜空气引入室内。待室内空气新鲜后，再把新风门开关移至"关"位置。

④ 定时使用：这种空调器设有定时关机的功能，对通风运行和制冷运行可进行定时关机。使用时，可将定时器开关旋至所需要的时间（1～12h内），至所定时间时空调器会立即自动停止运行。

⑤ 除湿运行：在南方地区，每年都有梅雨季节，因多雨且气温较低，温度一般在25～

26℃，相对湿度为 80% ~ 90%，人会感到很沉闷，物品会发霉，这时需要进行恒温去湿处理。在需要除湿时，将除湿开关移至"开"位置，空调器中的除湿阀被打开，空调器吸收室内空气中部分水蒸气，保持室内湿度基本不变。若不需要除湿，将除湿开关移至"关"位置即可。

⑥ 风向调节：为了减少空调房间内的空调死角，使室内各个部位都可得到冷风，窗式空调器的出风栅装有可调节风向机构。上下拨动水平叶片，可使风向上下变动；左右拨动垂直叶片，可使风向左右变动。

2）冷暖两用型窗式空调器的使用方法。热泵型与电热型空调器都属于冷暖两用型空调器。虽然这两种空调器在制热的方式上不同，但其控制板上的操作基本是相同的。热泵型窗式空调器的控制板如图 4-2 所示。在控制板上有温度调节开关、选择器开关、通风开关、风量开关及风向摆动开关等，各开关的功能如下。

① 通风开关：在"开"的位置，空调器可排除室内污浊空气，补充新鲜空气。当室内空气正常后，关闭通风开关（置于"关"的位置）。

② 风向摆动开关：它可自动控制水平风向，风向可偏左或偏右。若拨动面板上的水平百叶风栅，可以调节垂直风向。

③ 温度调节器：有冷、热两部分。制冷的调节由 6 至 12 向右旋转，越往右旋，温度越低；制热的调节由 6 至 1 向左旋转，越往左旋，温度越高。

④ 选择器：有停、风扇、热风和冷风四挡，供用户制冷、制热及通风等各功能选用。

⑤ 风量开关：有高、低两挡。当风量开关拨至"高"的位置时，风扇以高速运转，使室内得到较强的气流。当风量开关拨至"低"的位置时，风扇以低速运转，使室内得到较弱的气流。

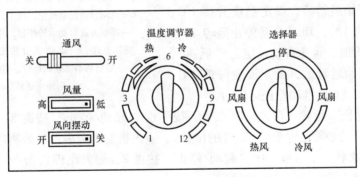

图 4-2　热泵型窗式空调器的控制板

（2）分体式空调器的使用方法　现在一般家用分体空调器多为分体挂壁式空调器，此种空调器的控制方法有线控和遥控两种。所谓线控是指将空调器的控制器用控制线与机组相连进行空调器各项功能的操作。所谓遥控是指用控制器发射无线电信号进行空调器各项功能的操作。目前市场上的空调器控制方法以遥控为主流。

遥控器的类型较多，图 4-3 所示为 FWK—2 型遥控器，现将其操作方法介绍如下。

1）功能设定。

① 选择运转方式：每按一次运转方式选择键 2，运转方式即按"自动运转→冷气运转→除湿运转→通风运转→暖气运转→自动运转"的方式进行循环。使用时，可根据需要

任意选定一种模式。

②设定室内温度：每按一次温度控制加键（按键3向上），设定温度将增加1℃；每按一次温度减键（按键3向下），设定温度将减少1℃。

③选择室内风扇速度：按一次风速控制按键4，设定风速将按以下箭头所指顺序依次变换：自动运转→低速运转→中速运转→高速运转→自动运转。

④自动循环风向：按一次自动循环风向按键6，垂直风向叶片将自动向上或向下摆动。

⑤点动控制方向：按住点动控制风向按键5，垂直风向叶片将快速向上或向下摆动，在所需的风向位置松开该键时，叶片停止摆动。

⑥设定睡眠运转方式：按一次睡眠运转按键7，进入睡眠运转方式；再按一次睡眠运转按键，则退出睡眠运转方式。设定睡眠方式时，首先必须选择制冷或制热运转模式，然后设定温度，按下"起动/停止"按键，再按睡眠方式按键，睡眠灯亮。在不同运转模式下设定睡眠方式，情况有所不同：

a）制冷运行时，风速自动设定为"低速"，风速键无效；开始运转后，设定温度升高1℃，运转1h后再升高1℃，5h后自动停止运转。

b）制热运行时，风速自动设定为"低速"，风速键无效；开始运转后，设定温度降低2℃，1h后再降低3℃，5h后自动停止运转。

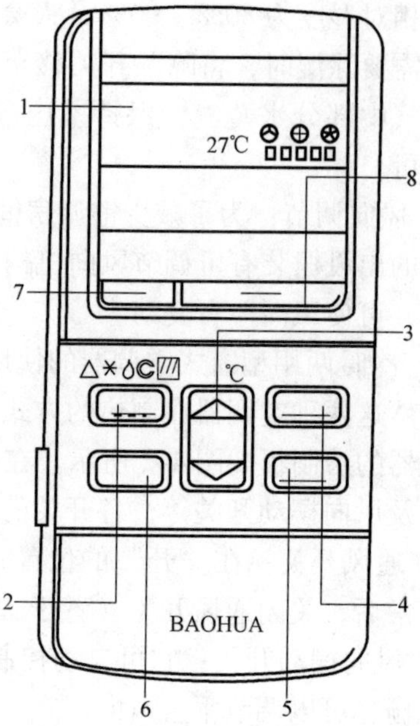

图4-3　FWK—2型遥控器

1—操作显示屏，用于显示运转状态和操作符号
2—运转方式选择按钮，用于选择运转方式的种类
3—室内温度设定按钮，用于调节温度　4—室内
风扇速度选择按钮。风扇速度可在低、中、高三
速中选择，或使用自动控制调节风扇速度　5—风
向手动控制按钮，按下此钮可设定所需要的风向
6—风向自动控制按钮，用于自动控制风向
7—睡眠方式自动运转按钮，用于自动运转
睡眠方式　8—起动/停止按钮，按下此钮
后空调器便开始运转，再按此钮，
则停止运转

⑦"起动/停止"运转：在关机状态下，按一次"起动/停止"按键8，发出开机命令（此时面板电源开关必须已置于"1"开的位置），室内机发出两声短短的鸣叫声，同时运转指示灯亮。在开机状态下，按一次"起动/停止"按键8，则发出停机命令，此时室内机也发出两声短短的鸣叫声，同时指示灯熄灭。

2）时钟和定时的设定。打开遥控器门，即进入时钟和定时设定模式，如图4-4所示。时钟设定步骤如下：

①按一次时钟按键，显示屏上"CLOCK"开始闪烁，进入时钟设定。

②加键（按键3向上）或减键（按键3向下）进行时钟调整。

③时钟调整完毕，显示屏上"CLOCK"停止闪烁。

定时功能的设定步骤如图4-4所示。若只使用"定时器开"功能，则完成图中步骤1~3即可。若只使用"定时器关"功能，则只需完成图中步骤4、5。

3）使用遥控器的注意事项。

①不要将遥控器放在电热毯或取暖炉等高温物体的旁边。

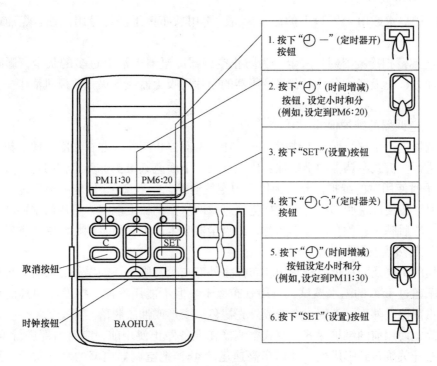

图4-4 定时器设定步骤

② 使用时，在空调器和遥控器之间不要放置障碍物。

③ 不要将遥控器放在阳光直射的地方或放在潮湿的环境中。

4）遥控器操作不灵便时应作一下简单的检查。

检查是否忘了按下有关的操作键，最好再重新操作一次。

检查遥控器是否有缺电报警或传送信号不发出声音、显示器显示不清或无显示，此时应更换新电池试一下，看操作后是否能恢复正常。更换电池时，应将两个电池同时更换，新旧电池不可混用。

若遥控器确实不能工作，可用手动方式应急起动空调器，看是否是空调器故障；确认是遥控器故障后，应请专业人员维修。长期不用遥控器期间，应将电池取出。

（二）房间空调器的保养

空调器的维护保养是确保空调器安全可靠、高效节能运行的必不可少的条件。空调器经长年累月地使用会在其散热器上积存厚厚的灰尘，影响空调器的正常工作。这会使空调器性能下降，运转电流增大，从而引发电气系统故障，造成空调器的损坏。为了防止空调器的性能下降、延长其使用寿命，在日常对空调器进行维护保养就十分重要了。

1. 空调器日常维护保养的主要内容

（1）定期清洗空气过滤网 空气过滤网的作用是过滤室内循环空气中的尘埃，当其表面的尘埃积存过多时，便会阻碍气流的畅通而降低热交换效果。一般使用2~3周后，应将空气过滤网清洗一次。清洗时，拉住过滤网的拉手，将其从面板后取下，用真空吸尘器吸出过滤网眼中的灰尘，再用低于40℃的清水洗净。若有油烟类物质，可放在肥皂水或中性洗涤溶液里清洗，然后再用清水洗清，待其完全干燥后，再重新装回空调器上。

（2）清洗面板和机壳 应经常用软布抹去面板和机壳上的灰尘和污物。如果太脏，可用软布蘸上肥皂水或用45℃以下的温水擦洗，再用软布擦干。切忌用汽油、煤油或化学药物等擦洗。

（3）定期清扫冷凝器翅片灰尘　为防止空调器冷凝器上沾上过多的灰尘，影响空调器的热交换能力，应最好一个月左右将冷凝器的翅片用吸尘器或手提式吹风机清尘一次，以利于散热。

2. 窗式空调器的维护保养

对空调器进行维护与保养工作时，必须让空调器停止工作，并在切断电源、拔下电源插头后才可进行。窗式空调器的维护保养比较方便，下面就其维护保养工作内容作一介绍。

（1）平时使用时的维护保养　为使室内空气通畅，一般2~3周应将空气过滤网清洗一次。操作时，按使用说明书所述方法把空气过滤网从空调器上取下，可用清水冲洗并用软毛刷刷干净，然后晾干；积存灰尘不多时，用吸尘器吸尘即可。但不能用汽油、挥发油、酸类或高于45℃的热水及硬刷清洗。

空调器的机壳及面板也应经常用软布抹去外部灰尘及脏物。如果外壳太脏，可用软布加肥皂水或不超过45℃的温水擦拭，再用软布擦干。但不能用汽油、挥发油和其他化学药品或液体杀虫剂擦洗外壳，否则，会造成外壳褪色、变形或油漆脱落。

（2）停止使用前的维护保养　窗式空调器在准备停止使用前，应对内部进行干燥处理，把主控选择开关旋转到强风处，使风扇高速运转4h，把空调器内部的水分吹干，然后关掉风机，拔下电源插头，用塑料布将室外侧部分包裹好，防止停机期间灰尘、杂质侵入；室内部分也最好用装饰布遮盖，以防室内灰尘侵入机内。

（3）重新开机前的维护保养　每年夏季来临前，应对空调器进行彻底的清扫和检查，以保证在使用时，空调器能高效、可靠地运行。清扫前应拔下电源插头，卸下面板、拉出底盘，用吸尘器或软毛刷清洁蒸发器和冷凝器散热肋片上的灰尘。在清洁过程中不要碰坏机内器件，保持蒸发器和冷凝器肋片排列整齐。若发现有塌倒现象，可用翅片梳梳理整齐，使空气气流畅通，保证空调器高效运行。

在清洁时，可将电源板、各电器控制部件用电吹风的冷风挡进行清洁。

清洁完毕后，应仔细检查电气线路的所有接线线头处有无松动和脱落。经检查一切正常后，将底盘重新推入外壳，通电进行试运行，用耳朵仔细听运行声是否正常，检查转换开关、运转开关的动作是否正常。

3. 分体式空调器的维护保养

分体式空调器因构造复杂、形式较多，所以维护和保养方法与窗式空调器有所不同。

（1）室内机组的维护保养　机组的前盖板和外壳可用柔软的干布擦拭。若太脏，可用软布加温水或肥皂水擦拭，然后再用干布擦干净。空气过滤网要经常清洗，可每两周左右清洗一次，在灰尘多的环境下要增加清洗的次数。

不要使机组靠近暖气设备或其他热源，以免机组的面板受热变形或遥控系统失灵。

空调器在使用过程中，如果外电路突然停电，应将空调器的主电源开关置于关闭位置。停止空调器工作时，必须将电源切断。当电源电压超出空调器允许的工作电压时，应立即切断电源，停止空调器的使用，避免造成大的故障。

（2）室外机组的维护保养　分体式空调器在使用过程中，要经常或定期检查室外机组的冷凝器肋片上有无积存过厚的灰尘。若有过厚的灰尘，应将其清扫干净，方法是用压缩空气吹或用吸尘器吸。清洗空调器冷凝器时，不要向机内泼水，以免造成机组电气绝缘性能下降。对于热泵型空调器，在冬季下雪天应及时扫除机组周围的积雪，以免影响其工作效率。

在室外机组的连接管上严禁压重物，以防管路被压扁或破裂。空调器使用几年以后，连接管上的隔热保温材料可能因老化而破裂，从而使隔热保温性能下降，应及时予以更换。停止使用空调器时，应选择在干燥的天气里让空调器单通风运行2h左右，使空调器内部干燥，然后将空调器的电源插头拔下。

4. 空调器维护保养后的检查与运转试验

为使维护保养后的空调器安全工作，要对其进行检查与运转试验。

（1）检查 检查组装是否有误，是否有漏装、错装的零部件，螺钉是否有没拧上的，电气接线是否有错误，然后还应进行绝缘电阻的检查。

（2）运转试验 试运转的检查应包含下列内容：送风时，压缩机的声音是否正常，有无异常声音；操作功能键时，看空调器的运转状态是否与操作键盘上所标的一致；制冷工作模式运行15min后，测定吹出空气温度和吸入空气温度，温差应在8℃以上；运转指示灯应亮，用钳形电流表测运行电流值应达额定值80%以上。对于热泵型空调器还应测试冷、暖功能切换是否正常。

典型工作任务4 家用中央空调操作

一、学习目标

与目前使用十分广泛的分体式空调相比，家用中央空调拥有更先进的控制特性，更需要加深对中央空调操作的了解。正确使用和保养家用中央空调，有利于提高其使用寿命。通过本任务相关知识的学习，应达到如下学习目标：

1）会正确使用家用中央空调。
2）会科学维护保养家用中央空调。

二、工作任务

在掌握家用中央空调种类与工作原理的基础上，充分了解家用中央空调使用、保养的注意事项，学会正确使用和维护保养家用中央空调。具体来说，工作任务如下：

1）家用中央空调的正确使用。
2）维护保养家用中央空调。

三、相关知识

（一）家用中央空调的正确使用

1. 风冷热泵式家用中央空调

由于家用中央空调用户往往不会配备专业的空调操作员，故家用中央空调一般采用比较简单的操作系统，而且自动化程度也比较高。为了保证机组运行的可靠性和机组使用寿命，还是应该正确地使用空调。对风冷式冷（热）水机组来说，使用时必须注意以下几个方面：

1）使用前应查看室外机的冷凝器，必须保证没有任何落叶、棉绒、昆虫、渣壳等污染物。如果有污物，则不仅会增加耗电量，而且会导致高压停机。清除污物时，可用吸尘器进行外部清洗，切勿损坏铝质散热片。

2）一般生产厂家在制造风冷式冷（热）水机组时，都设计了防冻装置。在冬季使用空调时，应按要求将机组长期处于通电状态并打开防冻开关，让机组进入防冻状态。当发生停电时，防冻装置就不起作用了，此时室外温度如果在0℃以下，应及时对室外主机进行保温。停电时间较长时，必须将室外机组系统的水排尽，以防冻裂管及机组内的板式换热器。同样的道理，冬季长期停用空调时也要将系统内的存水排尽。

3）机组使用前若已停机较长时间，应先给机组通电，使压缩机的加热装置预热压缩机，通电时间不低于6h（冬季通电时间要更长），才可起动压缩机。

4）室温设定要适当，一般不要太高或太低，保证舒适就可以。建议制冷为23～28℃，制热为18～23℃。

5）室内风机盘管回风过滤网应定期拆下清洗，保证风机盘管正常工作。

6）经常检查水系统的补水和排气装置工作是否正常，以免空气进入系统造成水循环量的减少或循环困难，从而影响机组的制冷、制热效果和机组工作的可靠性。

7）经常检查机组的电源和电气系统，观察电气元件是否有动作异常。如有问题，应及时维修、更换。

8）开、停机组时，应使用控制开关，按步骤进行。切不可将电源开关作为机组开关使用，会使主机系统损坏。

9）应将其他家用电器设备（如电视机、收音机、音响等）距离室内机和控制器至少1m以上，否则，空调机组会干扰图像及声音，产生噪声。

10）有阳光照射的窗户应悬挂窗帘或百叶窗，以确保空调使用时的温度。

11）空调正常使用时，不宜长时间开窗开门，否则，会在送风口上产生凝结水现象。

12）勿将物品放在送、回风口周围，此类障碍物可能会降低空调机性能或造成停机。

13）使用空调时，若发现异味（如烧焦味），应关闭电源，查明原因。

14）清扫机组时，严禁在通电情况下进行，不能用水清洗空调机。

15）机组在一个运行期结束后，若停机时间较长，应将机组管路中的水放掉，并切断电源，套好防护罩。

16）为了使风冷式冷（热）水机组的用户能长期保持空调正常使用，建议每年对机组进行一次保养。

2. 多机分体式家用中央空调

1）空调系统调试结束时，能够正常运行后，施工方应该整理好有关资料，向业主交机。资料包括：

① 空调系统的施工设计图、电气布置图及冷凝水排管系统图。

② 调试时的测试报告。

③ 室内、外机的合格证书及产地证明。

④ 随机带来的安装说明书和使用说明书。

⑤ 由施工人员根据本系统实际情况编写的"使用说明"。

2）正确选用熔断丝（熔丝）。按产品说明书标明的额定电流来选择熔断丝的规格，过大则不起保险作用，过小则常会熔断。

3）空调的手控停、开操作时间应隔2min以上，不能连续停、开。

3. 风管式家用中央空调

1）室内温度设定要合适，不能太高或太低，要使室内人员感到舒适。一般室内温度夏天设定为26～28℃，冬天设定为17～28℃。对婴儿、学童、老人、病人需特别关注，温度应调整合适。

2）若灰尘堵住过滤网，会大大影响空调制冷、制热效果，并使耗电量增大，所以建议每两周清洗一次过滤网，不让烟雾、油雾粘结在过滤网上。

3）不要频繁按温控器的按钮，以免损伤遥控器及压缩机过载保护。

4）室内电视机、收音机、音响、VCD、电脑等设备，距离室内机的控制器至少1m以上，否则，会被干扰图像及声音，产生异常。

5）在夏天和冬天，要严格控制空调的新风量，否则，会大大影响制冷、制热效果。

6）当机组长时间不运行时，应关闭空调总电源。平时注意不得损伤翅片。

7）如果压缩机安全保护装置动作，请厂家派专业人员上门检查维修。

8）只有在停机关掉电源后，才能派人清扫、擦拭室内机、室外机，否则，可能发生触电事故。

9）不要用水直接冲洗机组。不要轻易移去风机网罩，高速旋转的风机可能造成伤害事故。

10）不要用钢丝或铜丝替代熔丝，要使用合格的熔丝，否则，会损伤人员和机组。

11）不要乱扔、乱摔遥控器；操作遥控器应在室内机的接收范围内，并将其发射部位对准室内机接受器的方向。

12）装遥控器电池时，注意电池的正、负极应正确无误。

13）不要将遥控器放在潮湿或阳光直射处，或炉子之类的热源附近。

（二）家用中央空调的维护和保养

家用中央空调只有得到正确的维护和保养，才能最大限度地延长使用寿命，更好地为人们的生活服务。除了依靠名牌厂家的优质服务保障之外，用户自己应详细查阅使用说明并遵守使用规定。另外，可从以下几方面对空调进行维护和保养：

1）在不用空调的季节应该为室外机加上一个防护罩，尽可能地防止恶劣天气对空调主机的损坏。防护罩材质应能防水、防尘。

2）雷雨天气最好不要开空调。此时，空调如果处在断电状态，就把因雷电、雨水进入导致烧毁主机板的可能性降低到最小。

3）电子元件怕潮湿，因为潮湿不仅会降低机件的绝缘性能，而且会锈蚀零部件，造成机器故障。尤其是在东部沿海地区及南方梅雨季节，常开空调不仅可以为房间除湿，保持室内空气品质和避免室内物品受潮，也可保护空调自身免受潮湿的危害。

4）在使用过程中如果出现不正常情况，应立即停机，不要等到小毛病引起大故障才想起售后服务。发现情况，及时修理。

5）定期除尘，确保回风口畅通无阻。空调回风口和换热器长时间不清理就会积下一层尘垢，从而影响空调风量的大小，因此要定期进行擦拭除尘。

6）经常清洗空气过滤网（一般2～3个星期清洗一次）。步骤是：拆下面板；抽出空气过滤网；清洗空气过滤网。将空气过滤网放在自来水龙头下冲洗，由于过滤网采用塑料框与涤纶丝压制而成，所以不可用 40℃以上的热水清洗，以防过滤网收缩变形。清洗后可将过滤网上的水甩干，插入面板，装好空调。

7）保护冷凝器与蒸发器的散热片。冷凝器与蒸发器的散热片是用 0.15mm 的铝片套入铜管后胀管而成，经不起碰撞。若损坏了散热片（倒片），就会影响空调的散热效果，使制冷效率减低。因此，要特别注意保护好散热片。

8）保护好制冷系统。若损坏了制冷系统的部件或连接管路，就会使制冷剂泄漏，空调器就不能制冷。

9）要经常检查电源插头与插座的接触是否良好，应无松动或脱落。

10）注意空调的运行声音。当听到空调在运行时有异常杂声，如金属碰撞声、电动机嗡嗡声、外壳振动声等，应立即关机检查原因，切不可盲目继续使用，以免出现更大的故障。

11）经常擦拭空调的外表面，特别是面板部分，以保持空调的清洁；每隔半年对室外冷却器用长毛刷进行清洗灰尘；每年拆下机芯，对风扇电动机轴承注入适当的润滑油；制冷系统不必处理，只要清除外表污垢即可。

复习思考题

1. 如何正确搬运家用电冰箱？
2. 电冰箱初次使用时应注意什么？
3. 简述电冰箱各间室的使用方法以及电冰箱食品的正确存取方法。
4. 使用商用电冰箱应注意什么？
5. 简述商用电冰箱开、关机的步骤。
6. 空调器安装前的准备工作有哪些？
7. 使用房间空调器应注意什么？
8. 简述分体空调器遥控器的正确使用方法。
9. 简单说明房间空调器的保养与维护。
10. 如何正确使用风冷热泵式家用中央空调？
11. 如何正确使用多机分体式家用中央空调？
12. 如何正确使用风管式家用中央空调？
13. 如何正确保养家用中央空调？

维 修 篇

项目 5

家用电冰箱维修

典型工作任务 1 家用电冰箱电气系统维修

一、学习目标

为了确保家用电冰箱按照人们预定的要求进行工作,家用电冰箱内都装有电气控制系统。电冰箱的电气控制系统是通过由专门的装置组成的各个电路,来执行家用电冰箱的温度控制、融霜控制以及起动、保护、照明等各项功能。家用电冰箱的电气控制系统在运行过程中往往会产生一些故障,如电动机不能起动或不能停车等,要维修电气系统,就必须同时熟悉和掌握电气系统的相关知识。通过本任务相关知识的学习,应达到如下学习目标:

1) 会检测家用电冰箱电气控制元器件。

2) 能进行家用电冰箱电气线路的连接。

3) 能进行家用电冰箱电气系统的故障排除。

二、工作任务

在熟悉家用电冰箱电气控制元器件、家用电冰箱电气线路连接方法、家用电冰箱电气系统故障排除方法的基础上,学会维修家用电冰箱电气系统。具体来说,工作任务如下:

1) 进行家用电冰箱电气元器件和压缩机电动机检测。

2) 对家用电冰箱电气线路进行连接。

3) 对家用电冰箱电气系统进行故障排除。

三、相关知识

(一) 电气控制元件的结构及工作原理

1. 压缩机电动机的起动与保护装置

(1) 压缩机电动机 压缩机电动机为压缩机提供原动力,将电能转换为机械能,驱动压缩机实现制冷循环。家用电冰箱使用的电动机和压缩机一起密封在一个机壳中,并且长期在一定的蒸气压力和温度下工作,因此,对电动机使用性能有着特殊的要求。这些特殊的要求是:

1) 较大的起动转矩。

2) 效率高、功率因数高。

3) 对电压波动的适应性要好。

4）化学稳定性及耐热性要好。

5）耐振动、抗冲击。

6）有良好的安全性能。

家用电冰箱一般采用单相交流异步感应电动机。它由定子和转子两部分组成，在定子上设有两组绕组：运行绕组（亦称主绕组），其端子符号一般用"M"（或"R"）表示；起动绕组（亦称副绕组），其端子符号一般用"S"表示；公共端用符号"C"表示。

常见的单相电动机起动方式可分成阻抗分相起动式（RSIR），电容起动式（CSIR），电容运转式（PSC）和电容起动运转式（CSR）四种。四种起动方式的接线图、特性和应用详见表5-1。

表 5-1　单相感应电动机的起动方式、特性和应用

分类	接　线　图	输出功率/W	特　　性	特点与应用
阻抗分相起动式（RSIR）	起动继电器 / 起动绕组 / 运行绕组	40~150	T_S（起动转矩）＝（140%~200%）T_N（额定转矩），T_M（最大转矩）＝（200%~300%）T_N	结构简单,运行可靠,但是起动电流大,对电网波动影响大,适用于电源强的地方;常用于中小型电冰箱和小型商品陈列柜
电容起动式（CSIR）	起动继电器 / 起动电容器 / 起动绕组 / 运行绕组	40~300	T_S＝（200%~350%）T_N，T_M＝（200%~300%）T_N	起动转矩大,起动电流小,是电冰箱中用得最多的一种;常用于电冰箱、商品陈列柜、冷饮机
电容运转式（PSC）	运转电容器 / 起动绕组 / 运行绕组	40~1100	T_S＝（140%~200%）T_N，T_M＝（200%~300%）T_N	电容较小,故起动转矩较小,常用在起动负载较小的场合,如小型空调器中
电容起动运转式（CSR）	起动继电器 / 起动电容器 / 运转电容器 / 起动绕组 / 运行绕组	100~1500	T_S＝（200%~300%）T_N，T_M＝（200%~300%）T_N	用于容量较大的场合,如商业用冰箱、空调器、冷饮机、制冰机等

家用电冰箱的压缩机电动机一般采用 RSIR 或 CSIR 起动方式，它们共同的特点是副绕组在电动机起动时接通，当电动机运转稳定后断开。而空调器的压缩机电动机一般采用 PSC 起动方式，即不管电动机起动还是稳定运转副绕组始终接通。

（2）重锤式起动继电器　重锤式起动继电器的结构主要包括电流线圈、重锤（衔铁）、弹簧、动触点、静触点、T 形架、绝缘壳体等，如图 5-1 所示。其中，图 5-1a 为整体结构，图 5-1b 为内部结构。重锤式起动继电器的工作原理如图 5-2 所示。

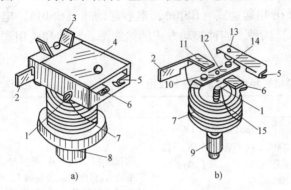

图 5-1　重锤式起动继电器的外形与内部结构
1—小焊片　2—大焊片　3—电源线支架　4—盖板
5—副绕组插口　6—主绕组插口　7—励磁线圈　8—外壳
9—重锤（衔铁）　10、14—动触点　11、13—静触点
12—T 形架　15—小弹簧

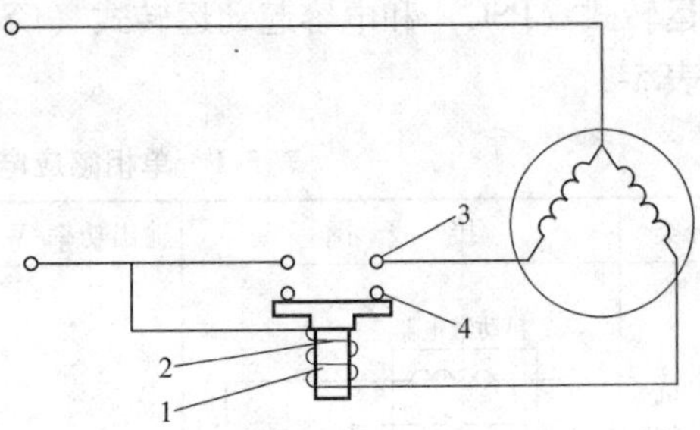

图 5-2　重锤式起动继电器的工作原理
1—衔铁　2—励磁线圈　3—静触点　4—动触点

当电动机未运转时，衔铁 1 由于重力的作用而处于下落位置，与它相连的动触点 4 与静触点 3 处于断开状态。电动机接通电源后，电流通过运行绕组和起动器的励磁线圈 2 使起动器的励磁线圈强烈磁化，磁场引力大于衔铁的重力，从而吸起衔铁，使动触点与静触点闭合，将起动绕组的电路接通，电动机开始旋转。随着电动机转速的加快，当达到额定转速的 75% 以上时，运行电流迅速减小，励磁线圈的磁场引力小于衔铁的重力，衔铁因自重而迅速落下，使动、静触点脱开，起动绕组的电路被切断，电动机起动过程结束。之后电动机转子在主绕组的交变磁场作用下继续旋转，进入正常运行状态。

重锤式起动继电器的优点是体积较小、可靠性强，但当电压波动较大时，容易因触点接触不良或粘连而引起电动机故障或损坏。

（3）PTC 起动继电器　PTC 是正温度系数热敏电阻英文名称的缩写。PTC 元件是以高纯度的钛酸钡（$BaTiO_3$）添加微量的 Bi、Sb 等杂质烧结而成的。PTC 元件无触点，电路转换时不产生电弧和火花，无噪声、对周围电器无干扰，并且结构简单、性能可靠、寿命长，特别适用于低电压起动；在电压降到 180V 时，也能顺利起动，改善了电动机的起动性能。但 PTC 起动元件在工作时耗电 4W 左右，会使家用电冰箱的耗电量有所上升。PTC 起动继电器的结构如图 5-3a 所示。

PTC 元件的电阻率随温度的升高而增大。在常温时，其电阻值很小；当温度上升到称为居里点的某一定值（与掺杂有关）时，电阻值急剧上升。PTC 元件电阻温度特性及起动控制电路如图 5-4 所示。

当电动机刚接通电源起动时，由于 PTC 元件呈低阻状态，起动绕组得以通过较大的电流，于是在起动和运行绕组产生的椭圆形旋转磁场作用下，电动机起动运转。由于较大的起动绕组电流流过 PTC 元件，使元件发热，自身温度上升，经过 0.3s 左右即可进入 PTC 元件的特性区，使温度超过居里点，则 PTC 元件的阻值随温度上升而急剧增加，呈高阻状态，使通过起动绕组的电流迅速减小到近于截止状态，电动机进入正常运行。显而易见，PTC 元件相当一个无触点开关，控制起动绕组中电流的"有"、"无"。应注意的是，电动机正常

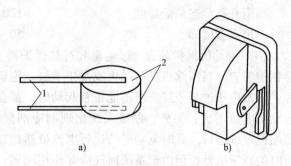

图 5-3　PTC 起动继电器
a）内部结构　b）外形
1—管脚　2—电板面

运转后，起动绕组和 PTC 元件支路中仍有一个很小的电流流过，这个电流维持 PTC 元件自身的温度，使其保持高阻状态。停机后，由于 PTC 元件的热惯性使其不能立即降温，需经过 3~5min 才能使温度降到居里点以下，所以，采用 PTC 元件起动的家用电冰箱两次起动的时间间隔应大于 3~5min。

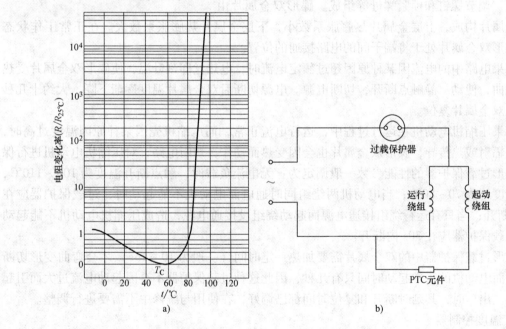

图 5-4　PTC 元件电阻温度特性及起动控制电路
a）PTC 元件电阻温度特性　b）起动控制电路

目前，家用电冰箱起动器应用的 PTC 元件主要指标如下：

室温（25℃）电阻值　　　　　　$R = 15 ~ 40\Omega$

工作电流　　　　　　　　　　$I = 10 ~ 20\text{mA}$

瓷片耐压　　　　　　　　　　$U \geqslant 300\text{V}$（50Hz）

动作时间　　　　　　　　　　$0.1 ~ 0.5\text{s}$

最大电流　　　　　　　　　　$I_\text{m} = 7 ~ 8\text{A}$

高阻开路状态最低温度　　　　　　　　　　120～130℃
居里点温度　　　　　　　　　　　　　　　50～60℃

（4）电动机保护装置　过电流和过热保护器又称为过载保护器，是压缩机电动机的安全保护装置。当压缩机负荷过大或发生卡缸、抱轴等故障，以及电压过高或过低而不能正常起动时，都会引起电动机电流增大；另外，制冷系统出现制冷剂泄漏时，压缩机连续运行，此时电动机的运行电流虽然比正常运行时的额定值低，但由于系统回气冷却作用减弱，也会使电动机温升过高。过载保护器的作用就是当上述故障出现时切断电源，保护电动机不被烧毁。

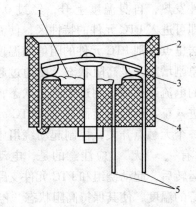

图 5-5　双金属碟形过载保护器的结构
1—电热丝　2—双金属片　3—接点
4—绝缘壳体　5—接线端子

目前，家用电冰箱和房间空调器普遍使用的是双金属碟形过载保护器，其结构如图 5-5 所示。它具有过电流和过热保护双重功能，一般与起动继电器装在一起，并紧贴于压缩机壳外表面。

过载保护器由碟形双金属片，动、静触点，端子，电热丝，调节螺钉和锁紧螺母等组成。碟形双金属片由双层金属片构成，上层金属片热膨胀系数小，下层金属片热膨胀系数大。在正常工作状态时，碟形双金属片处于将端子间的电路接通的位置。

如果电路中的电流因某种原因超过额定电流时，电热丝即刻升温，使碟形双金属片受热向上翘曲，使动、静触点断开，切断电源。电源切断后双金属片温度逐渐下降，大约十几秒钟后，双金属片复位。

如果压缩机电动机在运行过程中，运行电流正常，而压缩机壳因某种原因温度过高时，通过热辐射或热传导，碟形双金属片也会因受热而动作，切断电路，对压缩机电动机进行保护。碟形过载保护器的性能参数一般调定为：无电流负载时，触点断开温度为 100～110℃，复位温度约为 70～80℃；当电动机两绕组同时通电而电动机不能起动时，过载保护器应在 10s 内断开；当只有运行绕组接通电源而起动绕组没接通电源，造成压缩机电动机不能起动时，过载保护器应在 30s 内断开。

碟形过载保护器中的双金属片需要加热一定时间（一般为 10～15s）才会弯曲变形切断电路，而电动机的正常起动时间只有几秒，因此这种过载保护器不会因起动电流过大而引起误动作。出厂时，其延时断开和复位时间都已调好，在使用与维修中不需要进行调整。

2. 温度控制器

家用电冰箱温度控制器（简称温控器）的作用是通过对箱温检测来控制压缩机的开、停，电磁阀的通、断，以及控制风门的大小，使家用电冰箱内的温度始终保持在某一预定的范围内，以达到温度控制的目的。温控器主要有压力式和电子（电脑）式两大类。压力式温控器又称为感温囊式温控器，其特点是结构简单、性能稳定、价格低廉。电子（电脑）式温控器一般用负温度系数热敏电阻（NTC）作为传感器，通过电子电路控制继电器或晶闸管达到温度控制的目的。其特点是机械部件少、可靠性强、控温精度高、控制方便，可以进行多门多温的复杂控制。

常见的压力式温控器有普通型、半自动融霜型（融霜复合型）、定温复位型和风门型四种。

（1）普通型温控器　普通型温控器的结构如图 5-6 所示。温控器动触点是杠杆一端，杠杆另一端与接线柱相接，动触点后部有温差调节螺钉，静触点与另一接线柱相接。温度范围调节螺钉通过杠杆上的螺母与主弹簧另一端固定于温控板上，与调节旋钮相连的凸轮控制温控板的位置。感温管与波纹管或膜盒组成感温腔，腔内充有感温剂。

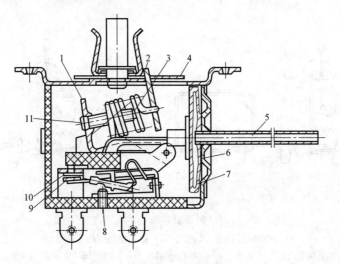

图 5-6　普通型温控器的结构

1—主架板　2—温度控制板　3—主弹簧　4—调温凸轮　5—感温管　6—感温腔　7—传动膜片
8—温差调节螺钉　9—快跳活动触点　10—固定触点　11—温度范围调节螺钉

普通型温控器的工作原理如图 5-7 所示。当家用电冰箱箱温升到一定温度时，感温腔内的感温剂因温度升高而引起体积膨胀，于是波纹管或膜片伸长至克服主弹簧的拉力，顶动杠杆，使动、静触点闭合，接通压缩机电路，压缩机运转，开始制冷。当箱温降到一定温度时，感温腔内感温剂体积缩小，波纹管或膜片收缩，杠杆上主弹簧拉力使动、静触点分开，切断压缩机电路，压缩机停止运转。随着箱温的上升，温控器又重复上述动作，从而把箱温控制在一定温度范围内。

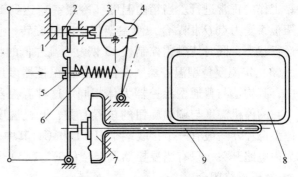

图 5-7　普通型温控器的工作原理

1—静触点　2—动触点　3—温差调节螺钉　4—温度高低调节凸轮
5—温度范围调节螺钉　6—平衡弹簧　7—感温腔
8—蒸发器　9—感温包

箱温的调节是通过转动调温旋钮来实现的。顺时针转动调温旋钮可使箱温降低，这是由于此时调温凸轮半径变小，平衡弹簧缩短，加在膜盒上的预压力减小，温度较低时波纹管或膜片的伸长就足以顶动杠杆，使动、静触点闭合，压缩机起动。反时针转动调温旋钮可使箱温提高。

（2）半自动融霜温控器　这种温控器多用于直冷单门家用电冰箱，其结构如图 5-8 所示，其中图5-8a为制冷工作状态，图5-8b为融霜工作状态。在图5-8a时，融霜按钮没有按下，因此其融霜控制板13右高左低，在主弹簧6、融霜平衡弹簧4、融霜弹簧12的共同作用下，主架板5的受力点Q与感温囊膜片力点A贴合。当温度升高时，传动膜片力点A的推力大于三弹簧的合力，使主架板以O点为轴逆时针旋转，并带动动触点杠杆顺时针旋转，当温度升高达某一确定值时，使动、静触点接通，压缩机及制冷系统运行；反之，压缩机不工作。

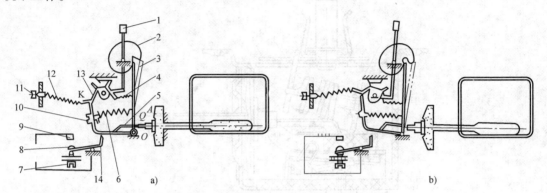

图5-8 半自动融霜温控器的结构与工作原理

a）自动控温时的工作情况 b）融霜控制时的工作情况

1—融霜按钮 2—温度高低调节凸轮 3—拉板 4—融霜平衡弹簧 5—主架板 6—主弹簧 7—温差调节螺钉 8—动触点
9—静触点 10—温度范围调节螺钉 11—融霜温度调节螺钉 12—融霜弹簧 13—融霜控制板 14—动触点拉杆

按下融霜按钮1后，进入图5-8b所示的融霜状态。在传动连杆的作用下，融霜控制板13变成左高右低，带动主架板5顺时针旋转过一个角度，使得动、静触点断开，压缩机停止运行，进入融霜工作状态，同时使感温囊传动膜片力点A与主架板受力点Q相离，保证融霜工作的正常进行。当箱内温度（冷藏室）达到10℃时，传动膜片的力点A才能重新与主架板5受力点Q相贴合，使主架板逆时针旋转，一方面使动、静触点重新接通，恢复制冷运行状态，同时使融霜控制板13恢复右高左低的状态，完成一次融霜运行。

（3）定温复位型温控器 定温复位型温控器多用在直冷式双门双温或单温控家用电冰箱中，其构造与普通型温控器大体相同。这种温控器采用感温管来感应冷藏室蒸发器的温度，它的停机温度与调温旋钮的位置有关，开机温度固定不变，一般为4.5 ± 1.5℃。定温复位型温控器一般有三个接线端子H、L和C，其中L—C触点开关受温度控制。H—L触点称为内电路开关，只有当温控器调至"OFF"（停止）时，H—L触点才断开，其他情况时，H—L触点始终闭合。

除了直冷式双门双温、直冷式双门单温控家用电冰箱采用定温复位型温控器外，其他家用电冰箱用的温控器均属于定温差型。两者的温度特性如图5-9所示。

（4）风门温控器 间冷式家用电冰箱用风门温控器控制冷冻室流向冷藏室的冷空气量，以控制冷藏室的温度。风门温控器有风道式与盖板式两种。

1）风道式风门温控器。风道式风门温控器的结构如图5-10所示。风道式风门温控器主要由感温腔、顶针、弹簧、圆柱齿轮、拨轮、壳体等组成。由感温管绕成的感温包装在冷藏室内或风道内。壳体上方有与圆柱齿轮相配合的螺纹，而圆柱齿轮外齿又与拨轮上的齿配合。转动温控器的调温旋钮时，圆柱齿轮便上下移动。

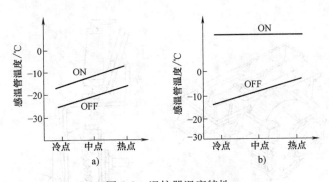

图 5-9　温控器温度特性

a）定温差型温控器　b）定温复位型温控器

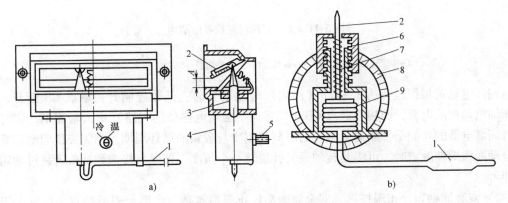

图 5-10　风道式风门温控器的结构

a）外部结构　b）内部结构

1—感温管　2—风门　3—顶针　4—壳体　5—调温旋钮　6—圆柱齿轮　7—弹簧　8—拨轮　9—感温腔

当冷藏室内温度升高时，感温腔内感温剂膨胀，克服弹簧的弹力使顶针上升，使风门开大，进入冷藏室的冷空气量增多，冷藏室降温。随着冷藏室温度的降低，感温腔收缩，顶针在弹簧作用下下降，风门开度减小，冷藏室升温。这样就把冷藏室的温度控制在了一定的范围内。

2）盖板式风门温控器。盖板式风门温控器的结构如图 5-11 所示。其感温管装在出风口附近的风道内。当冷藏室温度升高时，感温腔伸长，推动杠杆向左移动，杠杆使盖板开度增大，增加了流入冷藏室的冷空气。当冷藏室降温时，感温腔收缩，拉动杠杆右移，杠杆使盖板开度减少，减小了流入冷藏室的冷空气量。这样就把冷藏室的温度控制在了一定的范围内。

3. 间冷式家用电冰箱定时融霜装置及全自动融霜过程

（1）定时融霜装置　定时融霜装置由定时融霜继电器、双金属融霜停止温控器、融霜加热器、防冻加热器、融霜保护熔断器组成。

1）定时融霜继电器。定时融霜继电器又称为融霜定时器，由定时器电动机、齿轮箱、开关组和外壳等组成，是全自动定时融霜系统中的关键部件。其结构如图 5-12 所示。

它有一个凸轮机构，由微型同步电动机经多级盘片齿轮减速后驱动，凸轮的结构确定了制冷与融霜的时间间隔，一般要求制冷时间达 8h 后融霜一次，故控制凸轮每转一周为 8h，

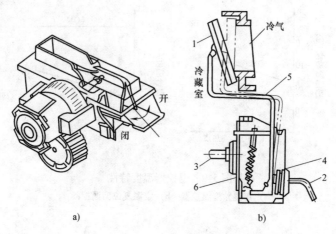

图5-11　盖板式风门温控器的结构

a) 外形　b) 结构

1—风门　2—感温管　3—调温旋钮　4—感温腔　5—杠杆　6—弹簧

即当同步电动机累积运转达8～12h（由出厂时设定）时，凸轮控制开关触点CB断开，切断压缩电动机的电源，而接通触点CD（即接通了融霜电热丝的支路）进入融霜期。定时融霜时间继电器的功能是控制进入融霜的时刻和制冷与融霜的循环周期。当需要提前融霜或不按自动融霜周期融霜时，可将其转轴顺时针旋转一个角度，使触点提前到达或者跳过融霜位置即可。

2）双金属融霜停止温控器。双金属融霜停止温控器是一个形似碟形的双金属片，用于控制融霜的时间。其双金属片变形跳开的温度为+13℃，复位闭合温度为-5℃，正是此技术指标使其成为全自动融霜的关键器件。

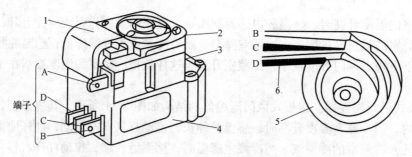

图5-12　融霜定时器结构

1—定子线圈　2—定子　3—齿轮箱　4—开关箱　5—凸轮　6—端子板

3）融霜加热器、防冻加热器。间冷家用电冰箱的融霜加热器多采用玻璃管状加热器，沿着蒸发器的管路布置，面对翅片盘管式蒸发器直接进行局部加热，加热功率为120～150W。

防冻加热器主要安装在蒸发器接水盘、融霜排水管的外表面和风扇扇叶的孔圈部位，分别称为蒸发器接水盘加热器、融霜排水管加热器和风扇扇叶孔圈加热器。融霜排水管加热器处于经常加热状态，但加热量很少，仅仅可维持融霜排水管不结霜，而对整个箱体温度的影响不大。其他两种加热器仅在蒸发器融霜时才工作。

融霜加热器和防冻加热器的安装位置如图5-13所示。

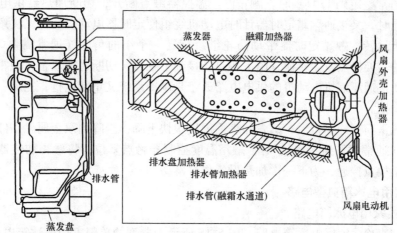

图5-13 融霜加热器和防冻加热器的安装位置

4）融霜保护熔断器。融霜保护熔断器又称为温度熔丝，是为避免加热融霜超热而设置的。它卡装在蒸发器上，直接感受蒸发器的温度变化。当双金属融霜温控器故障，在13℃未跳开时，蒸发器温度将升高，达到65℃左右时，串接在融霜加热器电路中的融霜保护熔断器将自行熔断，切断加热器电路以防止事故的发生。融霜保护熔断器是一次性使用器件，当故障排除后，需重新更换。

（2）间冷式家用电冰箱全自动融霜过程 图5-14所示为间冷式家用电冰箱自动融霜原理。从图中可知，融霜定时器的计时电动机定子线圈与融霜加热器相串联。由于前者电阻值（7055Ω）比后者电阻值（320Ω）大得多，因而在家用电冰箱制冷运行时，加热器上分得的电压很低，产生的热量可以不计。当融霜定时器与压缩机电动机同时运行到调定融霜时间间隔（8h或12h）时，融霜定时器转换开关触点由上触点转接到下触点，切断压缩机电动机的供电电路，制冷系统停止运行。同时，通过双金属融霜停止温控器接通融霜加热器电路，使其加热融霜，并使融霜计时电动机绕组短路而停止计时，系统进入融霜工作状态。

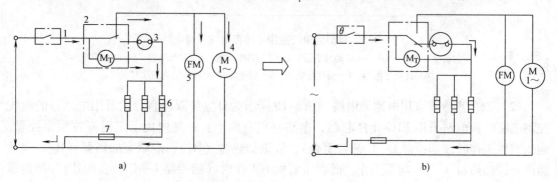

图5-14 间冷式家用电冰箱自动融霜原理

a）制冷状态 b）融霜状态

1—温控器 2—定时融霜继电器 3—双金属融霜停止温控器 4—压缩机
5—风扇电动机 6—融霜加热器 7—融霜超热保护熔断器

当蒸发器表面凝霜完全融完，卡装在其上的双金属融霜停止温控器的温度达到设定的断开温度值（通常整定到13℃）时，融霜停止温控器触点断开，切断加热器供电电路，使它停止加热。同时，又接通融霜定时器计时电动机绕组使定时器电动机运行。注意，这时压缩机电动机还未运转。融霜定时器带动凸轮继续旋转一个小的角度（通常需要2min左右），融霜定时器的转换接点发生转换，由下触点转接到上触点，切断通往双金属融霜停止温控器的电路，重新接通压缩机电动机的供电电路，于是制冷系统又重新运行，完成一个完整的运行——融霜周期。

制冷系统重新制冷运行后，蒸发器表面温度很快下降，当降到双金属融霜停止温控器的复位温度值（通常调整到 -5℃）时，融霜温度控制器触点复位，将融霜加热器重新与融霜定时器的转换接点接通，为下一次加热融霜做好准备。

（二）家用电冰箱典型电路

1. 直冷式家用电冰箱电路

（1）单门直冷式家用电冰箱电路　图 5-15 所示为典型的单门家用电冰箱电气控制电路。该电路由温控器、保护器、压缩机、重锤式起动器、电容器、箱内照明灯、门开关等组成。

图 5-15 中，压缩机电动机、重锤起动器和起动电容器构成电容起动式（CSIR）起动电路。温控器在一定的温差范围内，对压缩机的开、停进行自动控制，使家用电冰箱内的温度保持在给定的范围内。当箱温高需要制冷时，温控器接通电源，压缩机工作；反之，断开电源，压缩机不工作。碟形保护器在电路过电流或压缩机过热的情况下触点断开，将电路切断，从而保护压缩机电动机。门开关与照明灯组成冷藏室照明系统，箱门闭合时灯熄灭，箱门打开时灯亮。

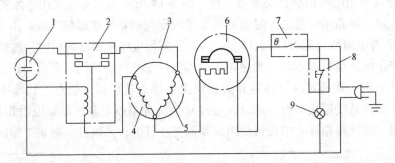

图 5-15　典型的单门家用电冰箱电气控制电路

1—起动电容器　2—重锤式起动继电器　3—压缩机电动机　4—运行绕组　5—起动绕组
6—过载继电器　7—温度控制器　8—照明灯开关　9—箱内照明灯

（2）双门直冷式家用电冰箱电路　图 5-16 所示为日立牌双门直冷式家用电冰箱的电气控制电路。该电路采用 PTC 元件起动，电路特点有两个：一是使用了定温复位型温控器。当压缩机工作时（温控器 L—C 触点闭合），管道加热器（H_1）、冷藏室加热器（H_2）以及温度补偿加热器（H_3）均不工作，而当压缩机不工作时（温控器 L—C 触点断开），加热器通电工作。H_1 装在上蒸发器（冷冻室）和下蒸发器（冷藏室）连接处，防止管道冷冻；H_2 装在冷藏室蒸发器上，给下蒸发器融霜；H_3 也装在冷藏室蒸发器上，起温度补偿作用。二是安装了节电开关，目的是在冬天，当环境温度比家用电冰箱冷藏室温度还低时接通 H_3，对冷藏室温度进行补偿，使温控器触点得以顺利闭合。

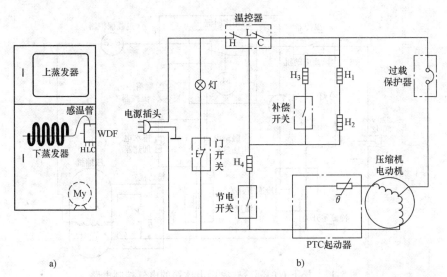

图 5-16　日立牌双门直冷式家用电冰箱的电气控制电路

a) 安装示意图　b) 电气控制电路

2. 间冷式家用电冰箱电路

图 5-17 所示为松下双门间冷式家用电冰箱的电气控制电路。压缩机通电开始运转，此时融霜定时器中的电动机 M 与压缩机开始同步运行。当压缩机运行了预定时间（8～12h）后，融霜定时器开关触点进行转换，触点①断开，压缩机随之停机。触点②接通，立即接通融霜温控器。由于双金属融霜温控器的内阻很小，可忽略不计，故把融霜定时器的电动机 M 短路，电压全部加到融霜电加热器（排水电加热器与它并联）上，对蒸发器进行加热融霜。蒸发器上的凝霜全部融完后，蒸发器的温度就上升，当上升到双金属融霜温控器的触点断开温度（一般为 13 ± 3℃）时，触点断开，于是切断了融霜加热器的电源，停止加热。与此同时，融霜定时器中的电动机 M 开始转动，带动其内部凸轮转动，使融霜定时器的开关触点在 2min 后复位，即触点②断开，触点①接通，压缩机重新开始运转，蒸发器的温度逐渐下降。直至降到双金属融霜温控器的复位温度（一般为 -5℃）时，双金属融霜温控器复位接通，为下一次融霜做好准备。这样就实现了周期性的全自动融霜控制。

温度熔丝是当双金属片融霜停止温控器失效时起作用。门开关有冷藏室门开关和冷冻室门开关两个。冷藏室门开关控制冷藏室照明灯，门打开开关闭合，灯亮；反之，灯灭。冷藏室和冷冻室门开关同时控制风扇电动机，当制冷运行时，门关闭，风扇电动机工作；反之，风扇电动机不工作。

图 5-18 所示为上菱牌间冷式家用电冰箱的电气控制电路。该冰箱融霜定时器结构有所不同，不能互换使用。融霜温控器串接在温控器电路里，接通电源后，电流经冷藏室温控器→融霜定时器 1 脚。此时定时器开关有两种切换状态。假设定时器触点 1-2 接通，压缩机起动，进入制冷运转状态。同时，电流也流经定时器的 a→b→双金属片温控开关→电源，但由于制冷刚开始，双金属温控开关尚未接通，故此时融霜电路不工作。

待冷冻室内的温度下降到 -5℃ 左右时，双金属温控开关接通，融霜定时器电动机通电电路构成，融霜定时器开始计时（该融霜定时器出厂时已经设定好，每隔 24h 融霜一次）。

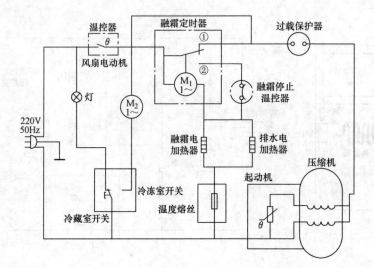

图 5-17　松下双门间冷式家用电冰箱的电气控制电路

到达 24h 后，定时器开头触点 1-3 接通，电流由温控器→融霜定时器→融霜电热丝→超热熔丝→双金属片温控开关→电源，融霜开始。在融霜期间，融霜定时器电动机、压缩机、电风扇均失电停转。

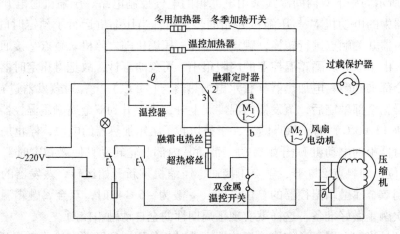

图 5-18　上菱牌间冷式家用电冰箱的电气控制电路

待融霜 5～10min 左右，蒸发器内温度上升至 12℃左右，霜层熔化，双金属片温控开关断开，融霜结束，此时融霜定时器开关尚在 l-3 位置，但定时电动机正常转动。电流流经的路线为温控器→融霜定时器 1→3→融霜电热丝→融霜定时器电动机 b→a→压缩机线圈→电源，2min 后，开关切换由 3 转到 1，接通压缩机和风扇，制冷循环开始，同时进入下一轮融霜定时。

3. 双门双控家用电冰箱电路

双门双控家用电冰箱的电气控制电路如图 5-19 所示。当冷藏室温度升高时，冷藏室温控器的 L-C 触接点接通，电磁阀 S_3 与 HL_4 和 R_5 串联，由于 S_3 上的压降很小，所以电磁阀 S_3 不导通。

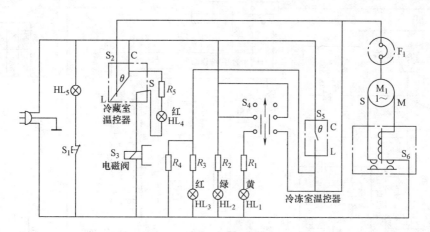

图 5-19　双门双控家用电冰箱的电气控制电路

S_1—冷藏室门开关　HL_5—冷藏室照明灯　S_2—冷藏室温控器　HL_4—冷藏室制冷指示灯　S_3—电磁阀

S_4—速冻开关　S_5—冷冻室温控器　HL_1—速冻指示灯　HL_2—电源指示灯　HL_3—冷冻室制冷指示灯

R_1、R_2、R_3、R_5—限流电阻　R_4—冷藏室蒸发器加热器　F_1—过载保护器　M_1—压缩机　S_6—起动继电器

此时，冷冻室温控器触点 L-C 也接通，压缩机 M_1 得电，起动运转，制冷剂先经冷藏室循环，再经冷冻室至压缩机循环制冷，冷藏室温度下降，指示灯 HL_3、HL_4 亮。

当冷藏室温度达到设定值后，冷藏室温控器的 L-C 触点断开，S-C 触点接通，指示灯 H_4 熄灭，电磁阀得电吸合，切换制冷剂通路。此时冷冻室温度尚未达到设定值，冷冻室温控器 L-C 继续接通，压缩机继续运行，制冷剂直接从毛细管到冷冻室蒸发器，而不再经冷藏室管道循环，指示灯 HL_3 亮。当达到设定温度后，温控器触点 L-C 断开，指示灯 HL_3 熄灭，压缩机停止运转。

在该电路中，如果需要进行速冻时，只要按下速冻开关 S_4 即可，此时压缩机不经任何温控器控制，直接起动运转，同时速冻指示灯 HL_4 亮，压缩机进入制冷工作状态。

这类家用电冰箱的特点是：①只要冷藏室和冷冻室任意两室内的温度未达到设定值，压缩机便不会停车；②电磁阀控制着制冷剂何时经过冷藏室、何时进入冷冻室；③双温双控冰箱冷藏室的温控器为单刀双掷的 WPF 系列，而普通型家用电冰箱多为 WDF 系列的双刀双掷型，使用时不能互换。

（三）家用电冰箱电子、电脑控制及其他新技术

1. 电子电路控制的家用电冰箱

现以东芝 GR—204E 型家用电冰箱的集成电路电子温控器为例来说明。它能够实现两方面控制：一是冷藏室的温度控制；二是冷冻室的除霜控制。这种电子温度控制器的主电路板装在家用电冰箱的后下方，操作板装在家用电冰箱的上台板前面。冷藏室温度传感器装在冷藏室蒸发器的左（右）下方，称为制冷传感器；冷冻室温度传感器装在冷冻室的右壁窗口内，称为除霜传感器，用来检测除霜结束时的温度。

冷藏室的除霜是在压缩机停车时，自然吸热使霜层融掉。冷冻室的温度很低，是靠专门除霜装置 B（绕在冷冻室蒸发器上的电热丝通电发热）来除霜的。除此以外，在箱壁内还装有流槽除霜电热器 C 和管道除霜电热器 D。图 5-20 是厂家提供的电路图。图 5-20 中 Q_{801}（TC4011BP）是含有 4 个二输入端与非门的集成电路，Q_{802}（TA75339P）是含有 4 个运放单

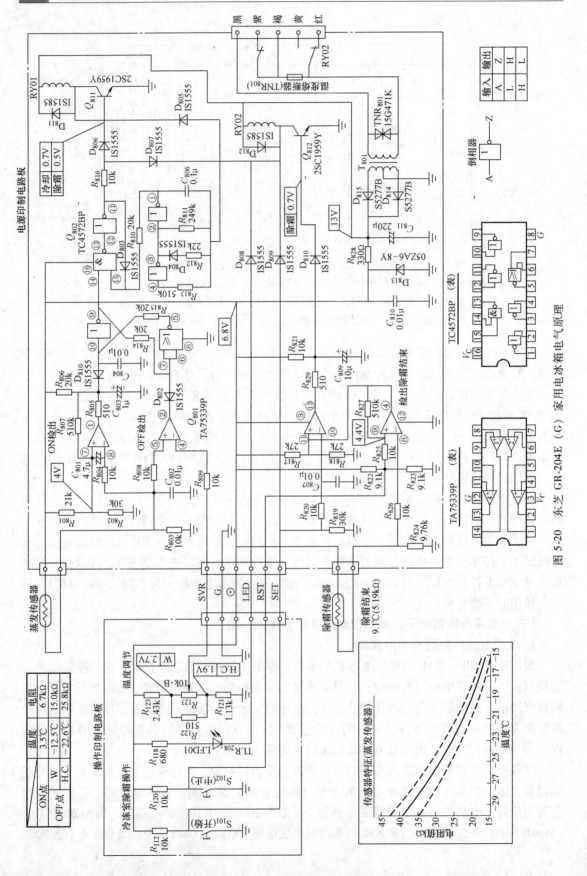

图 5-20　东芝 GR-204E（G）家用电冰箱电气原理

元的集成电路。两个温度传感器均是负温度系数的热敏电阻，结构为铝管封闭形式。TNR801 是压敏元件（TVR），型号为 TNR15G471K。它与变压器一起并联在电源上，在额定电压时，呈高电阻状态，过电压时电阻急剧下降，电流猛增，使熔断器 F_{801} 熔断，起到保护作用。F_{801} 可用 3A 熔丝替代。

（1）温度控制原理　图 5-21 所示为温度控制原理简化图。

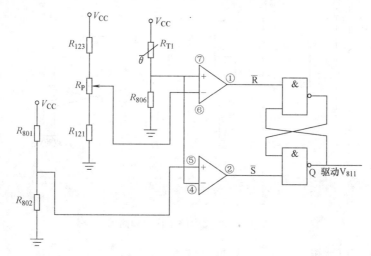

图 5-21　温度控制原理简化图

　　当家用电冰箱接通电源后，由 R_{801} 和 R_{802} 分压后给 Q_{802} 的⑤脚提供约 3.7V 的固定电压，由冷藏室热敏电阻 R_{EVA} 和 R_{806} 分压后给 Q_{802} 的⑦脚和④脚提供约 5.2V 的电压。由于 Q802 的 $V_4 > V_5$（V_4 表示第 4 脚的电压，以下相同），则 V_2 输出为"0"，连到 Q_{801} 组成的 R—S 触发器位置端 S，使 Q 端输出为"1"，驱动晶体管 Q_{811}，使 RY01 继电器得电工作，触点闭合，接通压缩机回路，压缩机起动。同时，Q_{802} 的 V_6 由用户调整决定，当调到中间位置时，V_6 为 2V，由于 $V_7 > V_6$，则 V_1 输出为"1"，使 R—S 触发器复位端 R 为"1"。压缩机运转一段时间后，由于箱内温度下降，R_S 阻值增大，使 V_4 电位慢慢降低，当 $V_4 < V_5$ 时，V_2 输出为"1"，使触发器 S 端由"0"变为"1"，但此时触发器状态不变。当箱内温度继续下降，使 $V_7 < V_6$ 时，V_1 输出为"0"，使触发器的复位端 R 变为"0"，使触发器复位，Q 为"0"，晶体管 Q_{811} 截止，RY01 继电器断电释放，触点断开，压缩机停转。

　　当家用电冰箱停止工作一段时间后，箱内温度慢慢升高，先使 $V_7 > V_6$ 时，V_1 输出为"1"，触发器复位端 R 为"1"，触发器仍处于 Q 为"0"的状态。当箱内温度继续升高，使 $V_4 < V_5$ 时，V_2 输出为"0"，S 为"0"，触发器又置位 Q 为"1"的状态，使 Q_{811} 又一次导通，压缩机再次起动。周而复始，由箱内温度的变化导致控制系统动作，控制压缩机的起、停而使家用电冰箱在一定温度范围内工作。

　　（2）融霜原理　融霜必须是在冷冻室凝霜较厚（大约 5mm）的情况下进行，融霜电路工作原理简图如图 5-22 所示。此时，Q_{802} 的 $V_8 < V_9$，V_{14} 输出为"1"，只有此时，按融霜起动钮（START）才能使触发器 Q 端输出为"1"，晶体管 Q_{812} 工作，使 RY02 继电器吸合，接通 D 加热器，开始融霜。同时，由于 D_{803} 二极管的相应作用，使 Q_{811} 截止，以确保融霜期间压缩机处于停止工作状态。当经过一段时间融霜后，箱内温度有所回升，使 $V_8 > V_9$，

则 V_{14} 输出为 "0"，使触发器复位，融霜工作自动停止。当融霜期间需要人工强制停止时，只需按停止键（STOP），也同样可以使触发器复位。在融霜期间，操作面板上的 LED 灯亮以显示融霜。

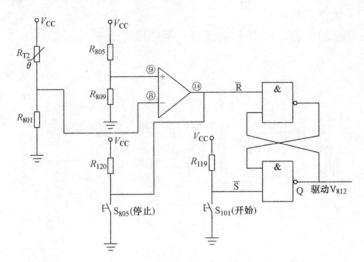

图 5-22　融霜电路工作原理简图

2. 微电脑家用电冰箱

（1）微电脑家用电冰箱的特点　微电脑控制家用电冰箱的电路使用单片机控制。使用单片机控制比用 IC 控制更稳定可靠，并能实现 IC 控制无法实现的功能，使家用电冰箱的运转更安全，更合理，更节能。

微电脑家用电冰箱所具有的独特功能是：

1）可分别显示冷藏室和冷冻室的温度。

2）快速冷冻，使压缩机连续运转 2h 后，自动恢复正常运转，并能中途停止速冻，同时有指示灯作相应的指示。

3）自动除霜。采用检测霜层厚度的除霜方法实现全自动除霜。

4）开门时限报警。家用电冰箱任一门的开门时间超过 2～3min 时，则发出蜂鸣报警。

5）过电压及欠电压保护。当电源过高或过低时，指示灯亮，压缩机停转。

6）延时保护。无论压缩机在什么情况下停机，须经 3min 后才能再次起动运转。

（2）温度的检测、控制、调节和显示原理　微电脑家用电冰箱控制系统如图 5-23 所示。温度的检测是通过冷藏室和冷冻室中多个温度传感器，采用多点检测取平均值的方法，分别得到两室温度的模拟电压，经放大后送入比较器的。温度传感器由半导体 PN 结制成，灵敏度高、性能好。温度的控制是通过比较器上、下给定温度调节网络，调节给定温度值完成的。其中，冷冻室上限温度固定为 -18℃，下限温度可调；冷藏室的上限温度为 4～10℃可调，下限温度固定为 0℃。这 4 个温度信号送入单片机的 27、28、29、30 脚（单片机多采用英特尔 MCS—48 的 8748 芯片），单片机即根据程序的安排，分别控制压缩机、风机及风门的动作（对于间冷家用电冰箱），实现对家用电冰箱的温度控制。温度显示器由 12 只发光二极管组成，可分别显示冷藏室和冷冻室的温度。箱内温度划分为 6 个温度段，每隔 3℃ 为一段。经放大器放大修正后的温度模拟电压信号送到显示器中，作出相应的显示。温度的调节是通过比较器电路温度调节网络的滑动电位器来改变给定电压,即改变压缩机和风机、风门动作点,达到调节给定温度值的目的。

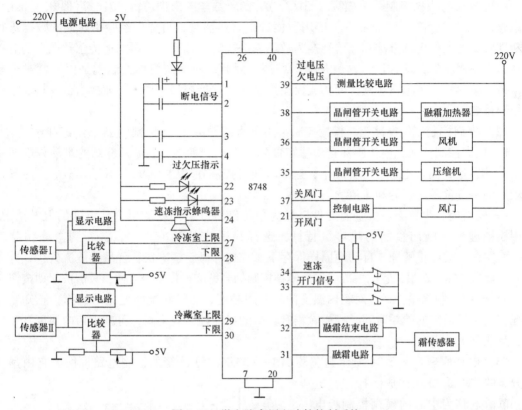

图 5-23　微电脑家用电冰箱控制系统

　　(3)　全自动除霜原理　通过检测霜层厚度的传感器获得除霜信号,这个信号输入到单片机的 31 脚,单片机首先判断是否正在速冻。如果不是,则发出控制信号,使压缩机停转,风机和风门关闭(如间冷式冰箱),并使除霜加热器接通电源,除霜即开始。除霜完毕,检测电路发出除霜结束信号,传到单片机的第 32 脚,此时单片机再发出控制信号,断开除霜加热器并使压缩机运转,3~4min 后又起动风机,至此自动除霜过程完毕。

　　(4)　快速冷冻原理　按压快速冷冻操作键,压缩机运转,批示灯亮,速冻开始,同时单片机进行计时。在压缩机连续运转 2h 后,停止速冻,恢复正常运行。当中途要求停止速冻时,可再次按压同一键,速冻当即中断。

　　(5)　保护与报警原理　当电源发生过电压或欠电压时,电压检测电路即产生过电压、欠电压故障信号,送入单片机的 39 脚,单片机即进行停止压缩机运转的控制,起到保护作用。当电源断电时,单片机根据检测电路送来的断电信号,判断是瞬时停电还是超过 5min 的长时间停电,再做出复电时家用电冰箱开机是否需延时的决定。更重要的是无论在什么情况下压缩机停转,单片机均匀进行计时,在 5min 内压缩机不得起动,这就有效地保护了压缩机。这一功能无论在 IC 控制电路里,还是在普通的家用电冰箱保护器里都是无法实现的。

　　报警功能指的是开门时限报警。通过任一门的开关按键检测出开门信号,控制风机停止运行,并进行计时。当开门时间超过 3min 时,蜂鸣器发出报警声响,以提示使用人关上箱门。

3. 模糊技术控制家用电冰箱

（1）模糊与模糊控制　"模糊（FUZZY）"源于数学的模糊逻辑，有"近似"、"推论"的意思，如"比较冷"、"非常冷"等用数值难以表达清楚，可凭借经验用含糊的数据进行判断理解。把人的思维方法和经验转换为数学表达式输入计算机，再加上传感器送来的有关信息，实现相应的自动控制，这就是模糊控制。因此，所谓的模糊控制就是以模糊逻辑软件，再加单片机、传感器等硬件而构成模糊控制器，这种控制再加上工业技术，就构成了模糊控制系统。

（2）模糊控制家用电冰箱　模糊控制家用电冰箱主要是模糊控制速冻、解冻和除霜。

1）模糊控制速冻：由传感器自动感知食品（大小、种类、温度及冻结的难易程度所决定）的热容量，高效地进行各种冻结，速冻时间可控制在 30～130min 不等，不浪费冷气还能较好的保持食品的营养和味道。

2）模糊控制半解冻：由感温元件以秒为单位细致准确地检测出食品温度的上升情况，利用模糊理论推断出食品的热容量特性，选择最适宜的解冻程序，解冻到微冻结状态（-3℃左右）就停止解冻，自动地原样保存下来。这样做，解冻快，食品汁液流失少，并且不同的食品可控制在最适宜的解冻状态。模糊控制的半解冻操作十分方便，只需按起动按钮。

3）模糊控制除霜：通过对箱内温度门的开闭频度、运转状况的变化的检测，感知结霜状况，决定最适宜的除霜时间。模糊除霜有较高的灵活性，效率高，可减少箱内温度变动次数，且能节电约 5%。

（3）电路原理　图 5-24 所示为三菱 MR—V33J/V35J 冰箱的控制电路框图。它由呈矩阵分布的 SW 及 LED 构成的操作盘电路和以微电脑为中心的模糊控制板电路组成。

模糊推理和控制部分由微电脑 M581915P 完成。包括 1 种状态测试器信号及 4 种温度检测器信号在内的 5 个热电偶探测信号，经分压后由微电脑的 I/O 口输入，再由微电脑进行模糊推理，从而得到模糊控制的依据，最终决定压缩机、气门、风扇和除霜的运行状态。

家用电冰箱存放食品，由于食品形态不同，温度检测器的温度及温度变化必然不同。例如，热容量大、温度高时，温度检测器温度高，温度变化也大；热容量小、温度高时，温度检测器的温度开始时上升，继而下降。日本三菱电动机公司的这种模糊控制

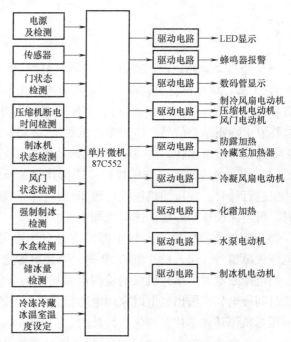

图 5-24　三菱 MR—V33J/V35J 冰箱的控制电路框图

家用电冰箱，就是根据温度检测器的温度及温度变化反推食品形态及温度的。考虑到食品温

度同时还受环境温度及箱门开关的影响，因此微电脑利用环境温度检测器热电偶和箱门热电偶信号，用函数表示出温度随箱门开关的变化规律，再根据该变化规律对食品温度进行适当修正。因冷藏室比冷冻室的容量要大，故冷藏室内设有 2 个温度检测器。此外，家用电冰箱蒸发器上的霜层是经除霜加热器加热后融解除掉的，而加热器设置在冰箱内，除霜时也会使食品温度受到影响，所以该模糊冰箱根据模糊推论选择了在最恰当的时候除霜，使这种影响减至最小。

（四） 家用电冰箱电气系统元件的检测

家用电冰箱电气系统的常见故障主要有：不起动或不停机，运转时间太长或太短。间冷冰箱还有风扇不转、不能自动化霜等故障。

1. 压缩机电动机的检测

检查时，要把起动器和保护器拆下来，露出压缩机的 3 根接线柱。一根接线柱通主绕组（运行绕组），标记为 M 或 R；一根接线柱通副绕组（起动绕组），标记为 S；另一接线柱通主、副绕组公共端，标记为 C。常见的家用电冰箱压缩机电动机接线柱分布如图 5-25 所示。

通常，压缩机起动绕组的电电阻值大，运行绕组的电阻值小。例如，日立家用电冰箱压缩机起动绕组在 20℃时为 25.1Ω，运行绕组为 16.8Ω。各种压缩机绕组电阻数据见表 5-2。如果测出电阻值为∞，说明有断路现象；如果测出电阻值很小，则说明绕组有匝间短路。同时，还要测量 3 个接线柱与外壳之间的绝缘电阻，电阻值应大于 2MΩ。

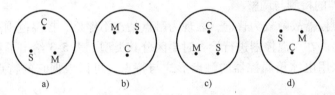

图 5-25 　家用电冰箱压缩机电动机接线柱分布

表 5-2 　压缩机电动机绕组常温下直流电阻值

压缩机型号	功率/W	运转线圈/Ω	起动线圈/Ω	起动元件	接线柱形式（见图 5-25）	产地
SLl5N1—4		16	22	PTC	b)	日本
XKB8—1		10	39	重锤式	b)	俄罗斯
Ael366A		22	53	重锤式	a)	法国
B8A19		16	50	重锤式	a)	意大利
B9A27		13	51	重锤式	a)	意大利
QF21—93	93	12	24	重锤式	a)	北京
Azl340	100	19	22	PTC	c)	法国
VCKl01BR	100	17	25	PTC	d)	日本

2. 起动继电器的检测

1）重锤式起动继电器容易出现粘连（常闭），或触点烧毁（常开）故障。检查方法是：用手拿住继电器，按重锤的直立方向上下摇动，应听到重锤在其内的撞击声；然后，测量 MS 间的电阻值，如图 5-26 所示。

继电器直立如图 5-26a 所示位置时，MS 之间应为断路，若电阻值小，则为粘连；MN 之间应为通路，若电阻值为 ∞，则线圈烧毁。

继电器翻转 180°倒立，如图 5-26b 所示位置时，MS 之间应为通路，电阻为零，若电阻值太大，说明接触不良；若电阻值为 ∞，则为触点烧毁。

更换压缩机起动继电器时，一定要与压缩机的功率相匹配。因为继电器本身具有固定的

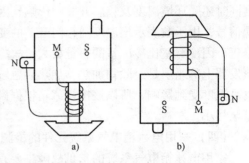

图 5-26　重锤式继电器检查

最小吸合电流和最大释放电流，压缩机起动时的电流变化也是固定的，两者应相匹配。

2）PTC 继电器属于无触点半导体器件，检查时手持 PTC 起动器在耳边摇动，不应有任何声响。在室温下测量 PTC 接线柱两端，电阻值在 12 ~ 40Ω 之间，允许变化 20%。若电阻值为 ∞，则为烧毁而断路。若电阻值偏大，可烘干后再测。

3. 过载保护器的检测

测量过载保护器，接线两端电阻值应近似为零。若电阻值为 ∞，则为烧毁而断路。把保护器放在 150 ~ 200℃ 的热物上，触点应断开，电阻值变为 ∞；若不能断开，则保护器不能再使用。

4. 温度控制器的检测与调整

家用电冰箱温控器故障较为普遍，表现为触点粘连不停机、控温范围不当、机械机构失灵、感温剂泄漏等。在对温控器进行检查时要区分其类型。表 5-3 给出了双门双控家用电冰箱温控器和普通家用电冰箱温控器的触点形式与特点，可以根据它的特点，用万用表进行判断。

表 5-3　不同温控器的触点形式与特点

名称	双门双控家用电冰箱温控器	普通家用电冰箱温控器
型号	WPF	WDF
触点形式	(图)	(图)
特点	①温度下降到一定值时 C-L 断、C-H 通 ②温度升高到一定值时 C-L 通、C-H 断	①温度降到一定值时 L-C 断 ②温度升高到一定值时 L-C 通 ③H-L 为手动接点
接线柱符号及对应数字	H↓6　L↓3　C↓4	

（1）半自动融霜型温控器的调整　半自动融霜型温控器主要用于单门家用电冰箱，除了温度控制范围根据家用电冰箱设计要求有所变化外，其融霜温度保持在 +5℃ 左右，温差值基本在 8 ~ 10℃ 范围内。

调节螺钉通常包括温度调节螺钉 A、融霜温度调节螺钉 B 和温差调节螺钉 C 三部分。螺钉的调节位置如图 5-27 所示，各螺钉的调试方法见表 5-4。

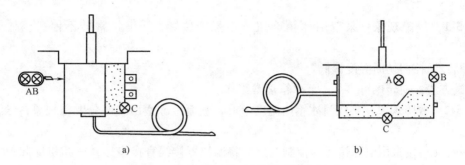

图 5-27 半自动融霜型温控器螺钉调节位置

表 5-4 部分半自动融霜温控器调整方法

型 号	温度调节螺钉 A	融霜温度调节螺钉 B	温差调节螺钉 C
WSF-20 CTB-0115 CTB-A101 VWC-A101 BHW74-1	顺旋：上升 逆旋：下降 （化霜温度随之相应变化）	顺旋：上升 逆旋：下降 （不影响接通、切断温度值）	顺旋：小 逆旋：大 （仅接通温度变化，切断温度不变）

（2）定温复位型温控器的调整　定温复位型温控器主要应用在直冷双门家用电冰箱上，无论旋钮在热点、中点还是冷点，接通温度值始终恒定在 +5℃，切断温度值的热点、中点、冷点则分别为 -14℃、-19℃、-24℃。

调节螺钉通常包括：接通螺钉 A、切断螺钉 B 和差动螺钉 C。一般采用螺钉 A、B 进行调节已能满足调试要求，故螺钉 C 一般不使用。具体调试方法见表 5-5，螺钉调节位置如图 5-28 所示。

表 5-5 部分定温复位型温控器的调整方法

型 号	接通螺钉 A	切断螺钉 B
K-6A K-21 BK-23 RANC0 DTB-101A WDF-24 BTB-405 WK-L30l WK-L305	顺旋：上升 逆旋：下降 （切断温度随之相应变化）	顺旋：下降 逆旋：上升 （不影响接通温度）

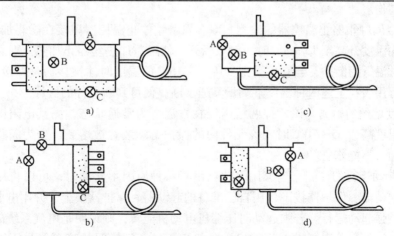

图 5-28 定温复位型温控器螺钉调节位置

例5-1 故障现象：某双门冰箱旋钮不在强冷位置，压缩机常转不停机，制冷情况正常。

判断：温控器切断温度偏低。

调试方法：逆转螺钉B，直至冰箱正常工作。

例5-2 故障现象：某双门冰箱内温度上升，甚至冷冻室出现部分融霜现象，压缩机仍不起动。

判断：1）按家用电冰箱所示控制电路，将温控器接线直接串接，压缩机即起动并制冷情况正常；2）用万用表电阻挡检查温控器接通、切断情况正常（温控器如产生漏气，则不起接通、切断作用）；3）由此推测温控器是接通温度偏高（大于6℃）。

调试方法：1）逆旋螺钉A，使其接通温度值在 +4 ~ +6℃之间；2）由于逆旋了螺钉A，切断温度相应降低，故应再逆旋螺钉B。

5. 融霜器件的检测

间冷式家用电冰箱都具有自动融霜功能，融霜器件包括融霜定时器、融霜电加热器、双金属融霜停止温控器和一次性温度熔丝等。

（1）融霜定时器的检测　融霜定时器的结构参考图5-12。其中，A、C端为电动机定子绕组接线端子，电阻值应该在7.2 ~ 7.5kΩ之间。定时器外壳表面有一个凸出的、端面带两个偏口的圆柱形小轴，用手旋转该轴可使定时器人为地运转计时。当达到近8 ~ 12h计时终点时，可听到一声"嗒"的声音，则转换为融霜位置，即C、D接通，C、B断开。此后如果再将手控钮顺时针旋转很小一个角度，又会出现"嗒"的一声，又恢复到C、B接通，C、D被断开的制冷位置。分别测量制冷和融霜时的C、B和C、D是否接通和断开即可判断其好坏。

由于融霜定时器中还有一些减速齿轮，必须对其传动性能进行检测。比较简单的检测办法就是将融霜定时器的接线接上，让家用电冰箱通电工作，并在手控钮上作上一个记号，待家用电冰箱工作1 ~ 2h后，所作的记号应顺时针转动一定角度。否则，说明融霜定时器的传动机构有问题。

（2）融霜电加热器的检测　融霜电加热器即融霜加热丝，阻值约为300 ~ 400Ω（以不同的功率而定）。融霜电加热器安装在蒸发器外表面，以下方最多，拆装时要注意蒸发器翅片，以免被划伤。

（3）双金属融霜停止温控器的检测　双金属融霜停止温控器串接在融霜加热丝回路中，当蒸发器表面温度升高至13 ±3℃时，触点断开，使融霜加热丝停止加热。融霜温控器有两条引线，在常温下为断路，当它感受到 -10 ~ -15℃的温度时才被接通，即接通融霜电路。因此，使用万用表在上述两种温度下测量其通、断，便可判断器件的好坏。

（4）温度熔丝的检测　该元件两根引线在常温下为常通状态，测其电阻即可判断。当蒸发器表面温度高达65 ~ 70℃时，该元件内的保护熔断装置被熔断，变为断路。它属于一次性保护元件，不能修复。

（5）强起动运行的检测　当家用电冰箱由于某种原因不起动时，可以将压缩机电动机接线柱上的起动器、保护器拔下，用自己准备的起动器、保护器换上，并用电源线直接接通电源，这就是强起动运行。若强起动时压缩机电动机能转，则说明是电气系统故障，接下来逐个检查电气元件；若强起动时压缩机电动机仍不转，则说明故障可能是压缩机电动机损坏，压缩机抱轴、卡轴或高压全脏堵。

（五）家用电冰箱电气系统常见故障及维修

1. 家用电冰箱不起动

家用电冰箱不起动的可能原因有：

1）电气控制电路故障，如温控器、保护器开路；起动器损坏。

2）压缩机电动机故障，如绕组断路、匝间短路、绕组接地。

3）压缩机抱轴、卡轴。

4）冬天环境温度太低。

5）电源电压太低。

家用电冰箱不起动时，应首先排除电源电压太低和冬天环境温度太低等因素，然后利用强起动来区分故障在电气系统还是在制冷系统。如果强起动压缩机电动机也不转，可用万用表检查压缩机电动机的电阻，从而判断电动机的好坏。若电动机故障，应更换压缩机，若电动机正常，可将压缩机管路脱开再试机。如果转了，则高压全堵；若还不转，应修理抱轴、卡轴。

2. 家用电冰箱不停机

如果制冷良好的家用电冰箱不停机，主要原因是温控器失灵，可更换或重新调整；如果制冷不好的家用电冰箱不停机，应修理制冷系统的故障。

3. 运转时间太长或太短

运转时间太长或太短一般都是温控器失灵所致，可更换温控器或重新调整温控器。运转时间太短还有可能是保护器动作，除保护器本身有问题外，一般是压缩机电动机绕组匝间短路，同时表现为运行电流明显变大。

4. 间冷冰箱风扇不转

间冷冰箱风扇不转会导致家用电冰箱制冷不良，其原因有：

1）风扇电动机不良。

2）扇叶卡死。

3）门开关（包括导线）开路。

4）风扇熔丝烧断。

以上故障可根据具体原因予以更换熔丝、分扇电动机或扇叶，修复门开关。如果门开关是内藏的，则可以用导线将其短路，但门开关的功能会丧失。

5. 间冷冰箱不能自动融霜

间冷冰箱不融霜时，厚厚的霜层就会把蒸发器翅片间的缝隙盖住，从而使空气无法正常循环，冷气吹不出，冰箱不制冷。其可能原因有：

1）定时器损坏。

2）融霜电加热器断路。

3）温度熔丝烧断。

4）双金属融霜停止温控器开路。

间冷冰箱不融霜故障的检修比较复杂，这主要表现在融霜电路的形式比较复杂，以三菱家用电冰箱为例，常见的电路有两种，这两种电路所用的定时器也不同。因此在检修前，应认真研读电气原理图。

间冷冰箱不融霜故障的检修思路，一般是先检查定时器电动机供电是否正常，若供电不正常，应重点检查融霜电加热器、温度熔丝；若正常，再检查定时器是否在融霜位置。若在融霜位置不融霜，应进一步检查双金属融霜停止温控器；不在融霜位置，则定时器已损坏，应予以更换。

典型工作任务 2　家用电冰箱制冷系统维修

一、学习目标

家用电冰箱的制冷系统是一个密闭的系统，系统管路的连接主要是钎焊焊接，压缩机和电动机一起封闭在壳体中，壳体上的吸气管和排气管没装截止阀，导致检查故障时无法直接装吸、排气压力表，这给维修工作带来一定的困难。因此，必须熟悉和掌握制冷系统维修的相关知识。通过本任务相关知识的学习，应达到如下学习目标：

1）会使用钎焊设备。

2）能进行家用电冰箱制冷系统维修的基本操作。

3）能进行家用电冰箱制冷系统的故障排除。

二、工作任务

在熟悉家用电冰箱制冷系统维修相关知识的基础上，学会维修压缩机、冷凝器、蒸发器、毛细管和干燥过滤器等制冷系统部件。具体来说，工作任务如下：

1）进行钎焊操作。

2）进行检漏、抽空、加制冷剂等基本操作。

3）对家用电冰箱制冷系统进行故障排除。

三、相关知识

（一）管道焊接技术

管道钎焊的方法是利用熔点比所焊接管件金属熔点低的焊料，通过可燃气体和助燃气体在焊枪中混合燃烧时产生的高温火焰加热管件，并使焊料熔化后添加在管道的结合部位，使其与管件金属发生粘润现象，从而使管件得以连接，而又不至于使管件金属熔化。

1. 钎焊焊条、焊剂的选用

（1）钎焊焊条的选用　钎焊常用的焊条有银铜焊条、铜磷焊条、铜锌焊条等。为提高焊接质量，在焊接制冷系统管道时，要根据不同的焊件材料选用合适的焊条。例如，铜管与铜管之间的焊接可以选用铜磷焊条，而且可以不用焊剂；铜管与钢管或者钢管与钢管之间的焊接，可选用银铜或者铜锌焊条。在几种焊条中，银铜焊条具有良好的焊接性能，铜锌焊条次之，但在焊接时需用焊剂。

（2）钎焊焊剂的选用　焊剂又称为焊粉、焊药、熔剂，它分为非腐蚀性焊剂和活性化焊剂。非腐蚀性焊剂有硼砂、硼酸、硅酸等；活性化焊剂是在非腐蚀性焊剂中加入一定量的氟化钾、氯化钾、氟化钠和氯化钠等化合物。焊剂能在钎焊过程中使焊件上的金属氧化物或非金属杂质生成熔渣。同时，钎焊生成的熔渣覆盖在焊接处的表面，使焊接处与空气隔绝，可防止焊件在高温下继续氧化。钎焊若不使用焊剂，焊件上的氧化物便会夹杂在焊缝中，使焊接处的强度降低；如果焊件是管道，焊接处可能产生泄漏。因此，钎焊时要根据焊件材料、焊条选用不同的焊剂。例如，铜管与铜管的焊接使用铜磷焊条可不用焊剂，若用银铜焊条或铜锌焊条，要选用非腐蚀性的焊剂，如硼砂、硼酸或硼砂与硼酸的混合焊剂；铜管与钢管或钢管与钢管焊接，用银铜焊条或者铜锌焊条，焊剂要选用活性化焊剂。

2. 氧乙炔焊

（1）氧乙炔焊的操作方法　家用电冰箱、空调器管道的连接和修补主要采用的是氧乙炔焊接方法。氧乙炔焊的操作方法可按以下步骤进行。

1）在氧气和乙炔气钢瓶上配置合适的减压阀。压力阀的技术参数见表 5-6。

表 5-6　氧气-乙炔气压力阀技术参数表

名称	进气口最高压力 /MPa	最高工作压力 /MPa	压力调整范围 /MPa	安全阀泄气压力 /MPa
氧气减压阀	15	2.5	0.1～2.5	2.7～2.9
乙炔气减压阀	2	0.15	0.01～0.15	>0.18

2）用不同颜色的输气管道连接焊枪和氧气、乙炔气的减压阀，然后关闭焊枪上的调节阀门。

3）分别找到氧气和乙炔气钢瓶上的阀门，调节减压阀，使氧气输出压力为 0.5MPa 左右，乙炔气输出压力为 0.05MPa 左右。

4）钎焊时，首先打开焊枪上乙炔气的调节阀，使焊枪的喷火嘴中有少量乙炔气喷出，然后点火。当喷火嘴出现火苗时，慢慢地打开焊枪上的氧气调节阀门，使焊枪喷出火焰，并按需要调节氧气与乙炔气的进气量，形成所需的火焰，即可进行焊接。

5）钎焊完毕后，应先关闭焊枪上的氧气调节阀门，再关闭乙炔气调节阀门。若先关闭乙炔气的调节阀门，后关闭氧气调节阀门，则焊枪的喷火嘴会发出爆炸声。

（2）焊接火焰的调节　使用气焊焊接管道时，要根据不同材料的焊件选用不同的气焊火焰。氧气-乙炔气的火焰可分为 3 类，即碳化焰、中性焰和氧化焰，如图 5-29 所示。

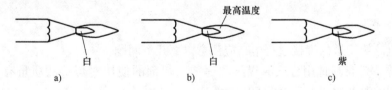

图 5-29　气焊火焰
a）氧化焰　b）中性焰　c）炭化焰

1）碳化焰。氧气与乙炔气的体积之比小于 1 时，其火焰为碳化焰。碳化焰的火焰分为 3 层，焰心的轮廓不清，为白色，但焰心的外围带呈蓝色；内焰为淡白色；外焰特别长，呈橙黄色。碳化焰的温度为 2700℃ 左右，适于钎焊铜管和钢管。由于碳化焰中有过剩的乙炔，它可以分解为碳和氢，在焊接时会使焊件金属渗碳，从而改变金属的力学性能，使其强度增高、塑性降低。

2）中性焰。氧气与乙炔气的体积之比为 1:1.2 时，其火焰为中性焰。中性焰的火焰也分为3层，焰心呈尖锥形，色白而明亮；内焰为蓝白色；外焰由里向外逐渐由淡紫色变为橙黄色。中性焰的温度为3100℃左右，适宜钎焊铜管与铜管、钢管与钢管。中性焰是气焊的标准火焰。气焊时，金属应放置在中性焰处进行加热和焊接。

3）氧化焰。氧气与乙炔气的体积之比大于1.2时，其火焰为氧化焰。氧化焰的焰心短而尖，呈青白色；内焰几乎看不到；外焰也较短，呈蓝色，燃烧时有噪声。氧化焰的温度为3500℃左右。氧化焰由于氧气的含量较多，氧化性很强，容易造成焊件熔化，钎焊处会产生气孔、夹渣，不适于铜管与铜管、钢管与钢管的钎焊。

3. 氧气-液化石油气焊接

由于液化石油气价格低廉，又较安全（不易产生回火现象），目前国内外已将液化石油气作为一种新的生产性工业燃料，广泛应用于金属薄板的切割和低熔点有色金属的焊接。液化石油气燃烧时热值较低（氧气-液化石油气的火焰温度约为2200～2800℃）由于氧气-液化石油气在焊接及切割中燃烧温度较低，使得切割质量容易得到保证，也可减少切口边缘金属受高温过热而降低性能的现象，同时也能提高切口的表面粗糙度和精度，因此乙炔气焊接有被液化石油气焊接部分取代的趋势。

在使用氧气-液化石油气进行焊接作业时，必须注意以下几点：

1）液化石油气钢瓶在充装时不得超装，必须留有10%～20%的气体空间，以防止液化石油气因随环境温度的升高产生高压气体而导致钢瓶爆炸。

2）在焊接及切割作业现场，液化石油气钢瓶应与氧气瓶保持3m以上的距离，与明火保持10m以上的距离。

3）液化石油气钢瓶和氧气瓶不得在太阳下曝晒。

4）在进行氧气-液化石油气焊接及切割时，液化石油气钢瓶和氧气瓶必须配置专用的回火防止器和减压装置。

5）氧气-液化石油气焊接及切割作业人员应进行严格培训和考核，并取得相应的资格证书。

氧气-乙炔气和氧气-液化石油气所使用的焊炬是不相同的，进行氧气-液化石油气焊接时应采用专用的氧气-液化石油焊炬。此外，操作人员必须提高安全意识，严格地遵守操作规则。

4. 焊接工艺

在家用电冰箱管道的焊接过程中，应注意以下几个问题：

（1）根据焊件材料选用合适的焊条和焊剂　焊剂的使用对焊接的质量有很大的影响。一般选用焊剂的温度比焊条温度低50℃为宜。

（2）套插铜管的间隙和深度　家用电冰箱的管道焊接一般都采用套管焊接法，即将细管套入粗管；或者是将焊管做成杯形口，再将另一个管插入杯形口内。无论何种插入焊接法，对插入深度和间隙都有一定的要求。如果插入太短，不但影响强度和密封性，而且焊料容易注入管道口，造成堵塞；如果管道之间的间隙过小，则焊料不能流入，只能焊附在接口外面，造成接口处强度差，很容易开裂而造成泄漏；如果间隙过大，不仅浪费焊料，而且焊料极易流入管内而造成堵塞。

（3）毛细管与干燥过滤器的焊接方法　毛细管与干燥过滤器的焊接如图5-30所示。一般插入后，毛细管端面（至少带有15°的倾斜角）距过滤器滤网端面间距为5mm、插入深度为 15mm 左右。若插入过深，会触及过滤器内的滤网，造成制冷量不足，或引起系统啸叫声；若插入过浅，焊接时焊料会流进毛细管端部，易堵塞在毛细管管口或直接进入毛细管而造成脏堵。焊接时，必须掌握火焰对毛细管和干燥过滤器的加热比例，以防止毛细管加热过度而变形或熔化。

焊接时，最好采用强火焰快速焊接，尽量缩短焊接时间，以防止管路内生成过多的氧化物。氧化物会随制冷剂的流动而导致制冷系统脏堵，严重时还可能使压缩机发生故障。

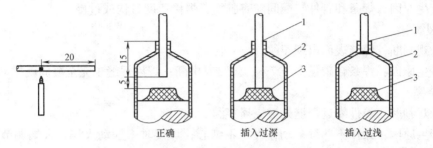

图 5-30　毛细管与干燥过滤器的焊接
1—毛细管　2—过滤网　3—过滤器

（4）冷冻蒸发器铜铝接头的焊接方法

1）准备材料及工具：铜铝焊粉（专用）、铜铝焊条（专用）、焊具、湿毛巾、600#砂布。

2）将焊口用 600# 砂布打磨干净。

3）将冷藏蒸发器回气管插入冷冻蒸发器连接管内约 8～10mm，然后将焊粉加入少量水搅拌成糊状（用多少备多少），并均匀抹在铝焊条上。

4）将冷冻室内胆四周火焰可能烤到的地方放置湿毛巾。

5）点燃焊枪，将火焰调至微火，均匀加热焊点处（如：铜铝对焊，不能直接加热焊点，先加热铜管离焊点 3cm 处，利用铜管传递的热量对铝管加热，加热至焊点处的铜管微红，即可均匀加焊料；铝对铝焊接，加热粗铝管端至微白即可均匀添加焊料）。

6）焊接完毕后，将系统内充入 8MPa 氮气检漏，确认无焊漏后，放掉氮气抽空灌注试机。

（5）焊接缺陷与原因　焊接部件必须固定牢靠，而且焊接管道最好采用平焊。如果需要立焊，管道扩管的管口必须朝下，以免焊接时熔化的焊料进入管道而造成堵塞。

焊接时，若焊料没有完全凝固，绝不可使铜管振动，否则，焊接部分会产生裂纹，使铜管泄漏。焊接完毕后，必须将焊口清除干净，不可有残留氧化物、焊渣等；然后用制冷剂或氮气充入管中，进行检漏。

（6）错误操作及产生原因

1）虚焊。

① 外观判断：焊缝区域形成夹层，部分焊料呈滴状分布在焊缝表面。

② 产生原因：操作不熟练或不细心；焊前没有将管件装配间隙边缘的毛刺或污垢清除干净；

焊时氧气压力不够或不纯造成火焰温度不足；管件装配间隙过小；温度控制不均匀。

2）过烧。

① 外观判断：焊缝区域表面出现烧伤痕迹（例如出现粗糙的麻点），管件氧化皮严重脱落，纯铜管颜色呈水白色等。

② 产生原因：焊接次数过多；焊接时温度过高；调节火焰过大；焊接时间过长。

3）气孔。

① 外观判断：焊缝表面上分布有孔眼。

② 产生原因：焊条和管件装配间隙有脏物；焊接速度过快或过慢。

4）裂纹。

① 外观判断：焊缝表面出现裂纹。

② 产生原因：焊条含磷量多于7%；焊接时中断；焊后焊缝未完全凝固就搬动焊件。

5）烧穿。

① 外观判断：焊件靠近焊缝处被烧损穿洞。

② 产生原因：操作不熟练，动作慢，不细心；焊接时未摆动火焰；火焰调节不当；氧气压力过大；温度控制不均匀。

6）漏焊。

① 外观判断：焊缝不完整，部分位置未融合成整条焊缝。

② 产生原因：操作不熟练，不细心；焊条施加时温度不均匀；火焰调节不当。

7）咬边。

① 外观判断：焊缝边缘被火焰烧成腐蚀状，但未完全烧穿，而管壁本身被烧损。

② 产生原因：操作不熟练；火焰预热位置不当；火焰调节不当；温度控制不均匀；操作时手不稳定。

8）焊瘤。

① 外观判断：焊缝处的钎料超出焊缝平面形成眼泪状。

② 产生原因：温度控制不均匀；焊条施加量过多或施加位置不当；焊件摆放位置不平。

（二）制冷系统维修基本操作

制冷系统是一个密闭的系统，为了保证制冷系统的密封性，必须掌握试压、检漏、抽空、充制冷剂等基本操作，以提高管路维修质量。

1. 管路清洗

如果家用电冰箱的压缩机被烧坏，在更换压缩机前，一定要对管道进行清洗，因为压缩机电动机的损坏多为绝缘击穿、匝间短路或绕组烧坏等。电动机烧坏后会产生大量的酸性氧化物，使制冷系统遭到严重的污染。因此，排除这种故障时，除更换压缩机和干燥过滤器外，还要彻底清洗全系统，才能保证修理质量。

严重污染的制冷系统在打开压缩机的工艺管时，可以嗅到一种焦油气味。如果将冷冻油从压缩机中倒出，可看到冷冻油的颜色已经呈棕红色，而且比较混浊。有条件时还可用石蕊试纸检查冷冻油的酸度。将石蕊试纸浸入压缩机中倒出的冷冻油中5min，如果试纸的颜色变为红色或淡红色，即说明管道的污染严重。

对于严重污染的制冷系统的清洗，首先应将压缩机和干燥过滤器拆下，然后参照图5-31所示的接法，用四氯化碳作为清洗剂，分别对冷凝器和蒸发器进行清洗。由于毛细管的流阻较大，清洗剂的流量很小，不易将污物洗净，因此，需要采用氮气、四氯化碳液体交替的方法反复清洗，直至管道清洗洁净为止。最后一次氮气吹洗时，要把清洗剂吹净，然后才能把管道接入系统。

如果割开压缩机工艺管时无焦油味，从压缩机中倒出的冷冻油颜色无明显变化，或用石蕊试纸检查冷冻油的酸度时试纸的颜色呈柠檬黄色，则制冷系统所受到的污染不严重。清洗这样的系统，可在拆去压缩机和干燥过滤器后，按图5-31所示的接法，不使用清洗剂，直接使用0.8MPa左右的高压氮气，分别对冷凝器和蒸发器吹洗30s左右即可。

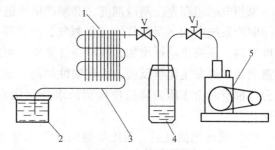

不论采用什么方法清洗制冷系统，清洗后均不宜久放，应及时将更换的压缩机和干燥过滤器组装好进行封焊。

2. 制冷系统检漏

图5-31 管路清洗
1—清洗部件 2—四氯化碳 3—接头
4—储液瓶 5—真空泵

制冷系统由于使用不当、零部件工艺缺欠、材质缺欠造成制冷剂泄漏或堵塞，是家用电冰箱的常见故障。检查并确定制冷剂泄漏位置和泄漏量有以下6种常用的方法。

（1）观察油迹　泄漏处由于制冷剂蒸气和冷冻油同时从系统内漏出，在漏孔周围将积累油并粘附空气中的灰尘形成油污。仔细查看制冷系统各焊接点及易漏部件，一旦发现油污，漏孔就在油污处附近。由于以R600a为制冷剂的无氟冰箱在运行时低压侧为负压，所以无法用此方法进行检漏。

（2）充气保压　给制冷系统充以0.6~1.0MPa压力的氮气，关闭充气阀保持24h。压力无变化则不漏，如有漏孔，压力必然下降。根据压力下降的数值可判断漏孔的大小。整体检漏如发现有漏，为缩小故障部位可分段充气保压，但对于家用电冰箱蒸发器，充气压力最高不要超过1.2MPa。其连接方法如图5-32所示。

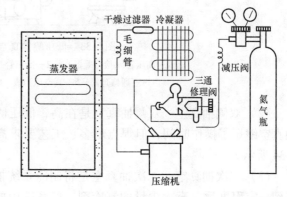

（3）充气浸水法　将制冷系统中某一部件封闭，从充气口充以压力大于0.6MPa的氮气，然后将其置于水中，观察有无气泡。

图5-32 制冷系统保压

（4）肥皂水检漏　给系统充以大于0.6MPa的气体之后，把肥皂水涂在泄漏可疑部位，观察有无肥皂泡产生。肥皂水在可疑部位停留时间不能太短，用毛刷托住肥皂水在可疑处停留效果甚好。这种方法最为方便有效，被广泛采用。

（5）真空检漏　机械真空泵对系统抽空时，发出的排气声随气体的减少而越来越小，直至消失，由此可基本判定是否漏气。系统内压力抽至133Pa时关闭检修阀，保持24~48h，观察压力变化也可判断是否漏气。

（6）电子卤素检漏仪　检漏时，将探头靠近可能泄漏的部位，缓缓移动探头寻找漏点，接近漏源时，报警扬声器发出报警声，警告灯亮。此方法只适合氟利昂制冷剂家用电冰箱，对于 R600a 制冷剂家用电冰箱无法检漏。

此外，还有卤素检漏灯检漏法。上述各种检漏方法都有各自的优缺点和适用范围，要针对不同部件、不同系统、不同条件选用不同的方法。

3. 抽真空

家用电冰箱在充注制冷剂前，必须严格地进行抽真空处理。抽真空的目的有两个。一是排除制冷系统中的不凝性气体（如氮气、空气等）。不凝性气体可使冷凝压力、温度和排气温度升高，压缩机功耗增加，制冷条件恶化，使制冷量下降，不凝性气体与氟利昂混合后会使氟利昂和油发生化学反应，引起腐蚀加剧，缩短压缩机使用寿命。二是排除制冷系统中的水分。抽空时由于压力降低使残留的水分汽化，被真空泵抽出，从而可有效地避免冰堵的发生。

（1）低压侧抽真空　低压单侧抽真空可直接利用试压检漏时焊接在工艺管上的三通修理阀，其管道的连接如图 5-33 所示。单侧抽真空的优点是工艺简单，操作方便，缺点是整个系统的真空度达到要求所需时间较长。因为制冷系统的高压侧（冷凝器、干燥过滤器）中的空气需通过毛细管、蒸发器、回气管、压缩机低压侧，然后再由真空泵排出。由于毛细管的流阻较大，当低压侧（蒸发器、压缩机低压侧）中的真空度达到要求时，高压侧仍然不能达到要求，因此采用低压单侧抽真空时必须反复进行多次。

图 5-33　低压侧抽真空管道的连接
1—高压管（接冷凝器）　2—低压管（接蒸发器）　3—压缩机
4—三通修理阀　5—真空压力表　6—真空泵　7—负压瓶

（2）双侧抽真空　双侧抽真空是在高、低压侧同时进行抽真空操作，主要特点是双侧抽真空缩短了操作时间，但焊点增多、工艺要求高、操作也比较复杂。其管道的连接如图 5-34 所示。

（3）二次抽真空　二次抽真空是将制冷系统抽真空到一定程度后，充入少量的制冷剂，使系统内的压力恢复到大气压力，这时系统内已成为制冷剂与空气的混合气，然后再次抽真空。

在采用单侧抽真空时，为了使制冷系统内减少残留空气和真空度达到要求，可以采用二次抽真空的方法。

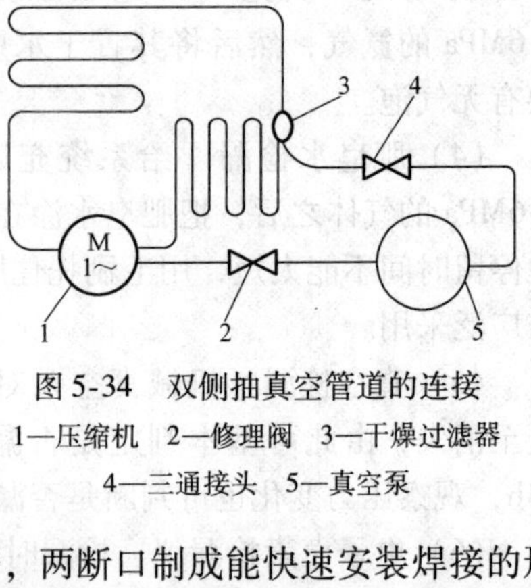

（4）利用家用电冰箱自身压缩机抽真空　这种方法仅在维修条件受到限制时被采用，如图 5-35 所示。

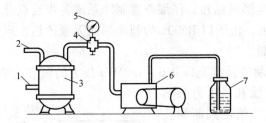

图 5-34　双侧抽真空管道的连接
1—压缩机　2—修理阀　3—干燥过滤器
4—三通接头　5—真空泵

1）在图中的 A 点（即压缩机排气管处）将管道断开，两断口制成能快速安装焊接的形状。用橡胶管或塑料管把冷凝器一端的断口封住使其不漏气。

2）起动压缩机对系统抽真空，气体从压缩机排气管被排出。真空度达到要求后，压缩机停止运转，打开容器阀，对系统充入压力略大于 0.1MPa 的制冷剂蒸气。

3）取下冷凝器端口上的橡胶管，待有少量制冷剂流出时，快速把接口安装好，再进行焊接。这样在焊接过程中空气不会进入系统。

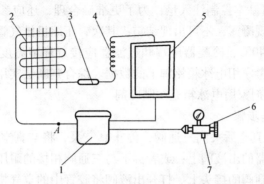

图 5-35　利用家用电冰箱自身压缩机抽真空
1—压缩机　2—冷凝器　3—干燥过滤器　4—毛细管　5—蒸发器　6—表阀　7—接制冷剂容器

4. 充注制冷剂

由于 R12 对全球环境的破坏性较大，因此，产生了无氟电冰箱。目前，在无氟电冰箱的生产过程中广泛采用 R134a 或 R600a 代替 R12，欧盟国家一般采用 R600a 做新一代制冷剂，而美国、日本等国考虑到安全、商业利益及实用等原因，多采用 R134a 做制冷剂替代 R12，我国大部分厂家也采用 R134a。

家用电冰箱的标牌上都注明了制冷剂名称和充注量，家用电冰箱中的 R134a 制冷剂一般在 85～185g 之间，误差约为 ±5g；家用电冰箱中的 R600a 制冷剂一般在 35～85g 之间，误差约为 ±1g。制冷剂充注量过少或过多都影响制冷效果，充注过多时甚至会损伤压缩机。

充注制冷剂有定量充注法、称质量充注法和压力观察充注法等方法。对于 R134a 制冷剂家用电冰箱，常采用压力观察充注法；对于 R600a 制冷剂家用电冰箱，常采用定量充注法或称质量充注法。

（1）对 R134a 制冷剂家用电冰箱充注制冷剂　专用组合阀各接嘴的连接：压缩机工艺管与组合阀的低压管接嘴相连，组合阀的其余两个接嘴分别接真空泵和制冷剂容器，如图 5-36 所示。压力观察充注法的操作步骤如下：

1）起动真空泵对系统抽真空，当压力达到 133Pa 或压力表指示 -0.1MPa 时，关掉真空泵停止抽气，关高压阀并对真空泵放气。

2）关闭低压阀，打开制冷剂容器阀门，缓缓开启低压阀阀门，制冷剂蒸气进入系统；当系统内压力基本稳定在 0.15～0.25MPa 时，关闭低压阀。

3）起动家用电冰箱的压缩机，监测运转电流。低压压力表的指示压力将下降，开启低压阀，制冷剂继续进入系统，然后关闭低压阀。

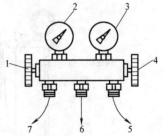

图 5-36　专用组合阀的连接
1—低压阀　2—低压压力表
3—高压压力表　4—高压阀
5—接真空泵　6—接制冷剂容器
7—接压缩机工艺管

4）通过调节低压阀的开启和关闭，使低压压力表的指示压力稳定在：二星级0.05～0.10MPa（表压），三星级0.01～0.05MPa（表压）时，制冷剂充注基本结束。关闭低压阀和容器上的阀门，待运行一段时间后再观察并调整蒸发压力。低压压力与环境温度有关，冬季气温低，低压压力应稍低；夏季气温高，低压压力可略高。

5）由低压压力值可基本控制注入量，为了更准确合理，还应参考下列条件：首先，回气管应有冰凉感，可出现凝露，不可出现结霜；其次，压缩机排气管温度约为环境温度加上55℃，冷凝器中部约为40℃，冷凝器尾端和过滤器应接近环境温度或略高；最后，压缩机运转电流应正常，可参考家用电冰箱铭牌上的数据。综合判断法实用、可靠。

（2）对R600a制冷剂家用电冰箱充注制冷剂

1）定量充注法操作步骤。

① 在制冷装置抽好真空后关闭三通阀，停止真空泵，将与真空泵相接的耐压胶管的接头拆下，装在定量充注器的出液阀上；或者拆下与三通阀相接的耐压胶管的接头，将连接定量充注器的耐压胶管接到阀的接头上。打开出液阀将胶管中的空气排出，然后拧紧胶管的接头，检查是否存在泄漏。

② 观察充注器上压力表的读数，转动刻度套筒，在套筒上找到与压力表相对应的定量加液线，记下玻璃管内制冷剂的最初液面刻度。

③ 打开三通阀，制冷剂通过胶管进入制冷系统中，玻璃管内制冷剂液面开始下降。当达到规定的充灌量时，关闭充注器上的出液阀和三通阀，充注工作结束。

2）称重充注法操作步骤。

① 将装有制冷剂的小钢瓶放在电子秤或小台秤上，将耐压胶管一端接在三通阀上，另一端接在钢瓶的出气阀上，如图5-37所示。

② 打开出气阀将耐压胶管中的空气排出，拧紧接头以防止泄漏。

③ 称出小钢瓶的质量。

④ 打开三通阀向制冷系统充注制冷剂。

⑤ 在充注制冷剂的过程中，应注意观察电子秤的读数值变化。当达到相应的充灌量（三星级家用电冰箱一般加入量为40g左右）时，关闭三通阀和小钢瓶上的出气阀，充注工作结束。制冷剂加注量的判断方法如图5-38所示。

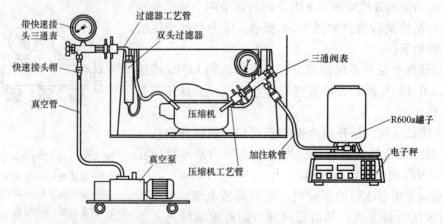

图5-37　称重法加注制冷剂工艺

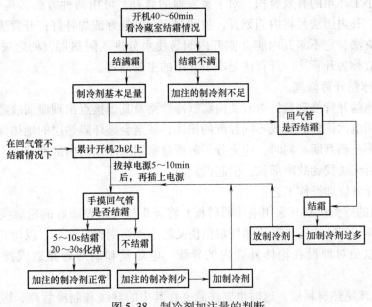

图5-38 制冷剂加注量的判断

5. 工艺管封口

抽真空充注制冷剂后，先试用一段时间，试用期内压缩机应有开、停。如果一切正常，可进行工艺管封口。R600a制冷剂家用电冰箱制冷系统采用洛克环封口，R134a制冷剂家用电冰箱制冷系统则采用氧焊封口。操作方法分别如下：

（1）用洛克环压接封口　用封口钳垂直于压缩机工艺管夹紧管路，再取下汉森阀，用砂纸（粒度大于400#的砂纸）旋转打磨清洁工艺管口，擦拭干净后，均匀涂抹上密封胶，套上堵头洛克环，为了密封良好，将洛克环旋转几周，使密封液均匀分布于相连接的管路的金属接触面。最后，用压接钳将堵头洛克环逐步压接到位。压接过程要求平稳用力，不能晃动。封口后，需要用肥皂水对封口处进行检漏。

（2）氧焊封口　用专用封口钳将工艺管在距压缩机工艺管口约10cm处用力夹扁一两处，离夹扁处（靠近修理阀端）约2~3cm处切断连接管，取下修理表，将压缩机上的工艺管口钎焊成一个光滑的圆球状，保证无泄漏即可。为保险起见，停机后用肥皂水进行检漏。

（三）家用电冰箱的内漏与开背修理

1. 家用电冰箱的内漏

内漏是指埋藏在家用电冰箱箱体内的管子破裂而使制冷剂泄漏的现象。内漏故障出现的初期，家用电冰箱制冷性能下降，过一段时间后家用电冰箱就会完全失去制冷能力。家用电冰箱箱体内埋藏的管子主要有蒸发器、防露管、部分毛细管和内藏式冷凝器。防露管、内藏式冷凝器在箱体的隔热层外，开背修补后不必发泡，只要进行箱体外壳整形即可。毛细管有故障后一般用更换法，需发泡。蒸发器的泄漏是常见故障，最难找，也最难处理。下面重点叙述蒸发器泄漏的开背处理方法。

埋藏在箱体内的蒸发器发生泄漏时，通常有两种处理方法，一种是修补，另一种是更换。蒸发器的更换目前广泛采用嵌入新蒸发器或重新盘管，将原蒸发器从制冷系统中断开，把新蒸发器接入制冷系统，这种方法不用打开顶盖或后板，不用挖出隔热层，维修费用低、时间短，但缩小了冰箱的有效容积。对于蒸发器的修补，可用两种方法，其一是开内胆法，其二是开背法。开内胆法是将内胆划开，找到漏点后粘补好或焊补好；开背法是一种传统的修补蒸发器的方法，它不割开内胆（割开内胆易使水分进入隔热层，使之失效）而是从冰箱背后入手，故称为开背法。开背法是本节介绍的主要内容。

2. 家用电冰箱开背修理

家用电冰箱的开背修理是针对有关内藏制冷管路及其焊接点出现泄漏故障而进行的。开背修理会给家用电冰箱外表造成不同程度的损坏，甚至会破坏隔热层的绝热保温性能，所以在开背之前必须正确判断。同时，应充分了解所修家用电冰箱的内部管道走向和接头焊接位置，以免开背后无法找到故障部位，引起误判。

下面介绍开背修理操作工艺。

1）用锋利的斧头切割开家用电冰箱后板。将斧头放在预先画好的轮廓线上，用小锤打击斧背部，这样切割既规则，对箱体外观损伤又较小。切割时需注意，以切开后板为准，切忌切得过深，以免对埋设在箱体外壳内的导线、电热丝和制冷管路造成操作损伤，扩大故障。

2）开挖泡沫绝热材料层。这时也要注意夹在其中的导线和制冷管路，因此，这一步要小心，用力不能过猛。

3）检漏。可用氮气打压，结合肥皂水检漏，也可用其他方法检漏（详见前面有关内容），找到漏点后作记号，以便修补。

4）修补漏点，对于低压系统可用胶粘法，也可用气焊法。一般情况，铝蒸发器可用胶粘法，而铜管则用气焊法。气焊时，必须注意箱体各部位的防护，可用湿毛巾、铁板等物遮挡，以免烧坏箱体等。

5）修复后，要进行打压检漏，无漏点时，要保压 24h，而后抽真空，充注制冷剂试运行，试运行必须达到温度要求，才可补发泡。

6）当试运行合格后，便可补发泡。补发泡就是恢复泡沫绝热层，不能简单地将挖出的绝热泡沫回填，以防空气从缝隙中进入。空气进入后，其中的水气会因绝热材料缝隙内部温度低，凝结形成"冷桥"，严重破坏绝热材料的保温性能，增加能耗。正确的方法是使用PUF 发泡原料，现场发泡填满缺失部分。发泡时，将双份"药水"按 1:1 调匀，在其尚未反应时，迅速将液体倒入已挖掉绝热层的部位。为了用料准确，避免浪费，应先算好"药水"的用量（可用估算法）。常用的聚氨酯"药水"经验数据常按 $36cm^3/g$ 计算，即配制好的"药水"1g，发泡体积是 $36cm^3$。因此，要求挖绝热层时应工整，以便于估算。发泡快慢与环境温度、材料渗水性等因素有关，环境温度高，渗水多，发泡快；反之，则慢。发泡会产生大量热量（放热反应），应将箱体平卧（开顶盖时不必平卧），封闭发泡部位，用重物压住施加压力，使发泡牢固致密，也可用背板或其他板材代用，但中间要垫一张废纸，以免粘接。这时应将压缩机拆下来（指将冰箱平卧时），不必切割管路，但应转动方向，防止压缩机脱钩。另外，发泡产生高温，在封闭情况下会产生一定的压力，这个压力可能使冰箱内胆变形，甚至炸裂。因此，应视情况在箱内"打撑"，以防发生意外。

7）结尾工作，包括箱体整形、背（顶）板合缝、压缩机回位、管道整理。结尾工作应做到压缩机安装牢固平稳，管道排布讲究工艺、不碰撞、不超出箱体。为了保证箱体的完整与美观，可垫用一根适当长度的平整木方，通过槌击木方，达到平整箱体而合缝（可视情况与发泡同时进行）。

（四）制冷系统常见故障判断与维修

1. R134a 制冷剂家用电冰箱制冷系统常见故障与维修

（1）维修设备特点

1）真空泵。在 R134a 系统中抽真空所用的真空泵要用酯类油，因为矿物油易污染 R134a 系统。

2）制冷剂充注机。由于 R134a 家用电冰箱的制冷管路内不能有矿物油、石蜡、氰化物，因此，R134a 充注机精度要高，且专用。

3）检漏仪器。由于 R134a 中不含氯，卤素检漏仪不再适用，需用电子检漏仪等进行检漏。

4）其他。所有制冷管道均要经过不含氯清洗剂的高清洁度清洗，然后充氮封闭。所有铜管及压缩机漏空开放时间不超过 15min。干燥过滤器要用塑料封装或用专用干燥箱存放，拆封后 20min 内要焊到系统上。焊接时尽量不要使用助焊剂。制冷系统抽空时间较 R12 为长，以确保真空度不大于 60Pa。如果利用二次抽空法，即第一次抽空 5min，再充注 10g 左右 R134a，然后再抽空 20min，可大大缩短抽空时间。

（2）制冷系统常见故障与维修

1）冰堵。冰堵是由于制冷系统中混入了过量的水蒸气而引起的。混入制冷系统中的水蒸气与制冷剂在系统中一起流动，当水蒸气流动到毛细管出口和蒸发器进口时，由于上述区域的温度很低，水蒸气冷凝成冰珠并将管路堵塞。

冰堵的故障现象为周期性结霜融霜，周期性有工质的流动声，输入电流周期性变化。这是因为管路未堵塞时，制冷好，蒸发器结霜，有工质的流动声，输入电流正常，这时候水蒸气在逐渐冻结，直到管路堵塞；而当管路堵塞后，制冷不好，蒸发器的霜融化，听不到工质的流动声，输入电流变小，此时冻结的冰珠又将逐步融化，冰融化后制冷又会变好，由此周期性地反复。

制冷系统混入水蒸气的主要原因有：制冷剂不纯、冷冻油含水、系统开放。

修理冰堵时，首先要考虑如何将系统中的水蒸气排出来，然后再按照前面介绍的方法，重新检漏、抽真空、加制冷剂。事实上系统中一旦混入了水蒸气，就很难将其排出来，因此，可从抽空时加热系统、二次抽空、氮气干燥、工质脱水和更换干燥过滤器等多方面入手，将水分尽可能地排出来。

2）脏堵。脏堵可以分成高压脏堵和低压脏堵。高压脏堵主要发生在干燥过滤器，是由于系统中大量的杂质、脏物将过滤器里的过滤网堵住而引起的。干燥过滤器发生脏堵时，干燥过滤器两端有温差，干燥过滤器上有露水，输入电流变大。低压脏堵多发生在毛细管或蒸发器，往往是由于系统积油太多，过多的冷冻油将管路堵塞所致，所以又称为油堵。低压脏堵时，输入电流将变小，堵塞的部位结霜。这是因为堵塞有节流降压作用，相当于在堵塞处接了一根毛细管，因此若堵塞发生在温度相对较高的高压侧，则堵塞的地方结露；若发生在温度相对较低的低压侧，则堵塞的地方就结霜。

高压脏堵如果将管路完全堵死，则称为高压全脏堵。此时一旦压缩机停机，由于高压制冷剂无法通过毛细管向低压侧流动，系统无法平衡，再开机时由于压缩机两端压差过大，压缩机将不能正常起动，稍后保护器工作。

修理高压脏堵时，可将干燥过滤器焊下，用0.8~1MPa压力的氮气吹洗管路，然后再更换一个新的干燥过滤器即可。修理低压脏堵则比较复杂，要有耐心。由于低压脏堵多为油堵，这就需要将蒸发器中的冷冻油排出，俗称"提油"或"排油"。具体方法是：用焊枪将毛细管与干燥过滤器焊开，同时将回气管从压缩机上焊下，在毛细管一端焊上一个带表的三通修理阀，用0.8MPa左右压力的氮气通入三通阀接口，再用手紧紧堵住回气管管口。当堵住回气管管口的手指感觉到压力较大时突然放开，被堵住的氮气形成喷射气流喷出，同时有雾状的冷冻油被带出。如此反复多次，直到无雾状的冷冻油带出为止。

3）泄漏。泄漏和堵塞一样都是家用电冰箱制冷系统的常见故障，但泄漏不像堵塞那样容易判断，往往要打开系统，通过试压检漏，结合肥皂水检漏的方法，来进行检查和判断。泄漏常发生在接头的焊点上，因此接头找到得越多，将来修复的可能性就越大。如果发生泄漏的地方被找到，则重新焊接进行修补，在不便焊接的地方也可用高强度的"AB胶"来粘接修补。如果泄漏点找不到，则按照前面所述修内漏的方法进一步修理。

4）压缩不良。压缩不良是压缩机内部故障，主要是由于阀门漏气、阀片击穿、活塞气缸间隙过大、少油等原因引起的。其现象是压缩机转，但制冷效果不好或不制冷。压缩不良故障比较隐蔽，只有拆下压缩机检查压缩机的吸、排气能力才能发现。压缩机吸、排气能力的检查可以在压缩机排气管上接一个压力表，吸气管敞开，运转压缩机，压力表应显示0.8MPa左右，此为正常，压力不够就是压缩不良。也可运转压缩机，用手去堵排气管，若堵不上即正常；若能堵上，就是压缩不良。压缩不良的处理办法是更换一个新压缩机。

5）抱轴和卡缸。抱轴和卡缸是压缩机活塞与气缸无法进行相对运动的一种压缩机故障。其现象是压缩机不能正常起动，稍后保护器动作。造成抱轴和卡缸的主要原因有：机械杂质的破坏作用、润滑不良、定子移位、余隙过小、机件的热膨胀作用等。

对于上述产生抱轴和卡缸的压缩机，首先可用木榔头从各个方向敲打，再通电让其起动。若仍不能正常起动，可按照图5-39所示，将压缩机电动机接入图示电路，然后逐渐将电源电压提高。压缩机起动绕组上串联75μF电容器的目的是增大电动机的起动转矩。

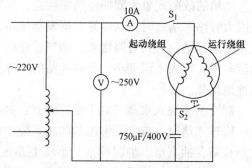

图5-39 加大起动转矩接线示意图

具体操作方法是：接上电源并将电压调至200V，然后先关闭开关S_1，再快速按一下开关S_2，看压缩机是否能起动。如果仍未起动，5min后将电压调高后再试。每次可增加5~10V，不可一次调高太多。经过这样处理，一般的抱轴和轻微的卡缸都可以排除，严重的卡缸故障就只能更换压缩机了。

2. R600a制冷剂家用电冰箱制冷系统检修

（1）R600a制冷剂家用电冰箱制冷系统检修注意事项

1）维修场地。严禁吸烟；配备消防器材，通风良好；配备泄漏探测仪/R600a传感器（如条件允许）；应有R600a专用排风设备，工作时必须开启，因R600a相对密度比空气大，排风口必须设在接近地面处；通风设备及场地内的电器应使用防爆型；场地内不得有沟槽及凹坑；场地应有防火标志。

2）维修设备。R600a储存罐应单独放置在 - 10 ~ 50℃的环境中，且通风良好，并贴警示标签；检漏设备须确保能用于 R600a 制冷剂；R600a 冰箱须使用专用的防爆型真空泵和充注设备，由于润滑油不同（R134a 冰箱使用脂类油，R600a 冰箱使用矿物油），不允许和 R134a 冰箱的维修设备混用；由于 R600a 冰箱的充注量只有 R134a 冰箱的 40% ~ 50%，故冰箱的抽真空和充注设备应确保一定的精度，真空度应低于 10Pa，充注量偏差小于 1g；R600a 维修工具中与制冷剂接触的维修工具应单独存放和使用，不得和 R134a 冰箱的维修工具混用。

3）维修技术。不允许在用户家中打开制冷系统；冰箱维修前，应从压缩机的铭牌上确定制冷剂的类型；由于 R600a 制冷剂对润滑油的溶解性较强，加之其压力较低，冰箱工作时低压侧通常为负压，故对制冷系统进行维修焊接前，应确保系统内 R600a 已排放干净，通常应先打开高、低压工艺管进行排放，然后使用 R600a 专用真空泵对高、低压侧进行抽空，同时用手轻摇压缩机；若更换压缩机，充注量为冰箱参数标牌上的标称值，如果不更换压缩机，充注量则为标称值的 90%；系统封口不得使用明火，可用超声波焊接或锁环；对更换下来的压缩机必须密封管口；由于 R600a 冰箱工作时，低压侧为负压，故检漏时，冰箱应为停机状态；R600a 冰箱冷藏室的温控器、灯开关与制冷剂不接触，可与 R134a 冰箱通用；R600a 冰箱使用的干燥剂同 R134a 冰箱相同，干燥过滤器可通用（仅限未使用过的新干燥过滤器）；R600a 双毛细管冰箱的电磁阀须为防爆型，不能与 R134a 冰箱混用；R600a 冰箱的压缩机附件（PTC 和过载保护器）不能与 R134a 冰箱混用。

（2）R600a 冰箱维修方法及工艺

1）管路锁环连接。这类冰箱的管路不允许焊接，而需用锁环连接，有黄铜和铝两种材料的锁环可用，可根据管路材料进行选用，见表 5-7。

表 5-7　据管材选择锁环

管路材料	铝—铝	铝—铜	铝—钢	铜—铜	铜—钢	钢—钢
锁环材料	铝			黄铜		

环锁连接的步骤如下：

① 用钢丝绒或纱布擦净待接管的端口。注意擦磨时，应围绕管路端口旋转，以避免管路横向擦伤。

② 将锁环伴侣涂在待接管口以充填管路表面不平滑处。该锁环伴侣能适用于异丁烷。

③ 将待接管路的两个端口插入锁环中并旋转 360°，使锁环伴侣涂遍接合面。

④ 用夹具夹紧锁环 2 ~ 3min。

2）异丁烷的检漏。异丁烷的检漏可用氮气肥皂水进行。如果采用异丁烷检漏仪来检漏，必须注意管路内的压力问题，由 R600a 的性质（详见有关资料）决定了冰箱在运转时，低压侧常处于负压，这时运行中的检漏是不利的。原 R134a 的检漏仪不允许用来检漏异丁烷。

3）制冷剂的排放。由于 R600a 性质决定，系统内制冷剂充注量比 R134a 冰箱少，系统平衡压力也比 R134a 冰箱低，且 R600a 易燃易爆，因此，排放制冷剂时，要按下列步骤进行：

① 将打孔钳与压缩机工艺管连接，用软管连接排放口，并经一真空泵排到室外大气中，严禁向室内排放。

② 检查真空泵后开始抽空系统，打开家用电冰箱的门以加速制冷剂蒸发，以利于提高排放速度。

③ 摇晃压缩机，检查真空泵，当抽到 1atm 时结束。禁止抽到负压，避免空气进入。

④ 如果要打开系统，可切开管路，但不能用气焊或电焊。

4）系统抽真空。由于 R600a 在压缩机润滑油中具有高溶解性，抽真空的步骤有所变动，具体如下：

① 用真空泵抽 10min。

② 起动压缩机运行 10min。

③ 再用真空泵抽 5min。

④ 起动压缩机运转 1min。

⑤ 再用真空泵抽 3min。

5）制冷剂的充注。R600a 家用电冰箱充注的制冷剂量比 R134a 家用电冰箱少得多，因而有更高的准确度要求，所以采用定量充注法。

复习思考题

1. 冰箱用的单相电动机有哪几种起动方式？它们各有什么特点？

2. 说明重锤式和 PTC 起动继电器的工作原理。

3. 说明过载保护器主要作用和工作原理。

4. 温控器的种类有哪些？各应用在什么地方？

5. 画出间冷冰箱全自动融霜的控制电路，并分析其工作原理。

6. 试分析东芝 GR—204E 电冰箱温度控制电路的工作原理。

7. 微电脑控制的电冰箱主要特点有哪些？

8. 用什么方法判断电冰箱充制冷剂量是否合适？

9. 写出电冰箱开背修理的操作步骤。

10. 维修无氟冰箱时，对于 R134a 与 R600a 冰箱分别应该注意什么事项？

11. 制冷系统常见故障有哪些？

12. 电气控制系统常见故障有哪些？

13. 间冷冰箱不能自动融霜的原因有哪些？

14. 在什么时候需要对温控器进行调整？

项目6

商用电冰箱维修

典型工作任务 1 　冷藏柜维修

一、学习目标

冷藏柜广泛应用于企事业单位的食堂和饭店，属于商用电冰箱。冷藏柜的维修与家用电类似，但其电气控制系统比家用电冰箱更为复杂，维修时应特别注意。通过本任务相关知识的学习，应达到如下学习目标：

1）能进行冷藏柜电气系统的故障排除。

2）能进行冷藏柜制冷系统的故障排除。

二、工作任务

在熟悉冷藏柜结构与工作原理的基础上，学会维修冷藏柜电气系统与制冷系统的常见故障。任务的重点在于冷藏柜故障原因排查、分析方法。具体来说，工作任务如下：

1）电源、交流接触器、温控器、压差控制器、电磁阀及电动机等电气系统故障检修。

2）泄漏、堵塞、压缩机及热力膨胀阀等冷藏柜制冷系统故障检修。

三、相关知识

造成家用冷藏柜不制冷、制冷效果不好的原因很多，表现的故障现象也不尽相同，在分析时首先要判断是制冷系统故障还是电气系统故障。一般来说，如果风机、压缩机运行正常，但不制冷，故障一般出在制冷系统部分；再通过检测压力、温度，观察各部位的结霜、结露情况，就可判断故障原因所在。如果风机、压缩机有一个不工作或都不工作，则问题一般出现在电气控制部分；再通过对电压、电流、电阻、压力等数据的判断，就可以找出故障原因所在。

（一）冷藏柜电气系统常见故障检修

冷藏柜电气系统设备为压缩机电动机、冷凝器风扇电动机、电磁阀等，所使用的电源为220V单相电和380V三相电两种，如果需要较低的电压，必须经过变压器降压。它们在故障方面具有共性，下面介绍冷藏柜电气系统常见故障判断与处理方法。

1. 电源的故障

电源由于接线不牢、开关触点接触不良、熔断器烧坏等原因会造成故障，对于三相电可能造成断相，也可能出现三相电全无。

1）故障现象：系统不能工作，无断相保护时，有可能烧毁电动机绕组。

2）故障判断：利用万用表测熔断器输出两线之间的电压（两相线之间应为380V，相线与零线间应为220V），如不正常，则可判断出故障所在。

3）处理：接牢接线柱，更换熔断器或开关。

2. 交流接触器故障

交流接触器故障原因主要有触点接触不良、线圈断路或短路、接线柱松脱等。

1）故障现象：通电后不动作，常开触点不吸合，常闭触点不断开或动作而无输出电，设备不得电，系统不能正常工作。

2）故障判断：如果不动作，先测量线包两端电压；电压正常时，将电源切断，再断开线包两端接线，用万用表测电阻，电阻值为零即为短路，电阻值无穷大即为断路。如果接触器动作，则测量输出电压，若电压不正常，则为触点接触不良或输出接线柱松脱。

3）处理：擦洗触点，接牢接线柱或更换。

3. 温控器故障

温控器一般接在控制线路中，通常可能有三种故障，分别为低温时不能切开、高温时不能闭合和温控不准。

1）故障现象：①系统一直工作，达到制冷要求时也不停机；②系统不工作，控制电路无电；③温度控制达不到正常值。

2）故障判断：出现现象①时，应为温控器故障；出现故障②时，需将温控器断开接线，在室温下测电阻，如电阻值为无穷大，则为此故障；出现故障③时，需将温控器取下，放入另一低温箱中测温度，测触点通断情况。

3）处理：调整，更换。

4. 压差控制器故障

压差控制器可能有两种故障，其一是高低压差达设定值时，触点不断开；其二是触点断路。

1）故障现象：①高低压差超过设定值不停机；②控制电路不通，系统不能工作。

2）故障判断：如果系统能工作，可断开电磁阀接线使之关闭（或关闭储液器出液阀），永不停机，则为上述故障①；如果系统不能工作，可短接压差控制器接线柱，通电后系统能工作，则为故障②，可拆下，进一步用万用表电阻挡测量两触点电阻，如为无穷大，则确认为故障②。

3）处理：调整压差，接牢接线柱或更换。

5. 电磁阀故障

电磁阀的主要故障有线圈故障与阀机械故障两类，后者主要指阀瓣组件损坏、密封材料损坏等，造成制冷剂泄漏或关闭不严故障，处理方法同一般阀，在此不介绍。对于线圈主要有两种故障，分别为短路与断路。

1）故障现象：蒸发器不冷，冷凝器不热，压差保护动作，使机组停止工作。类似于上述堵塞故障。

2）故障判断：将电磁阀线圈从电路中断开，用万用表测量线圈阻值，可判断出短路或断路故障。对于短路，往往伴随有电路中熔断器烧毁的现象。

3）处理：一般采用更换的方法。

6. 电动机故障

冷藏柜中主要有风扇电动机与压缩机电动机，对于电动机电路方面的故障主要有绕组短路或断路、接线柱松脱等，这些故障在电工中已学习，此处不再赘述。

以上对冷藏柜电气系统的 6 种主要故障作了介绍，但在实际应用中，还会出现其他故障，只有深刻理解电路，掌握扎实的基本功，才能得心应手得处理各种故障。

（二）冷藏柜制冷系统常见故障检修

冷藏柜制冷系统共性常见故障与其他氟利昂单级制冷系统常见故障基本相同，主要有四种，分别是泄漏、堵塞、压缩机故障与热力膨胀阀故障。

1. 泄漏

制冷系统设备的管道、焊接处及接口出现漏点或密封不严时，系统内的制冷剂会漏掉，这种故障称为泄漏。泄漏多发生在阀门、接口、焊缝及蒸发器处。

1）故障现象：制冷性能下降，随着时间的推移制冷能力越来越差，最后失去制冷能力，压缩机运转声音变小，电控系统正常。

2）故障判断：出现上述现象时，对于开启式与半封闭式压缩机系统，给电磁阀通电，可观看系统停车高低压力。若压力均小于正常，则可判断为泄漏。对于全封闭式压缩机系统可断开高低压，如无制冷剂跑出，则为泄漏。

3）处理：检漏，补漏，试压，抽空，充制冷剂和试机。

2. 堵塞

制冷系统中管道、设备通道被杂质或冰块堵塞时，制冷循环受阻，这种故障称为堵塞。堵塞可分为脏堵（包括油堵）与冰堵。脏堵一般发生在干燥过滤器、热力膨胀阀（或毛细管）处；冰堵一般发生在热力膨胀阀（或毛细管）处。

1）故障现象：对于脏堵，电控系统正常，制冷性能下降或完全失去制冷；对于冰堵，电控系统正常，出现周期性制冷与不制冷现象。

2）故障判断：出现周期制冷与不制冷时，一般为冰堵；出现制冷性能下降或完全失去制冷能力时，对于开启式或半封闭式压缩机系统，测停车高压压力、走车高压压力都均高，低压均低，则为脏堵。注意测压力时始终给电磁阀通电，使之开启。对于全封闭式压缩机系统，切开压缩机高、低压管，若有制冷剂大量跑出，则为脏堵。

3）处理：对于冰堵，加热抽空除水分，更换干燥剂，再抽空，充制冷剂，试机；对于脏堵，关闭储液器出口阀门，清洗过滤器与热力膨胀阀过滤网，更换过滤器内干燥剂，抽空，充制冷剂，试机。

3. 压缩机故障

压缩机的主要机械故障有抱轴、卡缸、窜气等。无论哪种故障，都会出现不能压缩制冷剂或高压不能达到要求值的现象。冷藏柜一般采用全封闭式压缩机，当出现故障时以更换为主，更换方法与前面电冰箱部分相同，此处不再赘述。

4. 热力膨胀阀故障

热力膨胀阀是制冷系统的节流装置，它的常见故障是入口过滤网堵塞、感温剂泄漏、阀内弹簧预紧力出现误差等。过滤网堵塞导致系统管路被堵，现象如脏堵，处理时要取下过滤网清洗。感温剂泄漏导致节流降压效果差，供液量失控，处理时最好更换。阀内弹簧预紧力出现偏差会导致制冷效果差，处理时可进行调节，如调节无效，则更换。

典型工作任务 2   陈列柜维修

一、学习目标

陈列柜不仅可以保证食品的质量，还可以全方位陈列展示商品，方便顾客挑选食品，因此，广泛应用于商店或超市。陈列柜投资量大，属于重要设备。陈列柜一旦出现故障，要求维修人员在最短的时间内将故障排除。通过本任务相关知识的学习，应达到如下学习目标：

1）能进行陈列柜电气系统的故障排除。

2）能进行陈列柜制冷系统的故障排除。

二、工作任务

在熟悉陈列柜结构与工作原理的基础上，学会维修陈列柜电气系统与制冷系统常见故障。任务的重点在于陈列柜电气系统故障原因排查、分析方法。具体来说，工作任务如下：

1）电源、交流接触器、温控器、压差控制器、电磁阀及电动机等电气系统故障检修。

2）泄漏、堵塞、压缩机及热力膨胀阀等冷藏柜制冷系统故障检修。

三、相关知识

造成家用陈列柜不制冷、制冷效果不好的原因很多，表现的故障现象也不尽相同，在分析时首先要判断是制冷系统故障还是电气系统故障。一般来说，如果风机、压缩机运行正常，但不制冷，故障一般出在制冷系统部分；再通过检测压力、温度，观察各部位的结霜、结露情况，就可判断故障原因所在。如果风机、压缩机有一个不工作或都不工作，则问题一般出现在电气控制部分，再通过对电压、电流、电阻、压力等数据的判断，就可以找出故障原因所在。

陈列柜电气系统、制冷系统设备与冷藏柜基本相同，只是在控制方面比较复杂，制冷系统常见故障类型、检测及排除方法与冷藏柜相同，在此不再重复。下面重点介绍大连三洋冷链有限公司陈列柜电气系统相关知识与常见故障检修方法。图 6-1 所示为陈列柜电气系统控制电路。

（一）电源

1. 使用范围

$380(1 \pm 10\%)\text{V}$，$220(1 \pm 10\%)\text{V}$。

2. 起动时电压下降最大

起动电流为 4~6 倍运转电流，若电压未达到额定电压的 85% 以上，就会起动困难或频繁起动。因此起动、运转冷凝机组时，流过电线的电流很大，若电线过细或过长，电阻会变大，电压就下降。为防止以上现象，使用了 T 基板及电动机起动延时继电器。

3. 相间电压平衡

如果电压不平衡，就会导致电动机的异常发热。其主要原因是从三相电源中取出了单相使用。

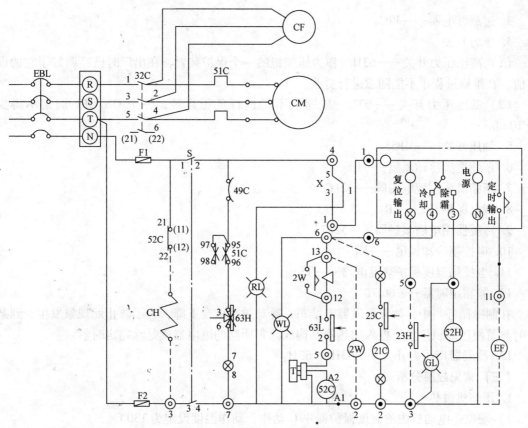

图6-1　陈列柜电气系统控制电路

（二）电气元件介绍

1. 延时保护开关

（1）T基板——T　T基板在电压低至137～147V时，切断电源；当电压值恢复到172～182V时，接通电源，接通时延时时间为3～6s。

（2）电动机起动延时继电器——2W1

2. 压缩机启停控制——电磁开关

电磁开关是以控制压缩机的运转、停止为目的的开关。电磁开关包括电磁接触器——52C，热敏继电器——51C，其外形如图6-2所示，原理如图6-3所示。

图6-2　电磁接触器、热敏继电器

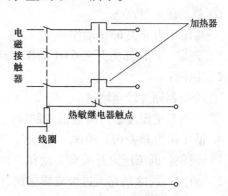

图6-3　电磁开关回路

3. 过载继电器——49C

4. 压力开关

（1）高压压力开关——63H　作为压缩机的一个保护装置，在出厂时已经调好了它的设定值，在维修过程中不能随意进行更改。

（2）低压压力开关——63L　压缩机不得进行负压运转，一个 ON-OFF 周期不得少于 10min。

5. 油压开关——MP55

6. 压缩机头冷却风扇——CF

7. 压缩机头喷液电磁阀——21C

8. 漏电保护器——EB

9. 冷凝器用电磁接触器——52F1

10. 电控箱冷却风扇——EF

11. 电控箱温度保护热继电器——TS

12. 除霜定时器——66DT

在制冷循环当中，如果蒸发器上结霜，冷却效率就会下降，为了防止此现象发生，到某一时刻就使压缩机停止，投入加热器。构成除霜回路的继电器就是除霜定时器。

13. 冷凝器用压力开关——$63H_3$、$63H_4$

（三）常见故障分析

1. 压缩机过热

1）现象：电动机内的温度保护器 49C 动作，动作温度设定为 130℃。

2）原因：

1）低电压或高电压。

2）电源电压不平衡。

3）制冷剂充入量不足。

2. 热敏继电器 51C 动作

1）现象：压缩机用热敏继电器 51C（也称为过载继电器）动作，也会起到保护电动机的作用。

2）原因：

① 冷凝压力过高。

② 蒸发压力过高。

3. 高压压力开关 63H 动作

1）现象：高压压力开关 63H 动作，动作压力设定为 2.5MPa。

2）原因：

① 冷凝器翅片严重堵塞。

② 室内环境温度过高时会造成制冷能力的下降。

4. 低压压力开关 63L 动作

1）现象：低压压力开关 63L 动作，使压缩机用电磁接触器 52C 断电，压缩机停机。

2）原因：制冷剂充入过少或膨胀阀开度不好，会造成压缩机频繁开停，起不到制冷作用。63L 可以根据不同情况由用户设定动作压力。

典型工作任务3 小型冷库维修

一、学习目标

小型冷库冷藏容量大、温度低，压缩机组功率一般比较大，多采用半封闭式压缩机，因此，压缩机组故障率较高，要求维修人员必须掌握综合判断与维修能力，特别是压缩机组常见故障的检修。通过本任务相关知识的学习，应达到如下学习目标：

1）能进行小型冷库电气系统的故障排除。

2）能进行小型冷库制冷系统的故障排除。

二、工作任务

在熟悉小型冷库结构与工作原理的基础上，学会维修小型冷库电气系统与制冷系统常见故障。任务的重点在于小型冷库故障原因排查、分析方法。具体来说，工作任务如下：

1）电源、交流接触器、温控器、压差控制器、电磁阀及电动机等电气系统故障检修。

2）泄漏、堵塞、压缩机及热力膨胀阀等冷藏柜制冷系统故障检修。

三、相关知识

造成小型冷库不制冷、制冷效果不好的原因很多，表现的故障现象也不尽相同，在分析时首先要判断是制冷系统故障还是电气系统故障。一般来说，如果风机、压缩机运行正常，但不制冷，故障一般出在制冷系统部分；再通过检测压力、温度，观察各部位的结霜、结露情况，就可判断出故障原因所在。如果风机、压缩机有一个不工作或都不工作，则问题一般出现在电气控制部分；再通过对电压、电流、电阻、压力等数据的判断，就可以找出故障原因所在。

小型冷库电气系统、制冷系统设备与冷藏柜、陈列柜基本相同，制冷系统常见故障类型、检测及排除方法与冷藏柜、陈列柜相同，在此不再重复，但是，压缩机组一般功率比较大，多采用半封闭式压缩机。下面重点介绍小型冷库压缩机组常见故障检修方法。

（一）压缩机不起动

压缩机不起动故障的原因分析及处理方法见表6-1。

表6-1 压缩机不起动故障的原因分析及处理方法

故障可能出现的地方	原 因 分 析	处 理 方 法
电源	1）电源开关断开 2）熔丝熔断 3）电压过低	1）合上电源开关 2）查找原因，更换熔丝 3）检查电源、配线的线径
电器配线	断线或者接触不良	查找断线或接触不良处，连接好
控制器件或安全装置	1）温度调节器动作，但触点断开 2）高压开关的动作不良 3）低压开关的动作不良 4）电磁阀关闭	1）更换调节器 2）等到触点闭合，建立压力后，按复位按钮 3）更换低压开关 4）检查动作是否良好，试通电源，若电磁阀烧损，则更换

(续)

故障可能出现的地方	原 因 分 析	处 理 方 法
控制器件或安全装置	5)起动继电器的线圈断开、触点烧毁 6)起动电容器不良 7)运转电容器不良 8)过载继电器断开	5)检查修理或更换 6)检查原因并更换 7)检查原因并更换 8)复原或更换
压缩机或者制冷剂	1)内部机械故障(轴承支座损坏) 2)电动机烧坏(线圈断线或偶然短路) 3)制冷剂泄漏	1)修理、更换损坏零部件 2)检查原因更换 3)修补泄漏处,填充制冷剂

(二) 起动后立刻又停止,保护装置工作,压缩机忽停忽动

起动后立刻又停止,保护装置工作,压缩机忽停忽动故障的原因分析及处理方法见表6-2。

表6-2　起动后立刻又停止,保护装置工作,压缩机忽停忽动故障的原因分析及处理方法

故障可能出现的地方	原 因 分 析	处 理 方 法
电源	熔丝熔断	检查熔丝容量并更换
过载继电器	1)过载继电器的设定值过低 2)过载继电器中电流过大 ①加到装置上的电压低(或三相不平衡) ②运动用容器不良,起动器不正常 ③凝缩压力过高 ④蒸发压力过高	1)修正设定值 2)查找原因,修正 ①查找原因,修正 ②查找原因,更换 ③查找原因,更换继电器 ④查找原因,修正
安全装置开关	1)高压开关动作 ①不制冷气体混入 ②冷凝器被污染 ③机房温度过高 ④制冷剂过多 ⑤设定值过高 2)低压开关动作 ①由于泄漏使蒸气压力下降 ②制冷剂的填充量减少 ③膨胀阀开度不良 ④设定值过高	1)查找原因,修正 ①清除不制冷气体 ②清洁冷凝器 ③使机房通风良好 ④减少制冷剂量 ⑤修正设定值 2)查找原因,修正 ①修补漏处,填充制冷剂 ②填充制冷剂 ③调整开度或更换膨胀阀 ④修正设定值
温度控制器	恒温箱动作	修正设定值
压缩机过热	1)因低电压或高电压而发热 2)因三相电压的断相而发热 3)因各相间电压不均衡而发热 4)制冷剂不足,机头冷却不良而引起发热 5)输出压力过高 6)吸入气体温度过高 7)不制冷气体混入 8)压缩机冷却不足 9)阀底座断了而造成气缸过热 10)因吐出阀泄漏而气缸过热	1)检查电源,使之在额定电压的±10%内使用 2)检查电磁开关的触点及电源熔丝 3)检查电源电压 4)添加制冷剂 5)检查冷凝器的水量或通风状况 6)调整膨胀阀,温度达到5~8℃时,查看吸气管路保温状况 7)从冷凝器头部清除不制冷气体 8)增加通风,降低环境温度 9)设置液击防止装置 10)修理,更换

（三）运转中有异常声音

运转中有异常声音故障的原因分析及处理方法见表6-3。

表6-3　运转中有异常声音故障的原因分析及处理方法

故障可能出现的地方	原 因 分 析	处 理 方 法
机油、制冷剂等压缩	1)装置运动停止时,液体制冷剂存在于曲轴箱内,因起动时压力急降而起泡,润滑油和液体制冷剂被压缩成混合液 2)制冷剂填充量过多而造成液体倒流 3)膨胀阀开启过大而造成液体倒流	1)设置储液器,减少流向压缩机的液体制冷剂,安装曲轴箱,在长期停止运转的情况下,使高压泵运转 2)排出多余液体 3)调整膨胀阀
配管	因振动而产生共振	固定配管
膨胀阀	噪声	检查过滤器是否堵塞,制冷剂是否缺少
基础	因基础螺栓和安装螺栓松而振动	加固螺母,改变防振构造
压缩机	1)压缩机的磁噪声 2)连杆受损 3)轴承磨损 4)杂质进入压缩机内 5)阀门破损	1)查找原因,更换 2)检查破损原因,更换 3)查找原因,更换 4)查找原因,取出 5)查找原因,更换

（四）压缩机运转，但冷却情况不好

压缩机运转，但冷却情况不好故障的原因分析及处理方法见表6-4。

表6-4　压缩机运转，但冷却情况不好故障的原因分析及处理方法

故障可能出现的地方	原 因 分 析	处 理 方 法
吐出压力过高	1)不制冷气体混入 2)制冷剂充入过多(吸入压力也高) 3)水冷效果不佳 4)通风量少 5)空气冷凝器表面有灰尘 6)阳光直射严重 7)机房通风不良,空气再循环	1)从冷凝器排除不制冷气体 2)释放制冷剂达到适量 3)采用适当方法增强冷却效果 4)增加通风 5)扫除灰尘 6)避免阳光直射 7)安装换气扇
吐出压力过低	1)制冷剂不足 2)冷却水过量,水温低 3)室外气温低,送风温度低 4)膨胀阀温度传感器安装不好,液体制冷剂倒流 5)压缩能力减弱	1)查找有无泄漏,填充制冷剂 2)减少水量 3)减少送风 4)调整,修理 5)检查吐出阀、吸入阀有无泄漏
吸入压力过高	1)负荷过大 2)膨胀阀开启过大 3)压缩能力降低	1)详细检查负荷状况 2)检查温度传感器的接触状况,调整膨胀阀的开启度 3)检查吐出阀、吸入阀有无泄漏
吸入压力过低	1)负荷过少 2)蒸发器上有厚的霜和冰 3)膨胀阀堵塞或调整不良,感温传感器漏气 4)冷媒回路阻塞、漏气	1)检查蒸发器是否脏了,过滤器是否阻塞 2)进行除霜 3)检查,进行调整或更换 4)检查,修理阻塞的部位和漏气的部位

（五）机组上有露霜、怪味

机组上有露霜、怪味故障的原因分析及处理方法见表6-5。

表6-5　机组上有露霜、怪味故障的原因分析及处理方法

故 障 现 象	原 因 分 析	处 理 方 法
机组上有露霜	1）膨胀阀开启过大 2）负荷过低	1）调整膨胀阀 2）检查负荷状况
有怪味	1）制冷剂大量泄漏 2）电气元件过热 3）压缩机过热	1）检查泄漏部位并修理 2）立即切断开关，停止运转检查配线容量，检查电气元件的容量，检查配线端子的接线是否牢固，检查各种控制器件是否有故障 3）按上述方法检查修理

复习思考题

1. 冷藏柜与陈列柜制冷系统常见故障有哪些？如何处理？

2. 冷藏柜与陈列柜电气系统常见故障有哪些？如何处理？

3. 简述小型冷库不起动故障的可能原因。

4. 简述小型冷库起动后立刻又停止，保护装置工作，压缩机忽停忽动故障的可能原因。

5. 小型冷库运转中有异常声音故障的原因有哪些？

6. 小型冷库压缩机运转，但冷却情况不好，该如何处理？

7. 如何检修小型冷库机组上有露霜的故障？

项目7

房间空调器维修

典型工作任务1 电气系统维修

一、学习目标

房间空调器在使用过程中不可避免地会出现运行故障。本项目主要学习空调器电气系统的故障判断、故障检测、故障排除的方法。通过本任务相关知识的学习，应达到如下学习目标：

1）会进行空调器电气系统维修的基本操作，如电气元件检测、压缩机电动机检测、电路检测。

2）会分析空调器电气系统常见故障，正确维修房间空调器电气系统故障。

二、工作任务

在掌握房间空调器结构与控制原理的基础上，分析房间空调器电气系统的常见故障，掌握房间空调器故障排除的一般方法。具体来说，工作任务如下：

1）检测空调器绝缘电阻、电器开关、电容器、热保护器、电加热器、压缩机电动机、风扇电动机等电气元件的好坏。

2）检查空调器电路的好坏。

3）根据空调器的故障现象做出正确判断，排除故障。

三、相关知识

（一）电气系统维修方法

1. 电气元件和压缩机电动机检测

（1）检查电气系统中的绝缘电阻　由于空调器的长期使用，加上环境中的水汽和灰尘在电气系统中的积累，往往会使电气线路和零部件的绝缘性能下降。检查时，通常是用兆欧表测量电气部件与机壳之间的绝缘电阻，电阻应大于$2M\Omega$。如果绝缘电阻低于$2M\Omega$，可断开有关线路，逐个分段测量，直至找到漏电的部位，最后更换或修理绝缘性能下降的零部件。特别是采用微电脑控制的电气系统，零部件及电路的微小漏电往往会影响空调器的正常运行，严重时甚至会造成停机故障。

（2）检查空调器供电电压　空调器工作时要求供电电压值在额定电压的75%～110%之

内。如果电源不稳定，忽高忽低，将会导致空调器起动困难或频繁停机，严重时会损坏其中的零部件。另外，空调器都用专线供电，因此，采用的电源线应符合要求，不可过细或过长，否则，会造成压降过大，导致压缩机不能正常运转。空调器电源线引线截面的大小选用值应以空调器额定电流为依据，不能随意选用，更不能用旧的导线代用。

在检查电源时，还需检查电源熔丝是否符合要求。一般按空调器额定电流的 1.5~2.5 倍作为电源熔丝的额定电流。对于起动频繁、负荷较大的空调器的熔丝，其额定电流应等于或略大于该空调额定电流的 3~3.5 倍。

（3）检查电器开关和元件故障　空调器一旦不能起动或不能停止，或其他功能失灵，首先应对开关进行检查，然后对其他元件进行测量分析。

1）检查选择开关和其他功能开关故障。一般采用万用表的欧姆挡测量选择开关和其他功能开关操作时的相应触点是否导通，如果发现相应触点不导通，说明该开关有故障，应修复或更换。

2）检查微电脑控制板的故障。检查微电脑空调器故障时，应充分利用空调器的自动开关和试车开关来判断故障部位：利用应急开关可以判断故障是否发生在遥控系统；利用试车开关可以判断故障是否发生在强电系统。例如，某空调器不工作，首先将应急开关从原来的遥控位置拨到自动位置，此时空调器如果能自动运行，说明遥控器或遥控接受电路故障；若空调器还不运行则与遥控无关。若电脑板有故障，则需检查低压电源变压器是否正常，因为微处理器控制板的供电电压都是直流低压，如 24V、12V、9V 或 6V。此外，单片机正常工作需要有三个条件：电源、时钟和复位，当电脑板出现故障时应检查单片机的工作条件，切不可盲目地拆焊芯片。

3）检查温度控制器故障。不用微电脑控制的普通空调器，其温度控制一般使用感温波纹管式温控器。感温波纹管式温度控制器的常见故障是触点接触不良或烧毁造成动、静触点不闭合，失去控制作用。检查时，可将空调器接通电源后将温度控制器旋钮向正、反两个方向旋转几次，观察压缩机能否起动。若压缩机不起动，应检查触点是否损坏。若感温包、感温管破损，管内的制冷剂有泄漏时，则应进行相应更换或修理，否则，触点将不再闭合。温控器的检查也可用万用表欧姆挡直接测量温控器上两个接线端子之间的电阻值，若电阻值为零，说明导通，压缩机可以得电工作；若电阻值在 0~∞ 之间说明温控器触点不能闭合或烧毁，造成接触不良。

4）检查电容器故障。在窗式空调器电气控制系统中一般有两个电容器，一个是压缩机电动机的运转电容器，另一个是风扇电动机的运转电容器。分体式空调器则再增加一个室外风扇电动机的运转电容器。由于种种原因，电容器可能会发生击穿、短路或断路故障，电容器发生故障可使压缩机或风扇不能转动。电容器的故障检查一般用万用表来测量。可将万用表置于 R×1k（或 R×10k）挡上，将表笔接触电容器的两个触点，若此时万用表指针迅速摆动，而后再回至无穷大，则说明该电容器是好的；若指针不偏转，说明该电容器断路；若指针偏转至零位后不回到起始位置，说明该电容器短路。判断电容器的好坏也可以用放电法进行试验，即用带绝缘把的旋具将电容器的两个触点短路，若电容器能正常放电，则说明电容器是好的。

电容器故障使压缩机不能起动时，会导致整机电流过大，从而使电路中的熔丝烧断或使热保护器动作。如果压缩机电动机起动时电流过大，或有嗡嗡声而不起动运转，很可能是电容器损坏，检查确认后，应予以更换。

5）检查热保护器故障。热保护器又称为过载保护器，是空调器压缩机的保护装置。压缩机电动机在运转中如果发生过负荷、过电流、过热将导致绕组烧毁，因而需要保护。

热保护器若发生故障，可引起空调器不能正常运转。热保护器断路的故障原因主要是电热丝烧毁或触点烧损，也有的是质量欠佳，如双金属片稳定性差，内应力发生了变化，致使触点断开后不能复原等。热保护器故障大多是压缩机出现频繁起动时引起的。压缩机的频繁起动可能是由于电压过低、超负荷运转、温控故障或压缩机本身的原因造成的，系统内制冷剂过少或过多也会使压缩机频繁起动。检查热保护器可用置换法和跨接法，也可用万用表进行检查：在正常情况下电阻值很小，若电阻为无穷大即为断路。

热保护器出现故障时，除接触不良可以修复外，其他故障均采用换新的办法。压缩机内埋式保护器经常出现的故障是绝缘破坏、触点失灵等，一般不能修复，也不易更换，出现故障时只有连同压缩机一起更换。

6）检查电加热器故障。在冷、热两用的电热型空调器中，装有电加热元件即电加热器。电加热器的常见故障有电热丝烧断、丝间短路或绝缘损坏等。检查时，可用万用表测量其电阻值，若电阻值无穷大，即为断路；若电阻值很小，即为短路。

电加热器的工作由转换开关进行控制，当把开关调至"热"位却没有热风吹出时，可能是电热丝故障，也可能是此转换开关故障，应该用万用表对转换开关进行检查，或检查其触点有无磨损、粘连及接线错误、端子脱落等，必要时应更换开关和电热保护装置。

常用的国产电加热器有 KDR 系列螺旋形电热器规格和 GYD 系列管状电热器规格。

7）检查风扇故障。空调器的风扇有离心风扇、轴流风扇和贯流式风扇等种类。在窗式空调器中，送风的是离心风扇，它和排风的轴流风扇一道由一台双伸轴电动机带动。在分体式空调器中有室内、外两个机组，室内是贯流式风扇，室外是轴流风扇（室外也有两台风扇的），室内、外风扇各由一台电动机分别带动。

风扇常见的故障有叶片破损、碰壳或接线错误等。在检查时，可从外观上和运转杂音方面判断其机械损伤；电路方面可用万用表进行检查，看其绕组有无断路和短路。国产的空调器用电风扇电动机有 KFD 型系列产品，其接线图有二速和三速两种。电动机配置有运转电容器，电容器有故障时，风扇也不能正常运转，因此，对电容器也要进行测试检查。

（4）检查压缩机电动机故障 空调器中的全封闭压缩机电动机多采用电容运转式单相电动机。压缩机电动机常见的故障是绕组短路、断路和通地，通常都可用万用表进行检查。

1）电动机绕组短路的检查。绕组短路是由于绕组的绝缘变坏，金属线与金属线碰在一起而产生的。它包括绕组匝间短路、绕组烧毁、绕组与绕组间短路、绕相组间短路及相间短路。如果短路不严重，电动机还可以运转，但它的转速较慢，而电流很大，运转不久保护器便动作；若短路严重，电动机将无法运转。

检查绕组是否短路，可以先将电动机的外部接线拆下，然后用万用表的欧姆挡（R×1挡）测试绕组的电阻值。如果测得 C-S（起动绕组）两端和 C-M（运行绕组）两端间的电阻值小于已知的正常绕组电阻值时，表明该绕组中有短路。电阻值越小，其短路越严重。

2）电动机绕组断路的检查。先将电动机的外部接线拆掉，然后用万用表欧姆挡（R×1k 挡）测量绕组的电阻值，如果某一绕组的电阻值为无穷大时，说明此组绕组已断路。绕组断路的电动机是完全不能起动运转的。

3）电动机绕组通地的检查。将电动机的外壳去掉一小块漆，使其露出金属，然后用万用表的欧姆挡（R×10k 挡）或兆欧表的一支表棒接线圈共用端，另一表棒接电动机的外壳。如果显示电阻很小，则绕组和外壳短路，即通地或称碰壳。电动机绕组通地时，电动机不会转动，并且会烧断熔丝或使热保护器动作。

2. 空调器电路检测

空调器的电路主要有压缩机电动机和风机电动机的起动及运行电路、电动机的过载保护电路、制冷系统的温控电路、工况转换电路等，它们组合在一起就是空调器的电路。因此，电路检测就是对空调器的电路分段进行检测，目的是查明部分电路或个别电气零部件的故障，予以修理或更换。

（1）检测前的注意事项　检测空调器电路前应注意以下几点：

1）如果空调器电源由总电源的两条支路之一供电，在检测之前应断开两路的电源。

2）在电源未切断之前，切勿使用万用表的电阻挡测量。

3）当空调器操作开关处于任何位置时都不能起动，应先用万用表的交流电压挡测量机组插座部分。如果无电压，则表明熔丝断或进线有毛病。

4）空调器起动过程中用万用表交流电压挡测量起动电压。如果过低，则应查明电源线容量够不够。

电路检测的内容包括电路连接是否正确，压缩机电动机绕组分辨，电容器、过载护器、起动继电器、温控器、电磁阀、四通电磁换向阀等电器的接法及动作是否正确。如果在检查中发现接线有错误或断线，应及时修复；电气零部件有故障，应修好或更换。

各种空调器的电路各不相同，检测时应参考空调器说明书或空调器维修手册进行。单相全封闭式压缩机电路有四种，但在空调器上用的一般有两种：不用起动继电器的电容运转型电路，简称 PSC 电路；电容起动、电容运转型电路，简称 CSR 电路。下面分别叙述它们的电路检测方法。

（2）PSC 电路检测　PSC 型电路中有两个不同布置角的绕组，都是运行绕组，其中一个绕组（阻值较大的）串联了一个电容器，产生分相感应电流，保证了电动机旋转。这种分相电动机的功率因数高、运转电流小，缺点是起动转矩小。

这种 PSC 电路有两种保护方式，如图 7-1 所示。图 7-1a 所示为机外保护方式，在压缩机外部有过热保护装置（OC）和过载保护装置（OL），以保护电动机。图 7-1b 所示为机内过热保护方式，它是在机内装了埋入式过热保护器（IP），直接感受压缩机内温度，当压缩机内温度过高时，能自动将触点断开，电动机因失电而停止运转。

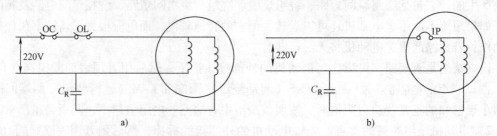

图 7-1　压缩机的 PSC 电路
a）机外保护方式　b）机内保护方式

检查 PSC 空调器电路故障的方法如图 7-2 所示，步骤如下：

1）检查电源电压是否正常。

2）切断电源、切断风扇电动机的一根导线。

3）检查图中①-②两点之间是否导通，如果不通，则温控器已坏。

4）拆下压缩机接线端上的接线后用 R × 1 或 R × 10 挡测③-④两点之间的电阻值，应该是阻值正常。若不导通或不正常，则电动机绕组已烧毁、断路或短路。

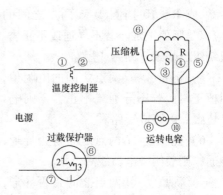

图 7-2　检查两接点过载保护器 PSC 电路

5）测量③-⑤两点之间的电阻值，应该是阻值正常，如不导通或不正常，则电动机绕组已烧毁、断路或短路。

6）测量③-⑧两点之间是否导通，应该是不导通。如果导通，则压缩机已通地。

7）检查⑨-⑩两点之间是否导通，检查电容器。

8）测量⑥-⑦两点之间是否导通，该过载保护器应该是通的，否则，已损坏。

9）测量②-③、④-⑨、⑤-⑥、⑤-⑩之间是否导通，都应导通。如果不通，则线路有断开或接点松动（测量时可将②、③、④、⑤、⑥、⑨、⑩这 7 个接点轻轻地拉动，看接触是否牢固）。

10）接好所有导线，安装强行起动器后运转并测量电流值。如果转不动或电流太大，则是缺油、油路有堵塞、油太脏或机械方面有故障。

（3）CSR 电路检测

CSR 电路中除了有一只大的电容器（45 ~ 100μF）用于起动外，还有一只小电容器（2 ~ 3.5μF）与起动绕组串联，所以提高了功率因数。这种电动机的运行性能良好，功率和过载能力都有提高，降低了耗电量。CSR 电路有三种保护方式，如图 7-3a、b、c 所示。

检修 CSR 空调器电路故障的方法如图 7-4 所示，步骤如下：

1）检查电源电压是否正常。

2）切断电源，切断风扇电动机的一根导线。

3）查图中①-②两点之间是否导通，如果不通，则温控器已坏。

4）拆下压缩机接线端上的接线后用

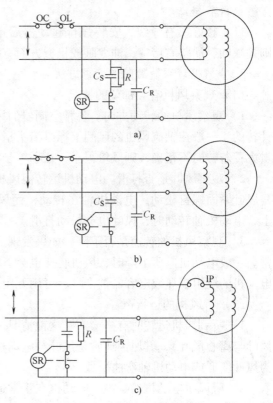

图 7-3　CSR 电路

C_S—起动电容器　C_R—运转电容器　SR—起动继电器　R—放电电阻　OC—过热保护器 OL—过载保护器　IP—内部保护器

R×1 或 R×10 挡测④-⑤两点之间的电阻值，
应该是阻值正常。若不导通或不正常，则电动
机绕组已烧毁、断路或短路。

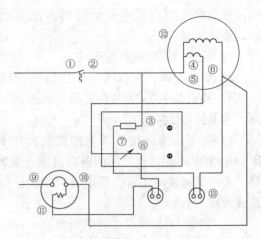

5）测量④-⑥两点之间的电阻值，应该是
阻值正常。若不导通或不正常，则电动机绕组
已烧毁、断路或短路。

6）测量③-⑦两点之间是否导通，如果不
导通，则表明继电器线圈已坏。

7）测量⑦-⑧两点之间是否导通，若不导
通，则表明继电器触点有问题。

8）检查⑧-⑪两点之间是否导通，再检查
⑦-⑬两点之间是否导通，对这两只电容器进行
检查。

图 7-4　检查三个接点保护器的 CSR 电路

9）测量⑨-⑪两点之间是否导通，如果不导通，则表明保护器已损坏。

10）测量②-③、②-④、⑤-⑦、⑥-⑩、⑥-⑬之间是否导通，都应导通。如果不通，
则线路有断开或接点松动（测量时可将②、③、④、⑤、⑥、⑦、⑩、⑬轻轻地拉动，看
接触是否牢固）。

11）接好所有导线，安装强行起动器后运转并测量电流值。如果转不动或电流太大，
则是缺油、油路有堵塞、油太脏或机械方面有故障。

3. 空气循环系统故障的检查方法

（1）观察风机有关部位的情况

1）观察风机的转动方向。各种空调器的风机转向并不相同，有顺时针转的，也有逆时
针转的，一般在轴流风机的风圈上标以箭头指示其转动方向。当转向正确时，能吹出风且风
量大；若转向不正确，则风量很小，几乎等于零。

2）观察风叶是否打滑。电动机运转但风机吹不出风的另一种可能是风叶打滑，其原因
是风叶紧固螺钉松动，电动机轴在转动，而风叶不转。若紧固螺钉没有紧固在轴的半圆面
上，电动机轴转动时，风叶也会松动打滑。

3）观察风机的转速是否下降。如果发现风机的转速下降，应检查电动机的电压是否正
常。一般电动机电压下降时，风机转速也会下降或不能起动。如果电动机不转，有可能是
电动机的绕组损坏或电容器被击穿，可用万用表查出其故障原因。

（2）听风机的运行声音

1）听到风机运转时有碰撞声。这种情况一般是风机的风叶与风圈的碰擦声（包括轴流
风叶与离心风叶），其原因通常是风叶与电动机连接的紧固螺钉未拧紧而移位；也有的是因
为风叶变形或电动机轴弯曲所致。

2）听风机电动机的噪声。电动机在正常运行时会有噪声，这种噪声通常是电磁声和轴
承摩擦声，性能良好和工作正常的电动机的噪声小于 45dB（A）。如果风机电动机的噪声过
大，则说明电动机质量不好或使用时间太久，轴承已严重磨损。

（3）摸风机的有关部位

1）摸风机电动机的温升情况。空调器的风机电动机为防止潮气侵入一般是封闭型的，

其本身没有冷却风叶来帮助散热，电动机产生的热量由电动机外壳散发出来，再靠风机的风来散热，所以通常电动机的外壳比较热。若外壳温度达到不能用手去触摸（感到烫手）时，说明电动机已过负荷运行或有故障。

2）用手感觉空调器的出风量。把手放在空调器出风口，如果发现风量小，而无其他异常情况，可以检查蒸发机组的空气过滤网有无积尘。另外，当冷凝机组出风量小时，可检查冷凝器散热片间的积灰情况。

（4）嗅空气循环系统发出的异常气味　在空调器空气循环系统中常见的异常气味有两种。一种是焦煳味，这主要是风机电动机超负荷后，使电动机温度升高，绕组发热，其绝缘材料被烤焦的气味。嗅到从出口出来这种气味时，应立即停机，找出电动机超负荷的原因，及时排除。另一种是污浊气味，这种气味通常来自室内，如烟气、臭气等。嗅到污浊气味时，应清洗空气过滤网，并打开空调房间的门窗，将污浊空气排出后再关闭门窗重新开机。

（二）电气系统常见故障与排除

1. 风扇电动机不转

（1）故障现象　接通电源后，空调压缩机能正常运转，但风扇电动机不工作。

（2）故障原因　可能是功能选择开关接触不良或引线脱落；风扇电动机起动与运转电容器开路、击穿或容量严重减退；风扇电动机绕组短路或烧坏；风扇扇叶卡住。

（3）故障修理　可先断开电源，用螺钉旋具拨动扇叶，排除扇叶卡住故障的可能后，若风扇电动机仍不转动，可进一步检查功能选择开关，看有无接触不良或引线脱落情况。若发现接触不良，属于需清洗的则要清洗，老化的则要更换；若发现引线脱落可重新焊接。对电动机绕组的故障可用万用表检查，判断是否存在断路或短路故障。如果有损坏，应按电动机绕组的检修方法修理。若遇电容器损坏，则需更换新的电容器。

2. 压缩机开停频繁

（1）故障现象　接通电源后，空调器能正常起动，但起动后很快就停机，过一会又起动工作，开停很频繁，使制冷效果差。

（2）故障原因　可能是电源电压太低；过热、过电流保护器失灵；空调器温度控制器的感温包安放位置不对；压缩机驱动电动机定子绕组局部短路；室外侧空气循环系统通风不畅；居室房门开门次数太多或门窗密封不严。

（3）故障修理　首先，应测量电源电压是否正常，若电源电压太低，则空调器应立即停机，不然将严重影响其使用寿命。当电源电压正常时，检查换热器风扇和换热器上有无障碍物及空气过滤网是否"堵塞"；若有，应予清除。感温包应放在回风口上，不能离蒸发器太近，否则，感温包检测出的室温不准确，从而影响室温的正确调节。如果是过电流保护器失灵及电动机绕组局部短路，则应更换。

3. 空调器不停机

（1）故障现象　接通电源，空调器能起动制冷，室内温度已很低，但空调器仍运转不停机。

（2）故障原因　可能是空调器温度控制器触点粘连；空调器温度控制器失灵；空调器温度控制器微动开关引线接错；感温包失效或安装位置不妥当，偏离进风口位置过远，感受到的温度偏高，因而空调器长时间运转。

（3）故障修理　首先，应检查感温包的位置是否恰当。然后，检查感温包有无问题。

若位置不当，则需调整；若感温包失效，则应更换。如果温控器触点粘连或失灵，则应更换温控器。如果是温控器的微动开关引线接错，可重新接线。

4. 空调器噪声太大

（1）故障现象 接通电源，空调器工作，但在运行中噪声太大。

（2）故障原因 可能是空调器安装不牢固，固定螺钉松动；风扇扇叶碰撞扇罩、风机的固定螺钉松动、叶片固定螺钉松动；风扇电动机轴承缺润滑油；电源电压过低，起动与运行时，会产生异常的响声和振动声；空调器机内零部件和管路间产生相互碰撞，发出金属声。

（3）故障修理 首先，应检查电源电压，排除压缩机因此而产生的噪声。若是电压太低，则应停机。对于固定螺钉松动而形成的噪声，应分别紧固相应的螺钉，调整各部位置，以减小噪声。如果风扇电动机轴承缺润滑油，可采取用手去拨动风扇，看其转动是否灵活的方法来判断。若运转不灵活，可加润滑油帮助运转后噪声减小。对产生的金属声，应先判断来自于哪些管路和零部件。如果响声来自压缩机，应检查压缩机橡胶垫圈是否老化。若正常，再用手掌拍击压缩机机壳几次看是否有效；若无效，则需进行大修或更换压缩机。

5. 空调器整机不能起动

（1）故障现象 接通电源后，空调器风扇不转，压缩机不起动。

（2）故障原因 可能是电源不通，电源插座没有电或电源引线损坏；熔丝烧断；有关继电器未能复位；电气控制系统失灵。

（3）故障修理 先取下电源熔丝，用肉眼直接观察或用万用表测量熔丝是否正常。若熔丝熔断，则应按额定负荷更换熔丝。若熔丝正常，可检查电源进线插座有无正常电压。若插座电压正常，应检查电源插头及电源线间有无脱焊或断路。如上述均正常，可用万用表电阻挡检查电源引线。若电源引线正常，应检查机内进线端子的电压是否正常。若端子电压正常，可按前面所述的电气控制系统检查方法进行检修。

6. 空调器压缩机不转

（1）故障现象 接通电源后，空调器空气循环系统工作，但压缩机不转，使空调器不制冷（不制热）。

（2）故障原因 可能是空调器功能选择开关接触不良或引线脱落；空调器温度控制器触点接触不良或引线脱落；过热、过电流保护器双金属片老化；温控器感温包漏气；压缩机损坏；制冷（制热）系统高压压力、低压压力不正常。

（3）故障修理 首先，检查功能选择开关的转换接点是否正常接通，如果不能接通或转换开关损坏，应予以更换。其次，检查温度控制器触点是否接触不良，若属氧化或有污物问题，则可清洗；若属本身损坏则应更换。

检查高压压力开关时，应先检查其动作压力。在超负荷状态下运转空调器，制冷工作时停室外风机，制热工作时停室内风机，使压力上升后测定动作压力。当动作压力未超负荷时高压开关就动作，则应予以调整。若感温包漏气，则需检漏和补焊。

如果上述部分均正常，需对压缩机本身进行检查。若其本身有故障，应予修复或更换。

7. 热泵式空调器不制热

（1）故障现象 接通电源，热泵式空调器置于制热状态时，空调器不制热仅制冷。

（2）故障原因 可能是空调器制冷/制热转换开关接触不良或引线脱落；空调器除霜温

控器触点接触不良或引线脱落；四通换向阀电磁线圈烧毁或引线脱落，使换向阀不能换向。

（3）故障修理 首先，用万用表电阻（R×1）挡检查冷暖转换开关的转换接点是否正常接通，如果不接通或转换开关损坏，应予以更换。其次，检查除霜温控器是否有故障，若接触不良，能修复则修复，不能修复则更换。若引线脱落，则重新焊接。最后，检查四通换向阀，如果存在上述故障，则应修复或更换。

典型工作任务 2 制冷系统维修

一、学习目标

房间空调器在使用过程中，不可避免地会出现运行故障。本工作任务主要学习空调器制冷系统的故障判断、故障检测、故障排除的方法。通过本任务相关知识的学习，应达到如下学习目标：

1）学会空调器制冷系统维修的基本操作，如修理阀的使用、抽真空与加制冷剂、制冷系统零部件更换等。

2）会分析空调器制冷系统常见故障，正确维修房间空调器制冷系统故障。

二、工作任务

在掌握房间空调器结构与制冷原理的基础上，分析房间空调器制冷系统的常见故障，掌握房间空调器故障排除的一般方法。具体来说，工作任务如下：

1）对空调器进行抽真空、加制冷剂、加冷冻油等操作。

2）更换空调器制冷系统零部件。

3）根据空调器故障现象做出正确判断，排除故障。

三、相关知识

（一）空调器制冷系统维修基本操作

1. 连接修理阀

（1）修理阀与加液软管的连接 检修空调系统用的修理阀和加液软管，虽与检修电冰箱系统用的修理阀和加液软管结构相同，但应用压力比检修冰箱系统时要高。

修理阀是检漏、抽空、充制冷剂等的专用工具。和电冰箱修理阀一样，它由一个带手柄的三通阀和一块压力表组成，其结构也基本相同，但压力表值和软管耐压强度不同。一般空调修理阀仍采用带有负压和正压的单块表，其压力值为 $-0.1 \sim 2.5$ MPa。加液软管的耐压强度应满足使用压力为 2.5MPa 时不破裂损坏。软管两端接口螺母有米制螺纹和寸制螺纹两种，螺孔中有的带顶尖，有的不带顶尖，维修时均应配备。

（2）修理阀与制冷系统连接 在空调制冷系统中，修理阀与制冷系统的连接一般有两种连接方式；一种是修理阀与铜管连接后，铜管的另一端与系统中旁通盲管焊接，这种连接方式主要应用于窗式空调器；另一种是修理阀与加液软管连接后，软管的另一端与系统阀门连接，这种连接方式主要用于分体式空调器。

1）修理阀与窗式空调系统的连接。修理阀与窗式空调系统的连接，主要是指与压缩机附近的过滤器或储液器上的旁通盲管连接。在此提醒注意的是，旁通盲管与冰箱压缩机上的工艺管有所不同。空调旋转式全封闭压缩机的外接管头一般只有两个（即排气管和吸气管），旋转式全封闭压缩机的机壳内为高压侧（排气端），接毛细管的过滤器旁通盲管为高压，储液器的旁通盲管则为低压。如果没有维修旁通盲管，也可在空调器的低压管路上打个孔，焊接一根铜管，用以连接修理阀。

2）修理阀与分体式空调系统的连接。在分体式空调器的室外机组上有一个三通阀，即气阀。三通阀上有一个旁通孔，通过该孔可以完成抽真空、加制冷剂等维修操作。连接时，先将一根带顶尖的软管（或普通加液软管再连接带顶尖的接头），有顶尖的一端连接到三通阀旁通孔上，另外一端连接到修理阀上即可。

2. 分体空调器抽真空与加制冷剂操作

用外六角扳手顺旋关闭三通阀（气阀），并用带修理阀和带顶尖的充制冷剂软管开启旁通孔，再逆旋开启两通阀，开启自身压缩机运转，使制冷系统内的空气→室外机组侧→两通阀→液管→室内机组侧→气管→三通阀旁通孔→充制冷剂软管→修理阀→充制冷剂软管排出。经数十分钟无气体排出或将软管排气口置于冷冻油中无气泡排出时，将排气口改接在制冷剂钢瓶阀上停机，排空即完毕（如果在排空中一直冒气泡不止，则说明系统还存在泄漏，应重新检查故障原因进行排除）。这时，逆旋三通阀置于三通状，开启制冷剂钢瓶即可充灌制冷剂。分体式空调器由吸气侧（低压）充加制冷剂。在停机下倒置钢瓶体，按质量法一次充灌，也可按压力法（低压）结合观察法边充灌边观察，直至合适为止。表7-1是空调器制冷系统高、低压侧正常压力值。

表7-1　空调器制冷系统高、低压侧正常压力值

制冷剂	环境温度/℃	低　压　侧		高　压　侧	
		吸气压力/MPa	蒸发温度/℃	排气压力/MPa	冷凝温度/℃
R22	30	0.45 ~ 0.50	4 ~ 6	1.20 ~ 1.40	33 ~ 38
	35	0.48 ~ 0.52	5 ~ 7	1.50 ~ 1.80	40 ~ 50
	40	0.58	10	2.20	58

注：1. 表中环境温度为夏季室外温度值。
　　2. 窗式、分体式空调器在制冷过程测得的压力符合表中压力，则说明充灌制冷剂量合适。

3. 制冷系统管路除污、除垢和加冷冻油

（1）管路内壁除污　管路内壁除污常用的方法有高压气体吹除和溶液清洗两种，有时也二者并用。吹除常用压缩空气或压缩氮气，小型机组有时也用制冷剂进行吹除。

吹除清污一般分段进行，先吹高压系统，再吹低压系统。排污口一般设在系统中设备的最低位置，以利于污物的排出。吹除的效果可用下列方法进行检验：用干净的白纱布放置在排污口处，若白纱布上没有污染的痕迹，证明系统已吹除干净，可以结束吹除工作。吹污的压力一般控制在1.5MPa以下。

普通铜管的清洗先用15% ~ 20%的氢氟酸溶液腐蚀3min，除掉弯管内的污物，再用10% ~ 15%的苏打水溶液和热水冲洗，最后在120 ~ 150℃温度下烘干3 ~ 4h；毛细管的清洗先用650℃左右高温烤去管内油污，待冷却后用高压气体吹净灰尘，再用四氯化碳冲洗，用氮气或干燥空气吹干。

（2）水侧换热器防垢与除垢　采用再循环水系统的空调器如家用中央空调等时，水垢

对水侧换热器的性能影响很大。常用的防垢措施与除垢方法如下：

1）水垢的预防措施

① 清除或降低水中的硬性矿物质、控制产生沉淀性盐类的硬度值。钙盐与镁盐的水溶物是硬性化合物，而钠盐的水溶物是软性化合物，因而可用钠来置换无机物中的部分钙和镁，即对冷却水进行软化处理，使硬水变成软水。

② 控制影响水垢形成的无机物溶解度条件。影响水垢形成的因素主要是水的硬度、碱度和总的溶解度，这些因素受循环系统水的蒸发量、补给量和排放量三者的影响。水蒸发时是以纯水状态离开系统，而无机物溶质却留在系统中，而补入的新鲜水带了新的溶质。如果保持冷却水循环系统储水量不变的话，那么由于蒸发会使水中无机物溶质浓度不断增加，当超过其溶解度时就会产生沉淀和结垢。因此，这些因素需要合理的设计与操作来控制。

2）水垢的清除。对于水侧换热器及水路中的水垢常采用化学法清除。除垢剂一般分为固体除垢剂和溶体除垢剂两种。除垢时，按一定浓度将除垢剂加入水系统中，开启水泵水系统循环运行 30～40min，排净循环过的水溶液，再用清水将系统冲洗干净。

（3）压缩机的加油　空调器中使用 R22 往复式压缩机时，多采用国产 25 号或 18 号冷冻机油；使用 R22 旋转式压缩机时，多采用国产 25 号或进口 MS32、MS56 等牌号的冷冻油。压缩机加油量随机型、功率、容积的不同而异。新机出厂时已灌足冷冻油并密封，因油流失、换油、缺油而加油时，若无铭牌标注加油量，可参考表 7-2 的参考值。

表 7-2　空调器全封闭压缩机加油量参考值

压缩机功率/W	120	190	370	570	740	1140	1530	2290
充油量/L	0.35	0.50	1.00	1.00	1.50	2.10	2.10	2.50

1）拆机加油或换油。将原压缩机油倒入经过净化干燥后的透明容器内（或酒瓶内），鉴别冷冻油的质量。若确认油内出现黑色污迹，或含有烧焦气味时，应更换新油。换油时按同容量（或略有补充）从倒出管端加入（往复式压缩机从吸气管加入，旋转式压缩机从排气管加入）。

2）补油。确认压缩机内缺油需要补油时，对往复式压缩机应在吸气侧接入吸油管吸入，对旋转式压缩机可焊下压缩机排气管倒入。

（二）制冷系统故障检测

1. 观察压缩机的吸、排气压力

空调器制冷系统正常运行的吸、排气压力应小于表 7-3 所示的范围。若压缩机吸、排气压力大于表 7-3 中所示的压力值，则属于不正常运行压力。

表 7-3　空调器制冷系统正常运行的吸、排气压力值

压力范围	R12 风冷		R22 风冷	
	平时 35℃	最高 43℃	平时 35℃	最高 43℃
高压（排气）/MPa	1.22（50℃）	1.46（58℃）	1.93（50℃）	2.31（58℃）
低压（吸气）/MPa	0.36～0.37（5～7℃）	0.52（10℃）	0.58～0.62（5～7℃）	0.68（10℃）

注：1. 括号内的温度为冷凝温度和蒸发温度。

　　2. 栏内"平时"是指夏季的平均温度取用值。

　　3. 栏内"最高"是指夏季的最高温度取用值。

如果环境温度高于表 7-3 中的最高值，其压力也会升高，这不能认为制冷系统有故障，但在超高温环境下运行，空调器是处在超负荷下运行，也属于不正常运行，这会引起电气控制系统中的保护器动作，使空调器停机。

从表 7-3 中可以看出，压缩机的排气（冷凝）压力与冷却介质的温度有关。冷却介质温度高时，冷凝压力和冷凝温度也相应升高。因此，表 7-3 中给出的是在正常情况下冷却介质的冷凝压力极限值。若冷凝压力超过表 7-3 的压力范围，则系统运行压力不正常，应检查原因。

对吸气压力而言，如果冷却介质在正常温度范围内，吸气压力很低，也属于不正常。但当冷却介质温度较低时（如秋天使用空调器，风冷凝的进风温度一般会在 30℃ 以下），系统的吸气（蒸发）压力也要下降。

另外，使用的节流元件不同，其吸气（蒸发）压力的变化规律也不同。当使用毛细管为节流元件时，排气压力升高，吸气压力也随之升高；反之，则下降。在使用热力膨胀阀为节流元件时，吸气压力与排气压力的变化关系不大，而与室内冷负荷有关，即冷负荷大，吸气压力则上升，冷负荷小，吸气压力则下降。

用测量制冷系统压力的方法来查看空调器运行是否正常时，如果压力不正常，其原因需要在检查其他情况后加以综合分析。

2. 观察蒸发机组的进、出风温度差

蒸发机组的进、出风温度差，各种型号及不同厂家的产品都有不同，这与厂家设计、制造或选用风机大小有关。因为风量大，其温差就小；风量小，其温差就大。在设计家用空调器时，往往为了降低噪声，以不过分地牺牲制冷量为原则，各厂家都尽量减小风量，这已成为当前设计时选用风机的一个规律。因此，目前绝大部分空调器的蒸发机组的进、出风温度差一般都在 10~12℃ 之间，其制冷效果较好，但也有个别空调器有可能偏高或偏低。所以，在观察蒸发机组进、出风温差时，还要对照被测空调器的技术指标。

3. 吸气管结露检测法

吸气管结露检测法主要是观察压缩机吸气管的结露程度。正常工作情况下，往复式压缩机回气管至压缩机吸气管端应全部结露；旋转式压缩机回气管至压缩机一旁的储液器应全部结露。这时应视为充注制冷剂量适中，一旦不结露或蒸发器结霜，则判断制冷剂不足（或毛细管、膨胀阀微堵）；反之，结露至半边压缩机壳体，则说明充制冷剂过量（或装有膨胀阀的空调器阀孔开启过大）。

4. 视液镜检测法

视液镜检测法是通过制冷系统输液管路上装备的视液镜，观察制冷剂的流动状态来分析判断制冷系统是否有故障。液体制冷剂通过视液镜无气泡出现，则判断为制冷剂充足；液体制冷剂通过视液镜进口出现气泡，则说明制冷剂略缺；气泡连续不断，则判断制冷剂不足；液体制冷剂通过视液镜如装满水的玻璃，甚至压缩机半边壳体都结露，说明充冷过量；视液镜如果看不到液体，则表明制冷剂已全部泄漏。

5. 滴水检测法

滴水检测法主要是观察空调器在制冷工况下，室内机组（蒸发器）排出的冷凝水的情况。在夏季，空调器滴水连续不断，则说明正常；长时间滴一点水或不滴水，则说明制冷剂不足或有其他故障，但要区别在环境的含湿量变化较大的情况下，房间制冷较好时滴水情况

的不同（以这种方法确定误差较大，只能作为参考）。

（三）制冷系统零部件更换

在更换制冷系统零部件时，应对新的零部件进行检查：注意型号、规格是否符合，外观有无破损，换热器的散热翅片有无变形和堵塞，连接部分的弯头、接口有无变形、裂痕等。

1. 更换毛细管

毛细管发生的故障主要是脏堵和冰堵两种。其原因是制冷系统内有污物和水分。脏堵一般发生在过滤器内和毛细管进口端，遇此情况应更换过滤器和用氮气吹净毛细管中的脏物。

冰堵多发生在毛细管的出口端，造成冰堵的原因是系统内进入过量的水分，可用干燥抽真空的方法去除制冷系统中的水分。在检修过程中很容易使水分进入系统，例如，制冷剂含水量过高；抽真空后没有把接头附近的冷凝水擦去，使冷凝水被吸入系统内；夏季空气湿度较大，修理时湿空气进入管道及蒸发器内部，遇冷凝结为小水珠；另外，充灌制冷剂用的接头及连接管道，如果放置在比较潮湿的地方，水气进入内部，也会凝结为水珠。所以，在修理过程中，要特别防止上述现象发生，更不要让系统打开后，在空气中暴露过久。

发现毛细管堵塞严重时，应予以更换。安装前，应对新毛细管进行检查，观察有无外观变形、砂眼或破损等，然后将毛细管在原焊接处焊好。焊接时要细心操作，切勿使毛细管变形和被焊渣等堵塞。

拆卸毛细管时，应从分配器的焊口处或者过滤器焊口处取下。图 7-5、图 7-6 所示分别为两种常见机组的毛细管的拆卸位置。

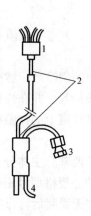

图 7-5　毛细管的拆焊位置之一
1—分配器　2—封焊口
3—易熔塞　4—过滤器

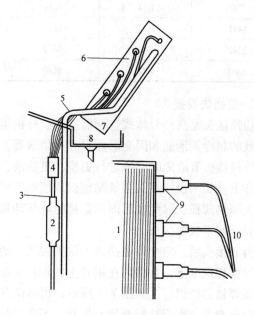

图 7-6　毛细管的拆焊位置之二
1—冷却器　2—过滤器　3—焊口　4—分配器　5—气管
6—毛细管　7—冷却器　8—接水盘　9—焊口　10—毛细管

选择毛细管时，一般是在选定内径之后，再决定其长度。在实际工作中，往往是在一定条件下，根据测试流量结果来决定毛细管的长度。

用液体测定法和气体测定法可以方便地测量出毛细管的流量。测量前，先将使用过的若干根毛细管拆下作为标准，装在测量台上；再测出它们对液体和气体的阻力流量值，作为选择毛细管的依据。用液体测量时，可用量杯测出从毛细管出口处流过的流量。用气体（氮气）测量时，可用气体流量计测出从毛细管出口流过的流量。毛细管要连接在入口压力为 1MPa 的表压容器上，且环境温度要保持不变。

在制冷系统上直接测定毛细管流量是一种可行的方法。具体方法是：在制冷系统的排气管上连接一个压力表，吸气口通过压力为零（表压力）的干燥空气或氮气；开动压缩机后，制冷系统的压力达到 $5.39 \times 10^5 \sim 5.88 \times 10^5$ MPa 为佳。这种方法得出的结果精度虽不太高，但在维修中可以使用。

毛细管的长度应与制冷系统的制冷能力相匹配。若毛细管过短或过粗、阻力过小，会导致制冷剂大量流掉，毛细管内易混入热气使制冷量减少，也易造成液体倒流到压缩机。相反，若毛细管过长或过细、阻力过大，则制冷剂的流量不足，液体都聚积在冷凝器中，造成排气压力过高；同时，由于向蒸发器的供液量不足，而造成吸气压力过低。空调器所用毛细管的选用见表 7-4。

表 7-4　毛细管的选用

压缩机功率/W	制冷剂	冷凝方式	空调器机种	蒸发温度 −6.7 ~ +2℃	
				管长/m	内径/mm
559	R12	风冷	冷风型	3.05	1.78 ~ 2.03
736	R22	风冷	电热型	3.66	1.78
1491	R22	风冷	热泵型	2.44	2.04
2240	R22	风冷	柜式	3.66	2.22
3680	R22	风冷	柜式	3.05	2.04

2. 更换快换接头

快换接头是高档分体式空调器室内、外机组连接的重要部件之一，其常见故障有接头损坏导致的制冷剂泄漏和因变形而引起的堵塞等。

快换接头有故障时必须进行更换。更换前，应先放出制冷管路中的制冷剂，然后将快换接头卸下。如果快换接头是紧贴地面或墙壁安装的，可将其配管稍微抬起，并在快换接头下面铺上隔热薄板，以免在后面的焊接时烧坏地板或墙壁。再取下套在管道上的保温材料，然后按要求卸下快换接头。

拆卸接头后，应立即更换新的快换接头。更换时，将快换接头的两部分主体分离，用气焊将焊接部位取下，并将附在铜管上的焊料清除干净。然后，将新的、规格型号相符的快换接头在焊接部位焊好，如图 7-7 所示，再将两部分主体接好，在检查无泄漏后将保温材料覆盖回制冷管上。在焊接时要细心操作，不要使快速接头过热。可以一边冷却，一边焊接。

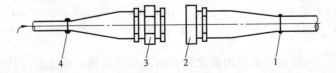

图 7-7　快速接头的焊接位置
1、4—焊接部位　2—S2 主体　3—S1 主体

3. 更换电磁四通换向阀

拆卸四通换向阀时，先取下面板，将四通换向阀拉出机体后，再放出制冷管路中的制冷剂，然后卸下固定四通换向阀的螺钉，取出电磁线圈，再将四通换向阀连同配管一起取下。由于电磁四通换向阀内部装有特氟隆密封件，用气焊取下时，要防止四通换向阀过热。当四通换向阀连同配管一同取出机外后，再将配管与四通换向阀分开，注意将配管的方向角度做一记号。取下配管后，将上面的残存焊料去除。

安装电磁四通换向阀时，先将要安装的四通换向阀核对一下，看型号、规格是否相同。相同时，将四通换向阀的盲盖去除，将它与配管焊在一起后装上去。安装时，特别注意要保持四通换向阀的水平状态。为不使四通换向阀内部的密封件损伤，切不可使阀体过热，要用湿布将四通换向阀阀体包卷好，用注水器边注水边焊接。焊接时，最好从气体一侧的三通阀处充入氮气，以实现无氧焊接，防止管内壁氧化。然后，将四通换向阀及配管装入机内原来的地方，与制冷管路焊接在一起。最后，装入电磁线圈及接线，不要使线端松弛。

4. 更换压缩机

拆卸空调器压缩机时，应在断电状态下将压缩机上的电气接线盒打开，拔下导线及电气零部件，然后分别焊开高、低压管，使压缩机与制冷管路分离，最后拆下紧固件即可。安装时，注意焊接的时间和质量。

在更换压缩机时，应选择使用条件在下列范围内的压缩机：最高冷凝温度为55℃，最大压差为1.6MPa，最高排气温度为150℃，蒸发温度为5~7.2℃。目前国内空调器所用全封闭式压缩机名义制冷量测试工作情况（空调工作情况）为：蒸发温度为5℃，冷凝温度为40℃，吸气温度为15℃，过冷温度为35℃，环境温度为（30±5）℃。

旋转式压缩机旁边的储液器的作用是防止压缩机液击，并将制冷系统中的冷冻油循环回流至压缩机。不同型号的压缩机，旁边的储液器大小不同，选用时一定要注意区别。储液器小的一种，配用于冷风型空调器；储液器大的一种，配用于热泵型空调器。一旦热泵型空调器压缩机损坏，误配小的储液器，在制热过程中易出现"液击"现象而损坏压缩机，而且热泵型毛细管的长度、制冷剂充灌量、换热面积、管路走向、换向阀位置等也与冷风型不同。表7-5是国产（西安）YZ系列旋转式全封闭压缩机的规格参数。

表 7-5　国产（西安）YZ 系列旋转式全封闭压缩机的规格参数

型号	YZ—12	YZ—14	YZ—19	YZ—23/23R	YZ—27/27R	YZ—30/30R
制冷量/W	1470	1670	2250	2740	3180	3580
电动机输出功率/W	400	500	600	750	950	1100
能效比/（W/W）	2.75	2.75	2.81	2.75	2.92	2.81
制冷剂	R22	R22	R22	R22	R22	R22
冷冻油注入量/mL	400	400	400	500	500	500
机体重量/kg	8.8	9.15	10.5	13.4 13.6	13.7 14.0	13.8 14.1
起动方式	PSC/CSR			PSC/CSR		
运行电容	23μF/420V			23μF/420V 或 29μF/420V		
起动电容	50μF/290V			30μF/300V		

（四）常见故障与排除

空调器的故障总是由一些典型的表面现象表现出来的，而这些现象不可能直接反映出空调器内部的实际故障所在。因此，在检修故障时应综合分析，按照空调器控制和运行的规律深入到有关系统的内部，找出故障的原因进行修理。下面介绍一组家用空调器常见故障和维修的实例，仅供参考。

1. 空调器不制冷

（1）故障现象　接通电源，空调器压缩机运转但不制冷。

（2）故障原因　可能是制冷循环系统冷凝器、蒸发器及其他管路有漏气；压缩机高、低压阀片断裂；压缩机气缸漏气；制冷循环系统干燥过滤器或毛细管有脏堵。

（3）故障修理　首先，检查管路及各接头处有无制冷剂泄漏，用卤素检漏灯查出漏气点后用银焊补漏，抽真空后重新充灌制冷剂。若制冷剂不漏，可进而检查毛细管或干燥过滤器有无受阻。用压力表测量低压吸气口的压力如何。将蒸发器风扇关闭，若未受阻，则蒸发器盘管四周应有均匀霜层出现；若受阻，则阻塞的断面不结霜。此时应更换蒸发器。

2. 空调器制冷效果不佳

（1）故障现象　空调器接通电源后能正常运转，但制冷效果不佳，室温降不下来。

（2）故障原因　可能是制冷循环系统冷凝器或蒸发器及其他管路有漏气；压缩机高、低压阀片击穿或气缸漏气；压缩机驱动电动机起动与运转电容器容量减退；压缩机驱动电动机定子绕组之间短路；空调器室内侧空气循环系统的空气过滤网堵塞；空调器室外侧的冷凝器表面脏物太多；空气循环系统的风扇电动机起动与运转电容器容量减退；空气循环系统的风扇电动机定子绕组之间短路；新风过量。

（3）故障修理　首先，应检查空气过滤网及冷凝器表面有无脏物，若有，则应加以清洗。然后，检查管路、压缩机及风扇电动机，若有泄漏问题，处理方法同上例。若电动机起动与运转电容容量减退，则应更换。若风扇电动机定子绕组之间存在短路，则通过万用表测量后加以判断处理。对于新风过量问题的处理最简单，可关小新风栅。

3. 空调器向室内漏水

（1）故障现象　空调器工作时，不断向室内漏水。

（2）故障原因　可能是空调器放置不平衡，室外部分比室内部分高，使水不能从排水管流出而积存在底盘内，流入室内；排水管堵塞，多余的水从底盘中溢出，流入室内；排水管渗漏。

（3）故障修理　首先，检查排水管是否畅通，若有堵塞，应及时清除；若有渗漏，应用防水密封物质堵漏，以使排水顺畅。若排水管无异常，应仔细调整空调器的水平位置，并使室内的一端略高于室外一端。调整后，将机内的积水擦干，以免机器生锈及影响机器的电气绝缘性能。

4. 冷、暖两用空调器制冷和制热效果差

（1）故障现象　冷、暖两用空调器通电后能正常运行，但制冷和制热效果均差，空调器较长时间运行后，室温仍达不到预定温度。

（2）故障原因　可能是温度调节器位置不准确；管路微堵；空气过滤网堵塞；空调房间的空间过大；空调器制冷剂泄漏或发热元件接触不良等。

（3）故障修理　首先，查核房间的大小与空调器的功率是否相适应。若房间过大，空调效果不良属于正常。若空调器的负荷并不大,应检查温度调节器的位置是否偏离准确点。再清扫空气过滤网,保证气流的通畅。

上述故障排除后,再检查管路是否存在脏堵。若有,应及时清洗,排除脏堵故障。若是制热异常,需检查发热部件的引线、接触器以及发热部件回路中的保护装置等,保证电气性能良好。

总之,空调器故障现象多种多样,造成故障的原因及排除方法也不一样。为了方便读者快速查找空调器故障及其寻找排除方法,特列出窗式(见表7-6)、分体挂壁式(见表7-7)空调器的故障检修速查表,仅供参考。

表 7-6　窗式空调器故障分析表

故 障 现 象	原　因	检　查
空调器不运转	1)无电源电压 2)定时器开关断路 3)主控开关触点开路	1)测量电源电压 2)检查定时器触点 3)测量空调器电路以及主控开关
压缩机运转但风机不转	1)主控开关故障 2)风机与风机电容器故障 3)风机电路故障	1)检查主控开关 2)检查风机线圈与电容器 3)检查风机电路有无断路处
风机能运转,但压缩机不转	1)压缩机故障 2)压缩机电容器故障 3)温度控制器故障 4)压缩机过载保护器故障 5)除霜定时器故障 6)压力继电器故障	1)检查压缩机电动机绕组 2)检查压缩机电容器是否损坏 3)检查温度控制器 4)检查热保护器 5)检查除霜定时器 6)检查压力控制器
压缩机"嗡嗡"响,但不运转	1)电源电压偏低 2)压缩机运转电容器损坏 3)压缩机故障 4)接线端子松动或接触不良 5)制冷剂过多或系统堵塞	1)检查电源电压 2)检查电容器 3)检查压缩机电动机线圈 4)检查接线端子以及线路 5)检查制冷系统
风机与压缩机运转,但不制热	1)四通阀机械卡死 2)除霜温度控制器故障 3)四通阀线圈及控制电路故障 4)接触器线圈以及触点损坏 5)温度保护器与温度熔断器以及电加热器故障 6)缺制冷剂	1)检查四通换向阀 2)检查除霜温控器 3)检查换向阀线圈供电电路 4)检查交流接触器 5)检查温度保护器与温度熔断器以及电加热器是否正常 6)检查制冷剂
风机运转,但压缩机运转一段时间后自动停机	1)压力继电器与系统故障 2)压缩机或四通阀故障 3)室外机脏堵或热保护故障 4)电源负载电压过低 5)缺制冷剂	1)检查压力继电器及制冷系统 2)检查压缩机或四通换向阀 3)检查室外机与热保护器 4)检查电源电压 5)检查制冷剂
空调器能制热,但不能自动进行除霜	1)除霜温控器故障 2)除霜定时器故障 3)除霜温控器感温包与室外散热器管路接触不好 4)除霜温控器感温包位置不对	1)检查除霜温控器 2)检查定时器是否正常 3)检查散热器与除霜感温包是否接触良好 4)检查除霜温控器感温包位置是否正确
压缩机风机运转,导风电动机停转	1)导风电动机与导风开关损坏 2)主控开关触点接触不良	1)检查导风电动机与导风开关 2)检查主开关

(续)

故 障 现 象	原　　因	检　　查
制冷与制热正常但不停机	1)温控器故障 2)室内温度过高或过低	1)检查温控器 2)测量室内散热是否过快
电热空调器风机运转,但不制热	1)温控器与接触器故障 2)温度熔断器与加热器故障	1)检查温控器与接触器是否正常 2)检查温度熔断器与电加热器
空调器漏电	1)压缩机或风机绝缘击穿 2)电源零线断开 3)电源线碰壳	1)检查电气元件绝缘电阻 2)检查电源电路 3)检查电源电路
空调器制冷与制热正常,但出风量过小	1)风机线圈与机械故障 2)风机电容器损坏 3)空调器散热器与过滤网堵塞	1)检查风扇电动机是否正常 2)检查电容器 3)检查过滤网与散热器
空调器开机即熔断电源熔断器	1)压缩机与风机线圈短路 2)空调器线路接错或内部短路	1)检查压缩机与风扇电动机线圈 2)检查空调器内部接线
空调器运转,制冷或制热效果不好	1)缺制冷剂 2)四通阀故障 3)换热器脏堵	1)检查空调器有无泄漏 2)检查空调器四通阀 3)检查换热器

表 7-7　分体挂壁式空调器故障分析表

故 障 现 象	故 障 原 因	检　　查
电源无显示,室内外风扇电动机和压缩机不工作	1)无电源电压或电源变压器坏 2)室内主控板压敏电阻或熔断器烧坏 3)室内主控板部分电路故障 4)电源插头接触不良、连接线头松动、内部接线错误	1)检查电源和电源变压器 2)检查主控板压敏电阻或熔断器 3)检查主控板部分电路 4)检查电源插头、连接线头和内部接线
电源显示正常,室内、外风扇电动机运转,室外压缩机不工作	1)室内感温热敏电阻故障 2)室外高、低压力开关损坏或系统压力过高或过低 3)室内、外控制信号线或压缩机线圈故障 4)室内或室外主控板部分电路故障 5)电源电压过低或室外电源线接触不良	1)检查室内感温热敏电阻 2)检查高低压压力开关 3)检查室内外控制信号线和压缩机 4)检查主控板部分电路 5)检查电源电压和室外电源线
室内、外风机运转正常,但压缩机不工作(或压缩机"嗡嗡"响,不运转)	1)室外压缩机线圈或运转电容损坏 2)室外主电路板压缩机驱动电路故障 3)室外压缩机接线端子处接触不良或引出线断开 4)室内主控板过流检测电路或驱动电路故障 5)压缩机过载保护器损坏或压缩机自身机械故障 6)电源电压过低或室内外信号通信故障	1)检查压缩机和运转电容 2)检查压缩机驱动电路 3)检查压缩机接线端子和引出线 4)检查主控板过流检测电路和驱动电路 5)检查压缩机过载保护器和压缩机 6)检查电源电压和室内外通信信号
室内风机、室外压缩机运转正常,但室外风机不转	1)室外风机电动机或运转电容损坏 2)室内、外信号线断路或接触不良 3)室内、外主控板或管温热敏电阻故障 4)室外风机引线断开或接线端子接触不良	1)检查室外风机电动机和运转电容 2)检查室内、外信号线 3)检查室内主控板和管温热敏电阻 4)检查风机引线或接线端子
室内风扇电动机不工作,但压缩机和室外风扇电动机工作正常(制热状态)	1)室内风扇电动机损坏 2)室内风机电容损坏 3)室内主控板风机驱动电路故障 4)室内风机连接线断或接触不良 5)室内管温热敏电阻损坏 6)制冷剂少	1)检查室内风扇电动机 2)检查室内风机电容 3)检查主控板和驱动电路 4)检查风机驱动电路 5)检查室内管温热敏电阻 6)检查制冷剂

（续）

故 障 现 象	故 障 原 因	检 查
电源显示灯亮,但空调器整机不工作	1）电源电压过高或过低 2）室内主控板部分电路有故障 3）室内风速检测元件损坏	1）检查电源电压 2）检查室内主控板电路 3）检查室内主控板部分电路
室内、外风机运转正常,但压缩机运转几分钟后自动停机	1）压力开关自动保护或自身损坏 2）压缩机机械故障或线圈故障 3）热继电器保护或自身损坏 4）主控板损坏、环温热敏电阻损坏或安放位置不对 5）电源电压过低或接触不良 6）制冷剂少	1）检查压力开关 2）检查压缩机 3）检查热继电器 4）检查主控板与环温热敏电阻 5）检查电源电压 6）检查制冷剂
空调器工作正常,室内导风电动机不转	1）室内导风电动机损坏 2）室内主控板驱动电路故障 3）室内导风电动机机械卡死	1）检查导风电动机 2）检查主控板驱动电路 3）检查导风电动机扇叶
空调器插上电源即熔断熔断器	1）空调器内部接线错误 2）压敏电阻损坏 3）空调器部分电气元件短路 4）压缩机绕组绝缘击穿	1）检查风机、压缩机 2）检查压敏电阻 3）检查空调器电脑板 4）检查压缩机
空调器制冷正常,但达到设定的温度后空调器不停机	1）室内环温热敏电阻短路 2）主控板温度检测电路故障	1）检查室内环温热敏电阻 2）检查温度检测电路
冬季制热时四通换向阀线圈上无电压或有电压,但换向阀线圈不吸合	1）室外主控电路板或四通换向阀故障 2）室内、外控制信号线断 3）主控板驱动电路或温度检测电路故障 4）室内环温热敏电阻短路 5）四通换向阀机械卡死	1）检查主控板与四通换向阀 2）检查控制信号线 3）检查驱动电路 4）检查室内环温热敏电阻 5）检查四通换向阀
制冷正常,但室内风扇电动机转速低	1）室内风扇电动机或运转电容损坏 2）室内风扇电动机引出线断开或接触不良 3）室内管温热敏电阻损坏或室内温度过低 4）室内风机速度检测电路或主控板故障	1）检查风扇电动机与电容 2）检查风扇电动机接线 3）检查室内管温热敏电阻与主控板 4）检查风机速度检测电路
插上电源或开机后,空调器漏电	1）空调器内部接线错误 2）空调器电气元件短路或击穿 3）空调器接地线自身带电或零线断路	1）检查空调器内部接线 2）检查空调器电气元件 3）检查接地线和零线
空调器制热运行时室外机不自动除霜或除霜频繁	1）内、外管温热敏电阻故障 2）外信号线断路或接触不良 3）外主控电路板故障 4）系统中制冷剂过多或过少	1）检查相应管温热敏电阻 2）检查室内、外信号线 3）检查室内、外主控板电路 4）检查制冷剂

复习思考题

1. 空调器制冷系统正常运行的吸、排气压力是多少？

2. 空调器制冷系统故障应从哪几方面进行检查？

3. 空调器风路循环系统故障应从哪几方面进行检查？

4. 空调器电气系统故障应从哪几方面进行检查?

5. 空调器整机不工作的原因有哪些?

6. 简要说明空调器制冷不良的可能原因。

7. 如何正确更换四通换向阀?

8. 如何正确更换制冷压缩机?

9. 如何正确更换毛细管?

项目8

家用中央空调维修

典型工作任务1　电气系统维修

一、学习目标

相对普通房间空调器，家用中央空调功能更加强大，结构更加复杂，加之家用中央空调具有不同类型，型号种类众多，家用中央空调故障的检修与排除也比普通房间空调器复杂。通过本任务相关知识的学习，应达到如下学习目标：

1）能进行多联机主电路电气系统的故障排除。

2）能进行多联机辅助电路制冷系统的故障排除。

二、工作任务

在了解家用中央空调类型、结构与电气系统工作原理的基础上，通过分析海尔 H—MRV 机组电气系统常见的故障现象，学习家用中央空调电气系统常见故障的维修方法。具体来说，工作任务如下：

1）室内机电气系统故障检修。

2）室外机电气系统故障检修。

3）电磁四通换向阀的故障检测。

三、相关知识

造成家用中央空调不制冷、制冷效果不好的原因很多，表现的故障现象也不尽相同，在分析时首先要判断是制冷系统故障还是电气系统故障。一般来说，如果内风机、外风机、压缩机运行正常，但不制冷，故障一般出在制冷系统部分；再通过检测压力、温度，观察各部位的结霜、结露情况，就可判断故障原因所在。如果内风机、外风机、压缩机有一个不工作或都不工作，则问题一般出现在电气控制部分；再通过对电压、电流、电阻、压力等数据的判断，就可以找出故障原因所在。

（一）室内机故障诊断检修

通过线控器上的显示进行故障诊断，内机显示故障码的判定：海尔 KVR 对应的线控器的拨码是 13 在"on"，24 在"off"。线控器故障显示表，参见表8-1。

应该注意的是，如果线控器显示故障码不在以上显示内容之中，应检查线控器的拨码是否正确，并纠正。如果机号设置重复，可能导致报 E5、E9 及外机不能正常工作报警等现象。因此严禁设置重复现象。

下面从表 8-1 故障类别中选取几个故障实例进行分析。

表 8-1　室内机故障类别与显示代码

故　障　类　别	显　示　故　障
浮子开关异常	E0
室外机故障	E1
异常运行故障	E2（KVR 中不显示此故障）
液管温度传感器故障	E3
气管温度传感器故障	E4
室内机 846 芯片与 808 芯片通信异常	E5
与电子膨胀阀盒通信异常	E7
线控器与室内机控制板通信异常	E8
室内外机通信异常	E9
水温传感器异常	EB（预留，暂不用此故障）

1. 浮子开关异常（E0）

图 8-1 所示为浮子开关电路板端子位置；图 8-2 所示为浮子的结构。

浮子开关端子

水泵端子

图 8-1　浮子开关电路板端子位置

浮子开关异常可能存在以下问题：

1）浮子开关端子没有插接好。

2）水泵电动机电源插接件没有插接好。

3）排水管的安装存在问题。

4）接水盘将水泵电动机堵转或异物将水泵堵转。

5）内机电脑板存在问题。

2. 液管温度传感器故障（E3）

图 8-3 所示为液管温度传感器在电路板的接线位置。

（1）故障类别判定

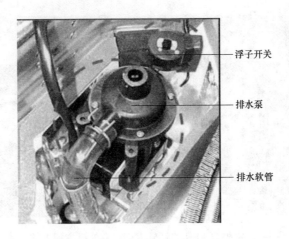

图 8-2 浮子的结构

1）判断传感器是否连接到位。

2）用万用表测传感器阻值是否正确（符合规定要求）。

3）电脑板是否存在故障。

4）传感器是否短路或断路。

（2）温度传感器故障诊断方法总结 经过以上两个传感器故障的了解，可发现解决传感器故障的三步法：

1）检查传感器的插接、连接是否正确到位。

2）检查传感器的阻值是否符合出厂时的要求，是否发生了变化。

3）检查传感器所在的电脑板是否存在故障工作。

图 8-3 液管温度传感器在电路板的接线位置

（二）室外机故障诊断检修

1. 室外机电脑板故障

通过室外机主板 LED 可以对室外机故障进行判定。室外机 LED 故障显示灯在室外机主板上的位置如图 8-4 所示。表 8-2 是 KVR—80W/B520A 室外机故障类别判断表。利用表 8-3 可以对 KVR—125W/B720A 和 KVR—150W/B720A 的故障进行判断。

LED故障显示灯

图 8-4　室外机 LED 故障显示灯在室外机主板上的位置

表 8-2　KVR—80W/B520A 室外机故障类别判断表

故 障 类 别	LED 灯闪烁次数
室外机除霜温度传感器异常	闪 1 次
室外机环境温度传感器异常	闪 2 次
压缩机吸气温度传感器异常	闪 3 次
压缩机排气温度传感器异常	闪 4 次
室外机 AC 过电流保护	闪 6 次
室外机 DC 欠电压保护	闪 7 次
室外机功率模块过电流保护	闪 9 次
室外机 EEPROM 故障	闪 10 次
压缩机排气过热保护	闪 11 次
室外机 857 芯片与 808 芯片通信异常	闪 12 次
室外机系统压力过高保护	闪 13 次

表 8-3　KVR—125W/B720A 和 KVR—150W/B720A 室外机故障类型判断表

外 机 故 障	LED 灯闪烁次数
室外机除霜温度传感器异常	闪 1 次
室外机环境温度传感器异常	闪 2 次
室外机吸气温度传感器异常	闪 3 次
室外机排气温度传感器异常	闪 4 次
室外机 AC 过电流保护	闪 6 次
室外机 DC 欠电压保护	闪 7 次
IPM 保护	闪 9 次
室外机 EEPROM 故障	闪 10 次
压缩机排气过热保护	闪 11 次
室外机 857 芯片与 808 芯片通信异常	闪 12 次
室外机系统压力过高保护	闪 13 次

2. 故障实例

排气过热保护（对应指示灯闪烁 11 次）　关于排气温度过高的分析，在排除了传感器和电脑板的问题以后，主要的几个原因如下：

1）系统可能有漏点，造成制冷剂的泄漏。重点检查焊点和单向阀等人为连接的部位。如果有漏的地方，一般也会有油污存在，这是因为压缩机中的润滑油被带出的原因。通过测量高、低压力和判断吸、排气的过热度也可以判断。

2）系统可能存在堵塞的地方（包括电子膨胀阀打不开），致使制冷剂不能顺畅地回来。这种情况的表现一般是低压较低，高压较高，压缩机的电流也较大。

3）检查压缩机的接线端子是否牢靠。如果不牢靠，也可能造成压缩机发热大、效率低、排气温度高。

（三）电磁四通换向阀的故障检测

1. 中间流量

由四通阀结构不难发现，当主滑阀处于中间位置状态时（见图 8-5），E、S、C 三条接管互相串通，有一定的中间流量，此时，压缩机高压管内的制冷剂可以直接流回低压管。设计中间流量的目的是当主滑阀处在中间位置时，能起到卸压的作用，避免空调系统受高压破坏。

2. 压力差与流量的关系

四通阀换向的基本条件是活塞两端的压力差（即排气管与吸气管的压力差）$(F_1 - F_2)$ 必须大于摩擦阻力 f，否则，四通阀将不会换向。换向所需的最低动作压力差是靠系统流量来保证的。

当左右活塞腔的压力差 $(F_1 - F_2)$ 大于摩擦阻力 f 时，四通阀开始换向。当主滑阀运动到中间位置时，四通阀的 E、S、C 三条接管相互导通，压缩机排出的制冷剂一部分会从四通阀 D 接管直接经 E、C 接管流向 S 接管（压缩机回气口），形成瞬时串气状态。此时，若压缩机排出的制冷剂流量远大于四通阀的中间流量损失，高低压差不会有大的下降，四通阀有足够大的换向压力差使主滑阀到位；如果压缩机排出的制冷剂流量不足，因四通阀的中间流量损失会使高低压差有较大的下降，当高低压差小于四通阀换向所需的最低动作压力差时，主滑阀便停在中间位置，形成串气。

3. 造成制冷剂流量不足的原因

1）空调系统发生外泄漏，造成系统制冷剂循环量不足。

2）天气很冷时，制冷剂蒸发量不够。

3）四通阀与系统匹配不佳，即所选四通阀中间流量大而系统能力小。

4）空调机换向时间过短。一般系统设计为压缩机停机一定时间后四通阀才换向，此时高、低压趋于平衡，换向到中间位置便停止，即四通阀换向不到位，主滑阀停在中间位置；下次起动时，由于中间流量作用造成流量不足。

5）压缩机起动时流量不足，变频机更明显。

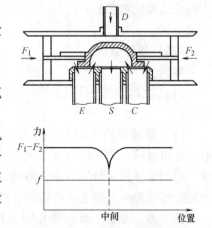

图 8-5　电磁四通换向阀简易图

4. 四通阀换向不良的可能原因

根据部分动作不良实例，将故障原因汇总如下：

1）线圈断线或者电压不符合线圈性能的规定，造成先导阀的阀芯不能动作。

2）由于外部原因，先导阀部分变形，造成阀芯不能动作。

3）由于外部原因，先导阀毛细管变形，流量不足，不能形成换向所需的压力差而不能动作。

4）由于外部原因，主阀体变形，活塞部分被卡死而不能动作。

5）系统内的杂物进入四通阀内卡死活塞或主滑阀而不能动作。

6）钎焊配管时，主阀体的温度超过了120℃，内部零件发生热变形而不能动作。

7）空调系统制冷剂发生外泄漏，制冷剂循环量不足，换向所需的压力差不能建立而不能动作。

8）压缩机的制冷剂循环量不能满足四通阀换向的必要流量。

9）变频压缩机转速频率低时，换向所需的必要流量得不到保证。

10）涡旋压缩机使系统产生液压冲击，造成四通阀活塞部分破坏而不能动作。

5. 电磁四通换向阀维修注意事项

1）判定四通阀故障过程中，比较重要的一点是判断四通阀活塞杆的位置。例如：制冷时阀杆应在右侧，制热时阀杆应在左侧。如果判定阀杆位置正好与正常工作过程时的位置相反，则肯定为四通阀故障；如果阀杆处在中间位置，则先不要更换四通阀，应先充注适量制冷剂后，对空调重新通电，判定四通阀是否可正常换向（此时往往是系统内制冷剂泄漏，导致换向压力不足引起。因此不采用敲击阀体的办法来使四通阀换向，即使当时通过敲击四通阀阀体的方法实现了正常换向，因系统制冷剂没有得到补充，过一段时间，四通阀故障还会出现）。判定四通阀阀杆所处位置的方法非常简单：因阀杆材料为不锈铁，可取一小块磁铁放在四通阀外表面，通过磁铁吸合的位置来判断阀杆的位置。

2）维修空调如需拆下四通阀时，应先拆下四通阀组件，将四通阀主体部分浸在水中再拆除配管；如果要直接拆下四通阀，应先用湿布将四通阀充分包裹，这样可以防止在焊接配管时的高温造成四通阀内部零件的损坏，从而影响四通阀的故障原因分析。

3）在检修空调时，如果需检修四通阀，在空调维修人员从四通阀主体上取下线圈前，应确认线圈的电源是否已切断；更换四通阀后，应把线圈装回，可防止线圈单体通电造成过电流烧坏。

（四）维修案例

案例一

（1）故障现象：一台KR—140W/BP一拖六的空调，内机KR—25N出现线控器显示E3。

（2）故障分析　首先确认E3为内、外机通信故障。因六台室内机都显示E3，初步判断室外机故障；当更换完室外机电脑板后故障依旧，检查屏蔽线以及电磁波干扰情况均属正常；而后单独把信号线拆掉，单独试每一台内机，六台内机中的一台内机出现E3，其他五台均正常，而一旦接上有故障的室内机时，六台内机会同时显示E3。

（3）故障原因　此故障是因为其中有故障的内机电脑板干扰了整个电路，所以和这台室内连接的其他机器都受到了干扰。

（4）解决措施　更换一块新的内机电脑板，试机正常。

（5）故障总结　当室内机同时出现同样的故障报警方式时，不要钻牛角尖，试一下单独连接各台内机，如果故障依旧，可判断这室外机故障。

案例二

（1）故障现象　一台 KR—120W/BP 机型出现 B 系统正常，A 系统不制热，报 E9。

（2）故障分析　首先确认 E9 为室外机故障。打开室外机罩壳，LED 灯闪烁 11 下，为压缩机排气温度过高；接上压力表重新起动 A 系统，压缩机起动电路正常，发现压力为平衡压力，可能的原因是压缩机吸排气不良和四通阀严重串气。如果是压机吸排气不良，直接更换压缩机即可；如果是四通阀串气，很可能会造成压缩机吸排气不良。询问用户得知，这台机器 A 系统刚刚换过一个新的压缩机，因是刚换的压缩机还未使用，排除压缩机故障。

（3）故障原因　四通阀串气。因更换四通阀工艺比较麻烦，必须采取良好的降温措施。更换四通阀后开机正常，再重新通电起动后，又出现平衡压力，在四通阀上敲击，有时也能换向。

（4）解决措施　重新更换一个四通阀，试机正常。

（5）故障总结　在判断故障时，只要感到有把握，可以再更换一个同样的备件，不要看到换上新件后故障依旧，慌了手脚。

案例三

（1）故障现象　KR—75W/BP 通电跳闸。

（2）故障分析　拆外机壳检查，用万用表检查电源线有短路现象，拔下外风机电动机，压机线检测电源线两端仍有短路现象。然后拔下四通阀，电源线两端仍有短路现象；检测整流桥均正常，仍有短路现象。把电容上端的电抗器线拔下，这时发现短路现象消失。

（3）故障原因　电抗器线圈与电抗器壳体打火，短路造成空调器本身的壳体短路。

（4）解决措施　重新更换电抗器，试机正常。

案例四

（1）故障现象　KR—140W/BP 外机，系统带 2 台 50N 内机，安装完毕试机 30min 后线控器显示 E9，外机 LED 灯闪烁 11 次，七段数码管显示 11。

（2）故障分析　室外机显示 11 为排气温度保护动作，因该系统为新装，故排除系统缺少制冷剂的原因；单开一台内机运行 2h 未显示故障，单开另一台内机 10min 显示 E9，判定此内机系统有堵塞现象。

（3）解决措施　经检查发现电子膨胀阀打不开，更换电子膨胀阀后运转正常。

典型工作任务 2　制冷系统维修

一、学习目标

家用中央空调故障的检修与排除比普通房间空调器复杂，在学习家用中央空调制冷系统维修过程中，特别要掌握家用中央空调制冷系统压力与室内、外环境温度的变化关系，为进一步维修打下必要的基础。通过本任务相关知识的学习，应达到如下学习目标：

1）掌握制冷系统压力与室内、外环境温度的变化关系。

2）能进行家用中央空调制冷系统维修的基本操作。

3）能进行家用中央空调调制冷系统的故障排除。

二、工作任务

在了解家用中央空调类型、结构与制冷系统工作原理的基础上，通过分析海尔 H—MRV 机组制冷系统常见的故障现象，学习家用中央空调制冷系统常见故障的维修方法。具体来说，工作任务如下：

1）观察各部位的结霜、结露情况，确定故障部位。

2）分析制冷系统常见故障现象。

3）制冷系统常见故障的排除。

三、相关知识

（一）制冷系统内制冷剂压力值与温度的变化关系

室内、外环境温度越高，其制冷系统的制热高压压力、停机后的平衡压力、制冷低压压力值均会随着温度的升高而提高；反之，室内、外环境温度越低，其制冷系统的制热高压压力、停机后的平衡压力、制冷低压压力值均会随着温度的降低而降低。

当空调器进行制热运行时，室内、外环境温度均较低而且温差很接近。初始制热运行的制热工作压力较低，随着制热的运行室内环境温度逐渐地升高，在室外环境温度未发生变化时，其系统的制热工作压力也会随着室内环境温度升高，制热压力（高压压力）就会逐渐升高。

当空调器进行制冷运行时，室内、外环境温度均很高而且温差很接近，初始制冷运行的制冷（低压）压力较高，随着制冷的运行室内环境温度逐渐降低，在室外环境温度未发生变化时，其系统的制冷工作压力也会随着室内环境温度降低，制冷压力（低压压力）就会逐渐降低。

压力关系的表示：制冷低压约是平衡压力的 1/2。

1）在室外环境温度约为 +35℃ 左右时（不开机），制冷系统平衡压力约为 1MPa（10kg），制冷工作时的低压压力值约为 0.5MPa（5kg）。

注意：空调器制冷系统如果制冷剂不足、残留空气，则会呈现较正常的平衡压力，但检测制冷压力时会出现压力偏低、制冷剂不足现象。

2）在室外环境温度约为 -5℃ 时（不开机），制冷系统平衡压力约为 0.55 ~ 0.6MPa，其强制制冷运行低压压力约为 0.26 ~ 0.3MPa（制冷低压压力的变化随室内机环境温度而变化，室内环境温度越低，其低压压力值也越低）。

值得注意的是，在室外环境温度约为 -5℃ 时，其制热高压压力约为 1.8 ~ 2.0MPa（对应室内环境温度约为 20℃）。

（二）由制冷剂引起的故障分析

1. 制冷剂不足的典型状况

电子膨胀阀开启度大，过度蒸发，导致过热运转，排气温度升高，过热度增大，吐出过热度变大。制冷时，压缩机运转频率低，低压压力低，效果差。当制冷剂不足时，制冷、制热状态下压力和频率的变化倾向如图 8-6 所示。

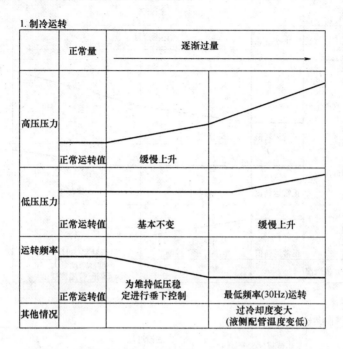

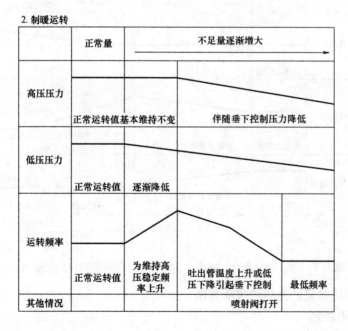

图 8-6　制冷剂不足时，制冷、制热状态下压力和频率的变化倾向

2. 制冷剂过量时的典型状况

高压压力升高，运转频率低限运转，效果变差。制热时，室内机换热器出口处有液态制冷剂积存，室内机液管侧热交换温度较低（出风温度 30℃ 左右），过冷却度变大。

制热时，由于高压升高，使电子膨胀阀关小，蒸发不充分，导致潮湿运转，过热度变小。制冷剂过量时，制冷、制热状态下压力和频率的变化倾向如图8-7所示。

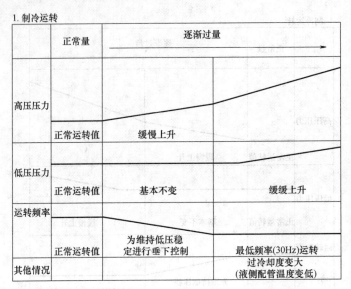

图 8-7　制冷剂过量时，制冷、制热状态下压力和频率的变化倾向

（三）制冷系统常见的故障和排除方法

1. 不制冷或不制热

（1）故障原因　制冷系统无制冷剂。

（2）原因分析　制冷系统无制冷剂的原因多为安装时，其喇叭口制作不规范所致。

（3）检查的主要范围　检查室内、外机连接管接口处是否有漏点。开机观察压缩机等有关部件的运转情况，蒸发器、冷凝器、室外机等组件的连接处是否有漏点。

（4）检测与处理方法　将空调制冷运行，检测系统制冷低压值是否低于0MPa或为负压力值（低于大气压力值）。当检测压力值为负压时，应仔细观察压缩机冷冻油的颜色，确认油色油质是否属正常而无需对系统进行清洗，同时还应对系统内的水分进行检查。经过上述检查未发现其他异常现象后，认真检查每一个可疑漏点（制冷剂泄漏的表面有冷冻油的污渍及灰尘），处理好漏点。用真空泵将系统抽成真空后，定量充注制冷剂。开机制冷或制热，对整机运行进行全面检查，如果运转正常，在30min后对室内机进行进、出风温差的检测，判定是否达到要求。

（5）修复后对系统漏点的检测方法及要求 制冷系统漏点处理完毕后，对其漏点进行检查时，单冷型机的检漏必须关机后在平衡压力状态下进行（因为此时系统压力高，易于找出漏点）；热泵型机，开机具备制热条件时，应在制热状态下进行，使系统压力最高情况下无漏点，保障整机的运行效果。怎样检漏是至关重要的。检漏的基本方法是将海绵浸水后涂上肥皂，使肥皂水液体的浓度适中（不宜过浓，含水分太少，泡沫过多，易蒸发，无法判断漏点，应使肥皂水浓度以吹起气泡为宜）。室外连接管螺母接口应使用镜片反射后观察接口处，包括工艺口顶尖等，每处检漏时间不少于3min。

2. 制冷或制热效果差

（1）故障原因1 制冷系统内制冷剂不足，压力偏低。

1）原因分析：制冷剂不足可能是安装不当造成漏点，也可能是室外机加长管路后，未按照相关规定追加一定量的制冷剂。

2）检测与处理方法：按照制冷剂泄漏的检测方法对系统进行检漏，并定量追加制冷剂；如果是因为连接管加长，要进行追加制冷剂，追加时应按照规定进行，并检测室内机进、出风口的温差。

（2）故障原因2 制冷系统压力高（制冷剂过多、系统空气过多、脏堵等）。

1）原因分析：空调器制冷系统压力过高，制冷或制热效果差，一般是因为系统内制冷剂过多；系统内有空气，特别是加长管未抽空；室内机滤尘网或空气过滤器严重脏堵；室内机风扇转速太慢或不转；室内机出风口、进风口有遮挡物，或通风散热空间太小；室外机冷凝器严重脏堵；室外风机不运转或转速慢；过滤器堵塞；室内、外机连接管弯扁；压缩机吸气不良；气液分离器堵塞；压缩机回气管路不畅。

2）检测与处理方法 首先应解决压缩机冷冻油变质氧化变稠的问题。在油色正常时，可开机制热运行数十分钟，经多次运行试机后，将系统内的冷冻油的温度逐渐升高，油的状态变得很稀，使油温、流动性均得到提高。如果热泵空调不具备制冷条件，可将四通阀线圈与压缩机均通电运行以利于回油。单冷型空调或冷暖型空调在不具备制热的条件下，可采用气焊对可能造成油路堵塞部件辅助加温，并用高压氮气将积油充氮气疏通（由三通工艺口充入氮气，从二通阀口处排出余气），再经真空泵抽空后定量加制冷剂，试机运行。

3. 制冷系统脏堵

（1）原因分析 造成系统脏堵的原因很多，常见为在生产制造过程中有异物进入系统内；安装时，连接管内有异物或安装连接管封闭处理不当，穿墙时管内进入砂土灰尘；在制造或维修焊接管路系统部件时，使焊滴、焊渣进入系统内；因安装等因素造成系统制冷剂泄漏，系统内进入空气将冷冻油氧化变质，形成混浊稠密污垢油堵塞系统管路。这些故障都会造成系统无法正常运行，堵塞部件的位置不同，出现的故障现象也不同，例如无法正常制冷或制热，压力高低不正常。异物（如砂土）进入压缩机严重时，会造成压缩机无法运转等。

（2）检测与处理方法 上述故障不严重时，可用高压氮气进行充气吹出异物；严重时，可将系统管路部分分别拆卸清洗、吹氮气或更换主要易堵塞部件（如毛细管、单向阀、电磁换向阀等），经抽真空定量加制冷剂后，再试机。

典型工作任务 3　综合故障维修

一、学习目标

通过家用中央空调综合故障排除训练，使学生能够更好地运用前面所学的知识，从而培养学生的实际工作能力，特别是分析问题的能力。通过本任务相关知识的学习，应达到如下学习目标：

1）能分析家用中央空调的综合故障。

2）会进行家用中央空调综合故障的排除。

二、工作任务

家用中央空调不制冷、制冷效果不好的原因很多，故障现象也不尽相同，本工作任务主要针对海尔家用中央空调常见的故障现象进行原因排查和维修。具体来说，工作任务如下：

1）压缩机油的检测。

2）家用中央空调综合故障排除。

三、相关知识

（一）压缩机冷冻油的问题与对策

压缩机冷冻油的油质是整个系统能否良好运行的基本保障。空调器在生产过程以及在安装时应严格按工艺操作要求进行处理，从生产过程至安装过程均应使空调器制冷系统内的真空度达到要求。对于压缩机冷冻油油质、油色的检查，在维修时是很有必要的，可以确保其正常使用效果和延长寿命期限。

（1）正常冷冻油　正常的冷冻油应无杂质、污物、清澈透明无异味。

（2）压缩机冷冻油油色变黄处理方法　压缩机冷冻油油色变黄时，观察冷冻油有无杂质、焦味，检查系统中是否进入空气而发生氧化及氧化的程度（一般使用多年的正常压缩机的冷冻油油色也不是清澈透明的）。只要压缩机中没有进入水分，可不必更换冷冻油。油色如果变得较深，可拆下压缩机将油倒出，更换新油。将系统用四氯化碳或三氯乙烯清洗后，用氮气吹污并进行干燥处理。

（3）压缩机冷冻油油色变褐色处理方法　压缩机冷冻油油色变为褐色，油质已混浊，检查气味是否有焦味，并对压缩机内电动机绕组的电阻值进行检测。对于系统管路内的污染，可采用清洗剂清洗。清洗前，先将制冷系统内的制冷剂放出，然后拆下压缩机，从工艺管中倒出冷冻油。在清洗操作时，首先将压缩机和干燥过滤器拆下，然后将毛细管（或膨胀阀）与蒸发器断开，用一根耐压的软管将蒸发器与冷凝器连接起来，再用一根软管将清洗设备与压缩机的吸、排气管牢固地连接起来。清洗所用设备：泵、槽、过滤器、干燥器、各种阀。清洗过程如下，先将清洗剂注入液槽中，然后起动泵，使之运转，开始清洗。清洗时按正向、反向进行多次，直到清洗剂不显酸性为止。对于轻度的污染，只要循环 1h 左右即可；而严重污染的，则需要 3～4h。若长时间清洗，清洗剂已脏，过滤器也有堵塞脏污，应更换清洗剂和过滤器后再进行。洗净后，清洗剂已脏，过滤器也有堵塞脏污，在储液器中的清洗剂要从液管回收。清洗完毕后，应对制冷管路进行氮气吹污和干燥处理。

（4）压缩机冷冻油油色变绿色（系统内有水分）处理方法 制冷系统正常运转时消耗的冷冻油极少。当制冷系统中有水分、空气杂质时，它们和冷冻油及制冷剂将产生化学反应。由于摩擦产生的金属粉末、检修焊接产生的氧化皮以及腐蚀产生的淤渣，都会使冷冻油污染，甚至造成制冷系统内产生氧化后形成氧化铜，有水分时使冷冻油的油色变绿色。制冷系统内真空度良好，其冷冻油正常时为无色透明。如果冷冻油呈轻微的淡黄色，尚且可用。如果呈黄色、红色或褐色，且有焦味时，则必须检测压缩机电动机绕组及绝缘，更换冷冻油并清洗系统。当油色变绿，油液中有水分、焦味很大时，压缩机损坏的可能性最大，因这类故障现象多为系统内有脏漏点，长期使用会使压缩机产生高温摩擦（正常时压缩机靠回油、回气降温冷却），而在散热差的条件下运行压缩机，其绕组绝缘将受到破坏。如果检定压缩机不良，则进行修复的意义和价值就不大了，因为系统的修复清洗很繁琐，而且也很难达到良好的修复效果，为了降低成本并确保修复效果，一般直接更新压缩机。

（二）综合故障维修

1. 例 8-1

（1）故障现象 室外机为 KR—120W/BP，室内机为 KR—32N∗6，用户反映制冷效果差。

（2）故障分析 导致制冷效果差的原因主要有：由于管路泄漏或制冷充注量不准确，使制冷系统缺制冷剂；由于室内机气管或液管温度传感器电阻值异常、位置错误、脱落，导致室内机电子膨胀阀开度过小，使制冷剂充注量减小；由于管路中混进杂物，导致脏堵；管路有弯扁的地方或室外机的截止阀未打开；制冷系统内混有空气；室内机控制地址设定重复。

（3）解决方法 对各台室内机分别进行检查，使用电脑读取室内机 PCB 串行口数据，发现一台室内机的气管温度在室内机运转前后无明显变化，并且可用手感受到电子膨胀阀的动作，说明阀已开启。在切断室内机电动机电源的情况下，使制冷剂在蒸发器中不能完全蒸发。再次测试，发现气管温度下降了，怀疑系统存在脏堵，使制冷剂流量减小了。为进一步查明原因，进行制热运转，使用高压气体反向冲击后，再次进行制冷运转，发现运行一段时间后气温下降了，随后又上升，证明系统确实存在脏堵。经管路吹污后，恢复正常。

2. 例 8-2

（1）故障现象 室外机为 KR—120W/BP，室内机为 KR—32N∗6，关机的 KR—32N 电子膨胀阀导通，室内机不制冷，出风温度不高，室外机结霜。

（2）故障分析 将电脑接入室内机读取内机参数。刚开机时，电子膨胀阀为标准开度 300 步，进管温度为 0℃ 左右，出管温度为 27℃，从现象来看为典型的缺制冷剂现象。观察室外机，发现室外机压缩机排气温度约为 48℃，同时储液管结霜，为典型的充制冷剂过量现象。综合考虑以上现象，判断故障为系统存在短路。考虑到此机型每个压缩机带三个室内机，短路可能是由于其他室内机引起的。经检查发现，由于用户（用户是宾馆）出于方便考虑，将同一系统其他室内机电源使用钥匙牌控制，客人离开房间时直接将钥匙牌拔下给室内机断电，导致电子膨胀阀仍处于开机状态，造成开机时室内机制冷供应不足。

（3）解决方法　将钥匙牌插上使电子膨胀阀复位，试机后正常。

3. 例8-3

（1）故障现象　KR—250W 10 匹一拖二，调试时室外机不工作，两台室内机均显示 E8，室外机指示灯闪烁 8 次。

（2）分析及处理措施　根据室内机、室外机的故障显示初步判定为内、外机通信故障。分别对两台室内机与室外机的通信线路进行检查，线路正常，无连接不牢或通信干扰情况。检查室外机强电部分和室内机供电电路，发现室外机 380V 电路在与内、外供电接线端子排连接时发生错误，误将端子排上的 L、N 接反。调整 L、N 接线后机器正常，此故障为机器电路连接操作失误造成。

4. 例8-4

（1）故障现象　KR—160W/A（BP）S 经常出现报 13 下欠电压故障和 6 下过电流故障，且故障易于在起动时发生，起动后运行正常。

（2）分析及处理措施　从频繁出现故障的室外机开始检查，先测量供电电压为 380 ~ 384V，直流电压在 490 ~ 520V 之间，功率模块的输出三相平衡，压缩机电流三相一致相差 0.5A，正常运行时，频率为 89Hz 电流为 8 ~ 9A，电参数正常。使其重新起动，发现刚起动时电流波动较大，会从 3A 突变到 6A，然后再降下来，瞬时出现，频率升高后，电流正常无波动。用指针表测量功率模块输出，使其再次起动，输出电压稳步上升，在电流波动时，电压未有异常变化，仍平稳上升。而在起动时可以听到压缩机的轻微"嚕、嚕"声，频率上升后，无此异音；再检查压缩机绕组，三相一致，在 1.9 ~ 2.0Ω 处，绝缘电阻正常。初步判断，室外机无异常，可能有回液。然后，用电脑接串口检测室内、外机运行状况，并检查室外机 EEPROM 中存储的故障码，发现为"OH、OC、OC、EP"，再检查室内机参数，发现 3 台室内机（一拖三），一台气管温度为 15℃、液管温度为 8℃，而另外两台，一台未开、一台开启，开机的室内机气管和液管温度接近环温（26℃），分别为 24℃ 和 25℃，未开机的室内机气管温度为 -8℃、液管温度为 -8℃。可以看出，此两台室内机 MP3 阀盒内电子膨胀阀插反，导致液态制冷剂进入压缩机。关闭正常室内机，重新起动，故障再现，先报"OH"低压压力故障，之后 3min 倒计时再起动，电流明显异常变大，升到 12A 以上，且压缩机还未起动就报"OC"过电流故障，其后连续两次停在"POC"，室内、外机均闪烁 6 次，应为液态制冷剂压缩导致过电流故障。调整这两个阀盒内的线圈后再起动，无异常波动，亦无异音。可判断为电子膨胀阀信号线的故障。

复习思考题

1. 海尔家用中央空调室内机故障，显示 E0 说明什么？
2. 如何维修海尔家用中央空调室内、外机故障显示 LED 连续闪 13 次的故障？
3. 造成制冷剂流量不足的可能原因有哪些？
4. 造成四通阀换向不良的可能原因有哪些？
5. 简述制冷系统内制冷剂压力值与温度的变化关系。
6. 制冷或制热效果差的主要原因有哪些？
7. 如何判断压缩机冷冻油油质和油色是否正常？
8. 简单说明压缩机冷冻油油色变绿的处理方法。

制冷设备维修工职业标准

一、报考条件

1. 具备下列条件之一的，可申请报考初级工：

1）在同一职业（工种）连续工作二年以上或累计工作四年以上。

2）经过初级工培训并结业。

2. 具备下列条件之一的，可申请报考中级工：

1）取得所申报职业（工种）的初级工等级证书满三年。

2）取得所申报职业（工种）的初级工等级证书且经过中级工培训并结业。

3）高等院校、中等专业学校毕业并从事与所学专业相应的职业（工种）工作。

3. 具备下列条件之一的，可申请报考高级工：

1）取得所申报职业（工种）的中级工等级证书满四年。

2）取得所申报职业（工种）的中级工等级证书且经过高级工培训并结业。

3）高等院校毕业并取得所申报职业（工种）的中级工等级证书。

二、考核大纲

（一）基本要求

1. 职业道德

1.1　职业道德基本知识

1.2　职业守则

（1）遵纪守法，爱岗敬业

（2）努力学习，勤奋工作

（3）严谨求实，一丝不苟

（4）恪尽职守，不断进取

（5）团结协作，安全生产

2. 基础知识

2.1　技术基础知识

（1）热工学基础知识

（2）流体力学基础知识

（3）电工、电子技术基础知识

（4）自动控制基础知识

  （5）机械制图基础知识

  （6）工程材料和绝热材料知识

  （7）管道知识

  （8）通用工具及本工种常用检修工具知识

  （9）本工种常用仪器、仪表知识

 2.2 制冷空调技术知识

  （1）制冷设备及其主要部件知识

  （2）制冷剂与冷冻油知识

  （3）空气及空气处理知识

  （4）空调设备及系统知识

 2.3 工艺技术知识

  （1）软钎焊知识

  （2）气焊知识

  （3）制冷、空调设备安装知识

  （4）制冷设备调试方法

  （5）制冷设备检修方法

 2.4 安全环保知识

  （1）安全用电知识

  （2）气焊安全知识

  （3）电焊安全知识

  （4）制冷剂安全知识

  （5）防火、防爆、防中毒知识

  （6）高空作业安全知识

  （7）环保知识

 2.5 有关法规知识

  （1）安全生产法相关知识

  （2）制冷设备安装工程施工及验收相关知识

  （3）压力容器、压力管道及气瓶管理等相关安全法规知识

  （4）空调设备安装知识

（二）各等级要求

1. 接待与咨询

等级	工作内容	技能要求	相关知识
初级	设备检查与修理项目确定	能确定电冰箱是否有问题	1)电冰箱的分类、构造、工作原理和主要性能 2)电冰箱的正常工作状态、参数范围和常见故障
中级	设备检查与修理项目确定	1)能确定房间空调器(单冷、冷暖)是否有问题 2)能确定单元式空调机(单冷、冷暖、水冷、空冷)是否有问题	1)房间空调器的分类、构造、工作原理和主要性能 2)房间空调器的正常工作状态、参数范围和常见故障 3)单元式空调机的分类、构造、工作原理和主要性能

（续）

等级	工作内容	技能要求	相关知识
中级	设备检查与修理项目确定	3）能确定冰柜是否有问题 4）能确定制冷系统冷却设备是否有问题	4）单元式空调机的正常工作状态、参数范围和常见故障 5）冰柜的分类、构造、工作原理和主要性能 6）冰柜的正常工作状态、参数范围和常见故障 7）水泵、冷却塔等设备的分类、构造、工作原理和主要性能 8）水泵、冷却塔等设备的正常工作状态、参数范围和常见故障
高级	（一）设备检查与修理项目确定	1）能确定微电脑电冰箱和房间空调器是否有问题 2）能确定大中型活塞式、螺杆式、离心式制冷设备是否有问题 3）能确定制冷系统的辅助设备是否有问题	1）微电脑电冰箱和房间空调器的工作原理和主要性能 2）微电脑电冰箱和房间空调器的正常工作状态、参数范围和常见故障 3）大中型活塞式、螺杆式、离心式制冷设备的分类、构造、工作原理和主要性能 4）大中型活塞式、螺杆式、离心式制冷设备的正常工作状态、参数范围和常见故障 5）油分离器和储液器的构造、工作原理、正常工作状态和常见故障
	（二）回答有关设备使用与技术方面的问题	能回答有关制冷、空调设备的使用与技术方面的问题	1）制冷技术的有关知识 2）空调技术的有关知识

2. 系统及设备安装调试

等级	工作内容	技能要求	相关知识
初级	（一）制冷系统组装、调试	能对组装和维修后的电冰箱制冷系统进行调试	1）制冷系统的工作原理 2）电冰箱制冷系统组装工艺和调试方法 3）相关工具、仪器、仪表的使用知识
	（二）电控系统组装、调试	能对组装和维修后的电冰箱电控系统进行调试	1）电冰箱电控系统的工作原理、组装工艺和调试方法 2）相关工具、仪器、仪表的使用知识
	（三）房间空调器安装	能按要求进行房间空调器的安装	1）房间空调器的安装方法和要求 2）相关工具的使用知识
中级	（一）制冷系统组装、调试	1）能对组装和维修后的房间空调器（单冷、冷暖）制冷系统进行调试 2）能对组装和维修后的单元式空调机（单冷、冷暖、水冷、空冷）制冷系统进行调试 3）能对组装和维修后的冰柜制冷系统进行调试	1）房间空调器、单元式空调机和冰柜制冷系统的工作原理、组装工艺和调试方法 2）相关工具、仪器、仪表的使用知识
	（二）电控系统组装、调试	1）能对组装和维修后的房间空调器（单冷、冷暖）电控系统进行调试 2）能对组装和维修后的单元式空调机（单冷、冷暖、水冷、空冷）电控系统进行调试 3）能对组装和维修后的冰柜电控系统进行调试	1）房间空调器、单元式空调机和冰柜电控系统的工作原理、组装工艺和调试方法 2）相关工具、仪器、仪表的使用知识
	（三）单元式空调机安装	能按要求进行单元式空调机（单冷、冷暖、水冷、空冷）的安装	1）单元式空调机的安装方法和要求 2）相关工具的使用知识

（续）

等级	工 作 内 容	技 能 要 求	相 关 知 识
中级	（四）制冷系统冷却设备安装、调试	1）能按要求进行水泵安装、调试 2）能按要求进行冷却塔安装、调试	1）制冷剂的基本知识 2）冷却系统的工作原理 3）水泵、冷却塔的安装方法和要求 4）水泵、冷却塔的调试方法 5）相关工具、仪器、仪表的使用知识
高级	（一）制冷系统组装、调试	能对组装或维修后的小型冷库制冷系统进行调试	1）小型冷库制冷系统的工作原理、组装工艺和调试方法 2）相关工具、仪器、仪表的使用知识
	（二）电控系统组装、调试	能对组装或维修后的小型冷库电控系统进行调试	1）小型冷库电控系统的工作原理、组装工艺和调试方法 2）相关工具、仪器、仪表的使用知识
	（三）制冷设备安装、调试	1）能按要求进行活塞式制冷设备安装、调试 2）能按要求进行螺杆式制冷设备安装、调试 3）能按要求进行离心式制冷设备安装、调试	1）活塞式、螺杆式、离心式制冷设备的安装方法和要求 2）活塞式、螺杆式、离心式制冷设备的调试方法 3）相关工具、仪器、仪表的使用知识

3. 系统及设备运行操作

等级	工 作 内 容	技 能 要 求	相 关 知 识
中级	（一）开机前的准备	能按要求做好系统起动前的准备工作	1）制冷系统主要设备的性能 2）冷却系统主要设备的性能 3）空调系统主要设备的性能
	（二）开机	能按操作程序正确起动系统	1）设备操作基本知识 2）制冷系统和冷却系统的起动程序 3）空调系统起动程序
	（三）运行记录	1）能正确读取系统及设备的运行参数 2）能正确填写运行记录 3）能及时发现运行中出现的异常情况并报告	1）温度、压力、电流、电压等指示、控制仪表的作用与识读方法 2）运行记录填写的要求 3）正常运行的状态和参数范围
	（四）停机	1）正常情况下能按操作程序正确停机 2）异常情况下能按异常情况处理程序停机	1）系统与设备安全运行的基本要求 2）正常停机的操作程序 3）异常停机的操作程序
	（五）交接班	1）能正确填写交接班记录和交接班 2）能准确描述当班运行中发生的异常情况和处理结果	交接班工作制度
高级	（一）确定起动方案	能根据负荷情况确定起动方案、设定系统及设备的工作参数	负荷及制冷量的关系与计算
	（二）运行测量	1）能正确使用常用测量仪器仪表 2）能正确测量系统及设备的运行参数 3）能在负荷变化的情况下调整系统运行方案和参数	1）常用仪器仪表的构造、工作原理、使用方法知识 2）运行参数的测量方法 3）影响负荷变化的因素和系统调整方法 4）$i\text{-}d$ 图和 $\lg p\text{-}h$ 图的使用方法
	（三）运行调整	能对系统运行中出现的异常情况进行调整或处理	常见问题的处理方法

4. 系统及设备故障分析与处理

等级	工作内容	技能要求	相关知识
初级	电冰箱故障分析与处理	能分析和处理电冰箱的一般性故障	1）故障分析的基本知识 2）电冰箱常见故障现象和产生原因 3）电冰箱常见故障的处理方法
中级	（一）房间空调器故障分析与处理	能分析和处理房间空调器的一般性故障	1）房间空调器常见故障的表现和产生原因 2）房间空调器常见故障的处理方法
	（二）单元式空调机故障分析与处理	能分析和处理单元式空调机的一般性故障	1）单元式空调机常见故障的表现和产生原因 2）单元式空调机常见故障的处理方法
	（三）冰柜故障分析与处理	能分析和处理冰柜的一般性故障	1）冰柜常见故障现象和产生原因 2）冰柜常见故障的处理方法
	（四）制冷系统冷却设备故障分析与处理	1）能分析和处理水泵的一般性故障 2）能分析和处理冷却塔的一般性故障	1）水泵和冷却塔常见故障现象和产生原因 2）水泵和冷却塔常见故障的处理方法
	（五）事故处理	能对一般性事故进行应急处理	常见事故产生的原因及处理方法
高级	（一）微电脑电冰箱和房间空调器控制电路的故障分析与处理	能对微电脑电冰箱和房间空调器控制电路的故障进行分析与处理	1）微电脑基本知识 2）微电脑电冰箱和房间空调器控制电路的工作原理 3）微电脑电冰箱和房间空调器控制电路常见故障现象、产生原因与处理方法
	（二）小型冷库故障分析与处理	能对小型冷库的故障进行分析与处理	1）小型冷库常见故障现象和产生原因 2）小型冷库常见故障的处理方法
	（三）大、中型制冷系统及设备故障分析与处理	1）能对大、中型活塞式制冷系统及设备的一般性故障进行分析与处理 2）能对大、中型螺杆式制冷系统及设备的一般性故障进行分析与处理 3）能对大、中型离心式制冷系统及设备的一般性故障进行分析与处理	1）大、中型活塞式、螺杆式、离心式制冷系统及设备常见故障现象和产生原因 2）大、中型活塞式、螺杆式、离心式制冷系统及设备常见故障的处理方法
	（四）事故处理	能对严重事故进行应急处理	严重事故产生的原因及处理方法

5. 系统及设备维护保养

等级	工作内容	技能要求	相关知识
初级	（一）电冰箱维护保养	能对电冰箱进行维护保养	1）电冰箱维护保养的内容与方法 2）相关工具、设备的使用知识
	（二）房间空调器维护保养	能对房间空调器进行维护保养	1）房间空调器维护保养的内容与方法 2）相关工具、设备的使用知识
中级	（一）单元式空调机维护保养	能对单元式空调机进行维护保养	1）单元式空调机一般性维护保养的内容与方法 2）相关工具、设备的使用知识
	（二）冰柜维护保养	能对冰柜进行一般性维护保养	1）冰柜维护保养的内容与方法 2）相关工具、设备的使用知识
	（三）制冷系统冷却设备维护保养	1）能对水泵进行维护保养 2）能对冷却塔进行维护保养	1）水泵和冷却塔维护保养的内容与方法 2）相关工具、设备的使用知识 3）水处理的基本知识
高级	（一）制冷系统或设备维护保养	能对大、中型制冷系统或设备进行维护保养	1）大、中型制冷系统或设备维护保养的内容与方法 2）相关工具、设备的使用知识
	（二）制冷系统冷却设备维护保养	1）能组织对水泵进行维护保养 2）能组织对冷却塔进行维护保养	水泵和冷却塔维护保养的组织实施方法、质量及检验标准

6. 系统及设备检修

等级	工作内容	技能要求	相关知识
初级	（一）零部件和元器件检测与判别	能对电冰箱的零部件和电气元器件进行正确检测与判别	1）电冰箱零部件和电气元器件的构造、工作原理、检测与判别方法 2）常用检测仪器仪表的使用知识
	（二）制冷系统检漏	能对电冰箱的制冷系统正确进行检漏	1）常用检漏方法 2）检漏仪器、工具的使用知识
	（三）制冷系统排污及气密性试验（抽真空）	能对电冰箱的制冷系统正确排污及进行气密性试验	1）排污及进行气密性试验（抽真空）的方法 2）相关仪器、仪表、设备、工具的使用知识
	（四）充加制冷剂	能对电冰箱的制冷系统正确充加制冷剂	1）制冷剂的基本知识 2）充加制冷剂的方法 3）相关仪器、仪表、设备、工具的使用知识
	（五）更换零部件和元器件	能更换毛细管、过滤器、压缩机、温控器、融霜器	1）更换毛细管、过滤器、压缩机、温控器、融霜器的方法 2）相关仪器、仪表、设备、工具的使用知识
中级	（一）零部件和元器件检测与判别	1）能对房间空调器的零部件和电气元器件进行正确检测与判别 2）能对单元式空调机的零部件和电气元器件进行正确检测与判别 3）能对冰柜的零部件和电气元器件进行正确检测与判别	1）房间空调器零部件和电气元器件的构造、工作原理、检测与判别方法 2）单元式空调机零部件和电气元器件的构造、工作原理、检测与判别方法 3）冰柜零部件和电气元器件的构造、工作原理、检测与判别方法 4）常用检测仪器仪表的使用知识
	（二）制冷系统检漏	1）能对房间空调器的制冷系统正确进行检漏 2）能对单元式空调机的制冷系统正确进行检漏 3）能对冰柜的制冷系统正确进行检漏	检漏仪器的构造、工作原理
	（三）制冷系统排污及气密性试验	1）能对房间空调器的制冷系统正确排污及进行气密性试验 2）能对单元式空调机的制冷系统正确排污及进行气密性试验 3）能对制冷系统正确排污及进行气密性试验	排污及进行气密性试验（抽真空）使用的相关仪器、仪表、设备、工具的构造和工作原理
	（四）充加制冷剂	1）能对房间空调器的制冷系统正确充加制冷剂 2）能对单元式空调机的制冷系统正确充加制冷剂 3）能对冰柜的制冷系统正确充加制冷剂	充加制冷剂使用的相关仪器、仪表、设备、工具的构造和工作原理
	（五）更换冷冻油	1）能将冷冻油从系统中放出 2）能进行冷冻油的加油操作	1）冷冻油的基本知识 2）更换冷冻油的方法
	（六）制冷系统冷却设备检修	1）能对水泵进行检修 2）能对冷却塔进行检修	1）水泵和冷却塔的检修工艺 2）相关仪器、仪表、设备、工具的使用知识

（续）

等级	工 作 内 容	技 能 要 求	相 关 知 识
高级	（一）微电脑电冰箱和房间空调器控制电路检修	能对微电脑电冰箱和房间空调器的控制电路进行检修	1）微电脑电冰箱和房间空调器控制电路的检修方法 2）相关仪器、仪表、设备、工具的使用知识
	（二）小型冷库检修	能对小型冷库进行检修	1）小型冷库的检修方法 2）相关仪器、仪表、设备、工具的使用知识
	（三）大、中型制冷设备检修	1）能对大、中型活塞式制冷设备进行检修 2）能对大、中型螺杆式制冷设备进行检修 3）能对大、中型离心式制冷设备进行检修	1）大中型活塞式、螺杆式、离心式制冷设备的零部件和电气元器件的构造和工作原理 2）机械零件知识和装配知识 3）检修工艺与方法 4）相关仪器、仪表、设备、工具的使用知识

7. 管理与培训

等级	工 作 内 容	技 能 要 求	相 关 知 识
中级	（一）班组管理	1）能合理安排班组工作任务 2）能组织班组成员进行技术交流	班组管理基本知识
	（二）设备管理	能建立运行日志	运行日志建立方法
高级	（一）人员管理	1）能制订岗位职责 2）能组织进行技术革新	1）岗位职责制订方法 2）技术革新的开展方法
	（二）设备管理	1）能分析系统及设备运行状态 2）能编制维护保养计划 3）能制订故障处理措施	1）系统及设备运行状态分析方法 2）维护保养计划编制方法 3）故障处理措施制订方法
	（三）培训	1）能编制培训计划 2）能对低级别制冷设备维修工进行培训	1）培训教学计划和讲义的编制方法 2）培训的基本方法
技师	（一）设备管理	能编制检修计划	检修计划编制方法
	（二）培训	能编写培训讲义	培训讲义编写方法

三、参考书：

初级：

1）《家用制冷设备原理与维修技术》，人民邮电出版社出版。

2）《电工技术》（基础部分），广东经济出版社出版。

3）《职业道德》，海天出版社出版。

中级：

1）《制冷与空调—原理·结构·操作·维修》，上海交通大学出版社出版。

2）《电工与电子基础》（第二版），中国劳动社会保障出版社出版。

高级：

1）《制冷设备维修工（初级、中级、高级)》（职业技能鉴定教材），中国劳动社会保障出版社出版。

2）《制冷设备维修工（初级、中级、高级)》（职业技能鉴定指导），中国劳动社会保障出版社出版。

3）《机械识图》（机械工人技术理论培训教材），机械工业出版社出版。

4）《制冷空调原理与设备》，上海交通大学出版社出版。

5）《电子技术》，劳动和社会保障部培训司组织编写，中国劳动社会保障出版社出版。

四、相对密度表

4.1 理论知识

项 目		初级（%）	中级（%）	高级（%）
基本要求	职业道德	20		
	基础知识	20	20	20
相关知识	接待与咨询	5	10	5
	系统及设备安装调试	5	10	15
	系统及设备运行操作	20	5	5
	系统及设备故障分析与处理	5	20	20
	系统及设备维护保养	20	10	5
	系统及设备检修	5	20	20
	管理与培训	—	5	10
合 计		100	100	100

4.2 操作技能

项 目		初级（%）	中级（%）	高级（%）
技能要求	接待与咨询	5	5	5
	系统及设备安装调试	40	20	20
	系统及设备运行操作	5	10	5
	系统及设备故障分析与处理	20	30	40
	系统及设备维护保养	10	10	10
	系统及设备检修	20	20	10
	管理与培训	—	5	10
合 计		100	100	100

参 考 文 献

[1] 吴玉琨，邱兴永，张宗新. 家用制冷设备原理与维修技术 [M]. 北京：人民邮电出版社，2001.

[2] 林钢. 焊接实训指导 [M]. 北京：中国商业出版社，2001.

[3] 马国远. 户用中央空调 [M]. 广州：广东科技出版社，2002.

[4] 林钢. 小型制冷装置 [M]. 北京：机械工业出版社，2007.

[5] 林钢. 空调器原理即学即用 [M]. 北京：机械工业出版社，2010.

[6] 严卫东，殷雷. 小型制冷装置实训 [M]. 北京：机械工业出版社，2003.

[7] 李援瑛. 家用制冷设备实用维修技术 [M]. 北京：机械工业出版社，2003.

[8] 徐德胜，顾久康. 家用空调器——原理·结构·安装·维修 [M]. 上海：上海科学技术文献出版社，1995.

[9] 张双庆. 空调器电路图与制冷系统图 [M]. 北京：金盾出版社，2003.

[10] 梁荣光. 分体式空调器 [M]. 广州：广东科技出版社，2002.

[11] 简弃非. 窗式空调器 [M]. 广州：广东科技出版社，2002.

[12] 陈维刚. 制冷设备维修工（高级）[M]. 北京：中国劳动社会保障出版社，2001.